高等职业教育专科、本科计算机类专业新形态一体化教材
衢州职业技术学院2020年新形态教材建设项目

界面原型设计

张丽娜　马文龙　著

電子工業出版社
Publishing House of Electronics Industry
北京·BEIJING

内容简介

本书以 Axure RP 9 为主要工具，通过详细的案例讲解和实用的技巧指导，将读者从 Axure RP 9 的初学者阶段引导到精通者阶段。全书包含 3 个模块，共 9 章，内容包括基本的软件介绍、工具介绍，以及网站和手机界面原型设计案例的详细介绍，旨在帮助读者掌握如何使用 Axure RP 9 创建高效、交互丰富的界面原型设计，以及学会如何创建导航菜单、表单交互、响应式设计和动态内容展示等。

本书附带的多媒体教学资源包含书中所有技术面板的源文件和制作素材，并提供了详尽的教学视频。读者可以在阅读本书的同时进行设计，并通过扫描二维码观看操作演示视频，以解决遇到的问题。

无论是从事交互设计、用户体验设计、产品设计的人员，还是从事前端开发的专业人员，都可以从本书中获得宝贵的经验和实用技能，提升自己的界面原型设计能力。

图书在版编目（CIP）数据

界面原型设计 / 张丽娜, 马文龙著. -- 北京 : 电子工业出版社, 2024.5
ISBN 978-7-121-47974-8

Ⅰ. ①界… Ⅱ. ①张… ②马… Ⅲ. ①人机界面－程序设计 Ⅳ. ①TP311.1

中国国家版本馆 CIP 数据核字(2024)第 107166 号

责任编辑：李　静
印　　刷：固安县铭成印刷有限公司
装　　订：固安县铭成印刷有限公司
出版发行：电子工业出版社
　　　　　北京市海淀区万寿路 173 信箱　　邮编：100036
开　　本：787×1092　1/16　印张：16.25　字数：390 千字
版　　次：2024 年 5 月第 1 版
印　　次：2025 年 1 月第 2 次印刷
定　　价：53.80 元

凡所购买电子工业出版社图书有缺损问题，请向购买书店调换。若书店售缺，请与本社发行部联系，联系及邮购电话：（010）88254888，88258888。

质量投诉请发邮件至 zlts@phei.com.cn，盗版侵权举报请发邮件至 dbqq@phei.com.cn。

本书咨询联系方式：（010）88254604，lijing@phei.com.cn。

前言

党的二十大报告指出，推动战略性新兴产业融合集群发展，构建新一代信息技术、人工智能、生物技术、新能源、新材料、高端装备、绿色环保等一批新的增长引擎。

为贯彻落实党的二十大精神，以培养高素质技能人才助推产业和技术发展，建设现代化产业体系，编者依据新一代信息技术领域的岗位需求和院校专业人才目标编写了本书。

本书旨在帮助读者掌握 Axure RP 9 的基本原理和使用技巧，以及利用该工具创建令人印象深刻的网站和手机界面原型的方法。

本书内容包括以下 3 个模块。

模块 1：项目准备阶段

本模块将介绍常用的界面原型设计软件，讨论界面原型设计的基本原则和最佳实践，以便读者能够在设计过程中做出明智的决策。同时，该模块将介绍 Axure RP 9 的各项工具和功能，包括页面布局、交互事件、状态和动画等，以及将提供详细的步骤和示例来帮助读者快速掌握这些工具，并能够灵活运用它们来实现自己的设计目标。

模块 2：网站界面原型设计

本模块将展示一系列网站界面原型设计的案例，涵盖不同布局的网站界面，包括网站登录界面、网站注册界面、网站首页界面、网站子页界面。每个案例都将详细描述使用工具、关键交互和界面布局，并提供相应的 Axure RP 9 文件供读者参考和学习。

模块 3：手机界面原型设计

本模块将重点介绍手机应用程序的界面原型设计，包括手机引导页界面、手机主页界面、手机设置页界面。本模块将演示如何创建具有复杂交互和流程的手机应用程序界面原型，并介绍一些设计技巧和经验。希望读者能够从中获得灵感，提高自己的界面原型设计能力。

无论读者是一名界面原型设计初学者还是具有一定经验的设计师，本书都将提供有价值的指导和实践案例。希望本书能够帮助读者更好地利用 Axure RP 9 进行界面原型设计，并在实际项目中取得优秀的成果。

最后，作者要感谢所有对本书的编写和出版做出贡献的人，以及那些与作者一样对界面原型设计充满热情的读者。希望读者能够通过本书掌握 Axure RP 9 的精髓，并将其应用于实际工作中。

由于作者水平有限，书中难免存在疏漏和不足之处，敬请读者给予批评指正。

如读者在学习本书时遇到问题，可发邮件至 nanaivyf@126.com，我们将第一时间为您解答。

作　者

教材资源服务交流 QQ 群

（QQ 群号：684198104）

目录

模块 1

项目准备阶段

思政课堂

在界面原型设计的准备阶段，需要综合考虑以下思政因素，并将其纳入设计过程：需要确保设计符合国家法律法规和社会伦理道德准则。避免设计内容涉及不当、违法或具有争议性的信息。界面原型设计应当清晰明了地传达所需的信息，并引导用户进行正确的操作，避免出现误导、混淆或误解的元素，以确保用户获取正确的信息和体验。界面原型设计应当注重用户体验，考虑用户的需求和特点，力求使界面易于理解和操作。同时，要尽量考虑到不同用户群体的需求和多样性，避免歧视或排斥任何群体。通过审视界面原型设计方案，识别和解决与思政相关的问题，可以确保界面原型设计的合法性、合理性和社会价值，提升界面原型设计的整体质量和影响力。

第 1 章　界面原型设计简介

1.1　界面原型常用工具简介

界面原型是设计师在设计一个产品或网站时所用的一种设计工具，用来帮助他们快速制作出可交互的产品原型。通过这些原型，设计师可以更直观地向开发者或客户展示产品的功能和特点。下面是界面原型常用的一些工具。

1. Sketch

Sketch 是 Mac OS X 平台上最受欢迎的矢量绘图软件之一。Sketch 的功能十分强大，除了支持基本的绘图和布局功能，还支持界面原型设计和用户界面设计等功能。Sketch 拥有许多插件和模板，可以帮助设计师更轻松地完成他们的工作。

2. Axure

Axure 是一种专业的用户体验设计工具，被广泛应用于交互式原型设计、信息架构、可用性测试和规范文档等领域。Axure 具有强大的原型设计功能，支持复杂的动画效果、交互设计和数据驱动的原型等。设计师使用 Axure 可以快速创建高保真的原型，并在不同设备上进行测试。

3．Figma

Figma 是一种基于云的界面设计工具，支持多人协作。Figma 具有灵活的界面和工具，可以让设计师轻松地绘制矢量图形、创建交互式原型和进行用户测试。Figma 还具有强大的插件系统和丰富的资源库，可以让设计师方便地管理和分享设计文件。

4．Adobe XD

Adobe XD 是 Adobe 公司推出的一款全新的用户体验设计工具，支持交互式原型设计和用户界面设计等功能。与其他 Adobe 软件相比，Adobe XD 更为轻便和易于使用，可以让设计师在多个设备和平台上进行设计。

本书以 Axure RP 9 为主要工具，深入讲解产品原型的创建方法。

1.2 界面原型设计原则与思想

界面原型设计是用户与产品进行交互的窗口，其设计质量直接关系到用户的体验和产品的成功与否。以下是一些常见的界面原型设计原则。

（1）易用性原则：界面原型设计应该简单易懂且易于使用。界面原型应该尽可能地减少用户需要进行的思考和操作，让用户可以轻松地完成他们需要做的事情。

（2）可访问性原则：界面原型应该对所有用户都是可访问的，包括视觉障碍者和听觉障碍者等不同类型的用户。设计师应该考虑到不同用户的需求，确保他们可以获得和使用信息。

（3）一致性原则：界面原型应该保持一致性，使用相似的布局和交互模式。这样，用户就可以更容易地预测和理解界面的工作方式。

（4）反馈性原则：界面原型应该及时地提供反馈，告知用户他们的操作是否成功，以及出现了什么错误。这可以让用户更容易地知道他们正在做什么，并纠正错误。

（5）简洁性原则：界面原型应该简洁明了，只显示必要的信息。

（6）可预测性原则：界面原型应该具有可预测性，让用户能够理解它的工作方式。这可以减少用户的困惑和错误，并提高他们的满意度。

（7）可定制性原则：界面原型应该允许用户进行个性化设置，以适应不同用户的需求和偏好。这可以提高用户的满意度和使用率。

上述界面原型设计原则可以帮助设计师创建易于使用和理解的界面原型，提高用户体验和产品的成功率。

界面原型设计是将产品的用户界面进行可视化展现，以便产品经理、设计师和开发人员之间进行沟通和合作。以下是一些界面原型设计思想。

（1）简单易用：界面原型设计应该简单易用、易于理解和操作，以便设计师和开发人员能够快速地创建和测试交互界面的不同方案。

（2）快速迭代：界面原型设计应该能够快速迭代和修改，以便团队成员能够尽早地发现和解决设计上的问题，提高设计的效率和准确性。

（3）用户为中心：界面原型设计应该以用户为中心，注重用户体验和需求。设计师应该尽可能地考虑用户的操作方式和使用场景，以便创建对用户友好的界面。

（4）模块化设计：界面原型设计应该采用模块化设计，以便将复杂的界面分解为简单的模块，使每个模块都可以单独测试和调整，以提高开发效率和质量。

（5）可视化展现：界面原型设计应该以可视化的方式展现，包括静态的图片、动态的交互模型和可操作的原型模型等，以便团队成员和客户能够直观地理解和评估设计方案。

（6）与需求匹配：界面原型设计应该与产品需求相匹配，包括功能、操作流程和用户体验等方面，以确保产品能够满足用户需求和市场需求。

上述界面原型设计思想可以帮助设计师和开发人员快速地创建和测试不同的界面方案，以提高设计的效率和质量，并提高产品的用户体验和市场竞争力。

第 2 章　界面原型设计标准

2.1　界面原型工具资料

1. 各类终端界面原型设计的尺寸标准

为了保证输出的演示文件效果更加规范，建议在设计时采用统一的设计尺寸。图 2-1 所示为 Axure RP 9 目前所采用的各类终端原型设计尺寸标准，基本符合主流的设计规范。另外，设计尺寸一般只限定宽度，不限定高度，高度是随着内容自动变化的。

原型类型	设计尺寸标准
Web端网站类	设计区域尺寸：1260px　内容尺寸：1200px　左右留白宽度：30px
Web端中后台系统	框架页尺寸：1600px　内容页设计区域尺寸：1300px　内容页左右留白宽度：20px
手机移动端	设计区域尺寸：375px　左右留白宽度：10/15px
iPad移动端	设计区域尺寸：1024px　左右留白宽度：10/15px

图 2-1　各类终端界面原型设计的尺寸标准

2. 界面原型设计的基础设计规范

（1）在创建一个新的项目原型文件时设置元件及页面默认样式，可以使输出的原型样式更加统一。

（2）建议使用的主要字号为 18px、16px、14px、12px，使用的字体行间距为 28px、24px、20px，字号和行间距统一使用偶数。

（3）Web 端页面排版横向区块列数一般为 2、3、4，各种设计尺寸下每列内容区块宽度对照表如图 2-2 所示。

（4）页面中内容区块间距一般为 10px 或 20px，在 Axure 中采用按住 Shift 键+方向键的方式选中内容时，每移动一次的距离正好是 10px。

（5）设计时建议使用辅助线帮助排版，可以使输出的页面效果更加规范。

（6）在选中多个元件时，可以使用顶部工具栏中的对齐工具快速对多个元件进行各种对齐处理。

（7）在选中多个元件时，可以使用顶部工具栏中的分布工具快速对多个元件进行垂直或水平分布处理。

设计尺寸宽度	内容区块列数	内容区块间距10px对应宽度	内容区块间距20px对应宽度
940px	2	10px 465px	20px 460px
	3	10px 306px	20px 300px
	4	10px 227px	20px 220px
960px	2	10px 475px	20px 470px
	3	10px 310px	20px 306px
	4	10px 230px	20px 225px
1140px	2	10px 565px	20px 560px
	3	10px 373px	20px 366px
	4	10px 277px	20px 270px
	5	10px 220px	20px 212px
1200px	2	10px 595px	20px 590px
	3	10px 393px	20px 386px
	4	10px 292px	20px 285px
	5	10px 232px	20px 224px

图 2-2　Web 端各种设计尺寸下每列内容区块宽度对照表

2.2　页面与自适应视图

在 Axure RP 9 中，页面与自适应视图是两个不同的概念，它们分别用于设计和测试不同的界面布局与交互方式。

在 Axure RP 9 中，页面用于设计和展示界面的布局和样式，每个页面可以包含多个元件和交互组件，如按钮、输入框、列表等。用户不仅可以通过页面切换功能来查看不同的页面，并测试不同的交互方式和功能，还可以在如图 2-3 所示的“页面”窗格中添加、删除、重命名和组织文件中的页面。

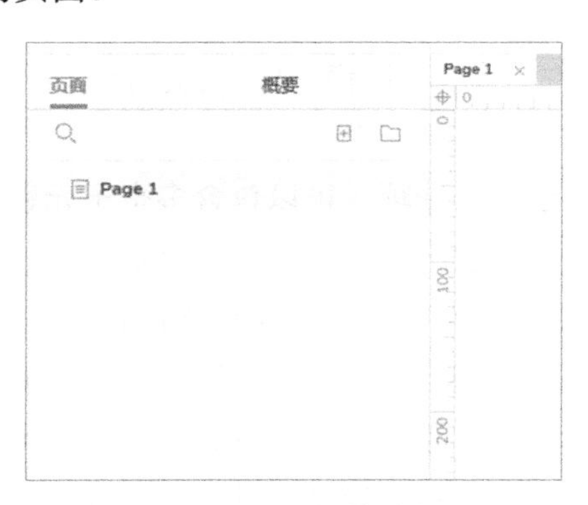

图 2-3　“页面”窗格

自适应视图用于测试不同分辨率或不同屏幕大小的界面布局与自适应性，如图 2-4 所示。用户可以通过自适应视图来预览不同分辨率的界面效果，并测试不同设备上的自适应性能。用户可以选择不同的设备类型和分辨率，以便测试不同的自适应布局和交互方式。用户可以在该区域创建和管理自适应视图。

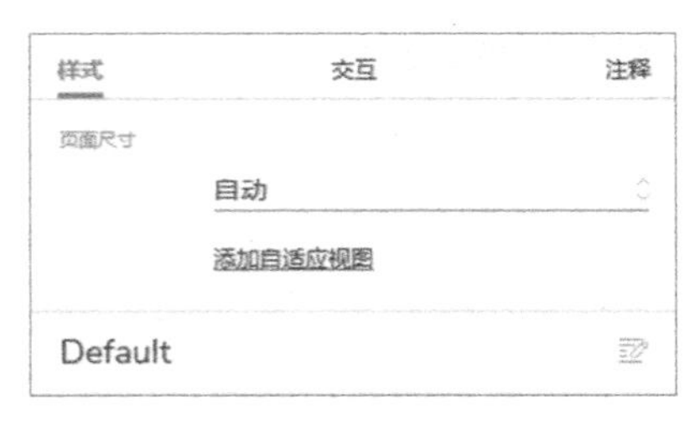

图 2-4　自适应视图

2.3　元件

在 Axure RP 9 中，元件（Widget）是用于构建原型的基本构建块，如图 2-5 所示。它们代表用户界面的不同部分，如按钮、标签、文本框、下拉框等。

图 2-5　元件

下面是 Axure RP 9 中一些常用的元件。

- 按钮（Button）：用于触发事件或导航到其他页面。
- 标签（Label）：用于展示静态文本信息。
- 文本框（Text Field）：用户可以在文本框中输入或编辑文本。
- 下拉框（Drop-down）：用户可以从下拉框中选择一个或多个选项。
- 复选框（Checkbox）：用户可以从多个选项中选择一个或多个选项。
- 单选框（Radio Button）：用户可以从多个选项中选择一个选项。
- 图像（Image）：用于展示静态图片或动态 GIF 图。
- 轮播图（Carousel）：用于在同一个空间中展示多个图片或信息。
- 列表（List）：用于展示多个选项，可以包含多个子元素。
- 进度条（Progress Bar）：用于展示任务进度和状态。
- 导航栏（Navigation Bar）：用于在多个页面之间切换。

Axure RP 9 还提供了一些高级元件，如交互面板（Interactive Panel）、面板组（Panel Group）、滑块（Slider）等，设计师使用这些元件构建原型，可以更好地模拟真实的用户体验和交互。同时，Axure RP 9 还支持自定义元件，设计师可以创建自己的元件库，并将其应用到界面原型设计中。

总之，Axure RP 9 中的元件是构建界面原型的基本构建块，设计师可以通过这些元件来快速创建和测试不同的用户界面与交互方式。

2.4 交互事件

交互决定了部件和页面的动态行为。例如，单击按钮导航到界面原型中的另一个页面是一种交互，将鼠标指针悬停在一个部件上显示页面上的另一个部件也是一种交互。在“交互”窗格中，设计师可以创建和管理界面原型的交互，既可以对所选部件直接设置公共交互，也可以通过单击“新建交互”按钮来构建自己的交互，如图 2-6 所示。交互用例如图 2-7 所示。

图 2-6 “交互”窗格

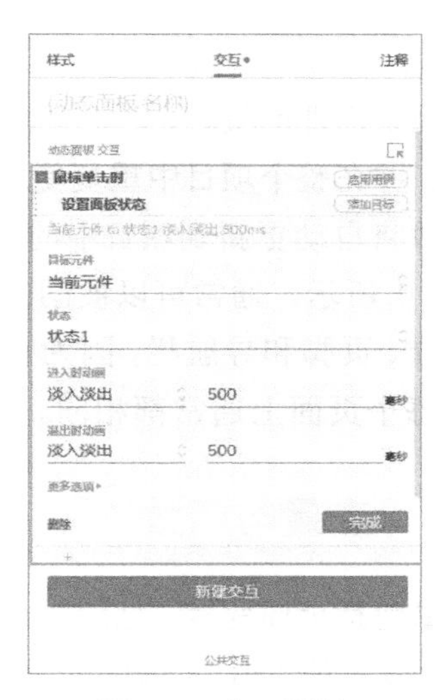

图 2-7 交互用例

如果需要更多空间来处理交互，则可以单击“交互”窗格右下角的窗口图标 ，或者双击任意事件或动作的名称，打开“交互编辑器”对话框。

2.5 动态面板

动态面板是一个容器，它将其他部件保存在称为“状态”的集合中，如图 2-8 所示。动态面板可以有一种或多种状态，并且一次只能看到其中一种状态。可以使用“设置面板状态”动作动态设置可见状态，这使得动态面板非常适合创建轮播和幻灯片。

动态面板的独特之处在于，它不仅是唯一可以在 Web 浏览器中被拖动或滑动的部件类型，还是唯一可以被固定到浏览器窗口中的固定位置的部件类型，这使它成为始终可见的导航标题和侧边栏的理想选择。

图 2-8 动态面板

2.6 中继器

中继器是一种高级部件类型，用于显示文本、图像和其他元素的重复集合，如图 2-9 所示。中继器是容纳一组称为“项目”的数据的部件容器，该部件可以在页面中多次重复使用。中继器中的项目的每次重复都可以彼此不同，差异由输入中继器表格形式的“数据集”中的数据控制。

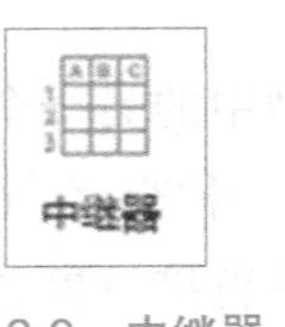

图 2-9 中继器

因为中继器是数据驱动的，所以它们可以动态显示排序和筛选。当需要演示动态排序或筛选设计（如动态表或产品列表）时，就可以使用中继器。中继器可以在“默认”部件库的“公共”部分获取。

2.7 母版

母版是部件的集合，用户可以集中维护母版中的部件，并在整个项目中重复使用母版，对母版所做的修改将自动更新到项目中的每个母版实例上，如图 2-10 所示。通常可以被创建为母版的元素，包括页眉、页脚和导航栏，因为它们在网站或应用程序的每个页面上通常都相同。

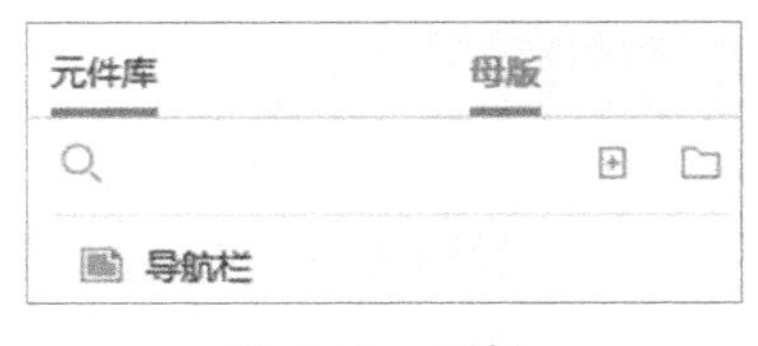

图 2-10 母版

2.8 变量与函数

变量包括全局变量（见图 2-11）和局部变量（见图 2-12），是可以在其中存储文本和数字（称为变量的“值”）以供以后使用的容器。用户既可以在元件文本上显示变量的值，也可以在条件逻辑语句中使用变量的值，还可以使用函数表达式操作变量的值。Axure RP 9 中的函数指的是软件自带的函数，是一种特殊的变量，可以通过调用它获得一些特定的值，并且只有在表达式中能够使用函数。

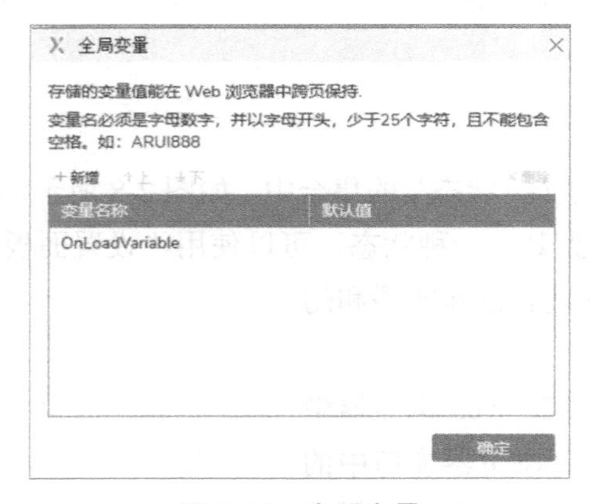

图 2-11 全局变量

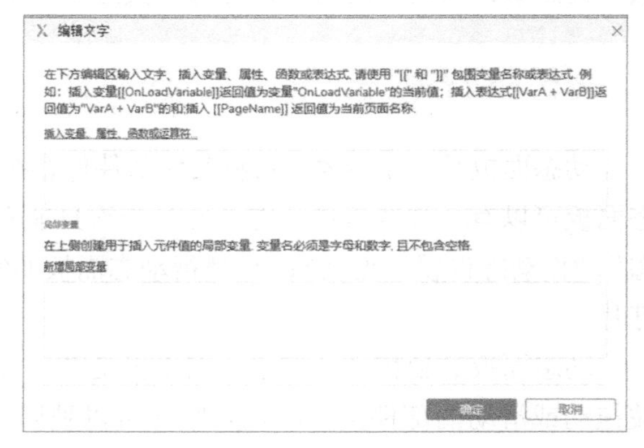

图 2-12 局部变量

Axure RP 9 将任何用双方括号“[[ ]]”括起来的文本视为表达式，并且该表达式将被它自己在 Web 浏览器中的最终输出值替换。Axure RP 9 将双方括号外的文本视为静态文本，该静态文本在 Web 浏览器中不会被更改。用户可以在旁边带有 fx 图标的任意字段中使用表达式。直接在字段中输入表达式或单击 fx 图标，可以打开“编辑文字”对话框，在该对话框中，用户可以单击“插入变量、属性、函数或运算符”文字链接，在弹出的窗口中查看可用于表达式的变量和函数的完整列表；用户还可以创建局部变量来访问表达式中的特定元件属性，如图 2-13 所示。

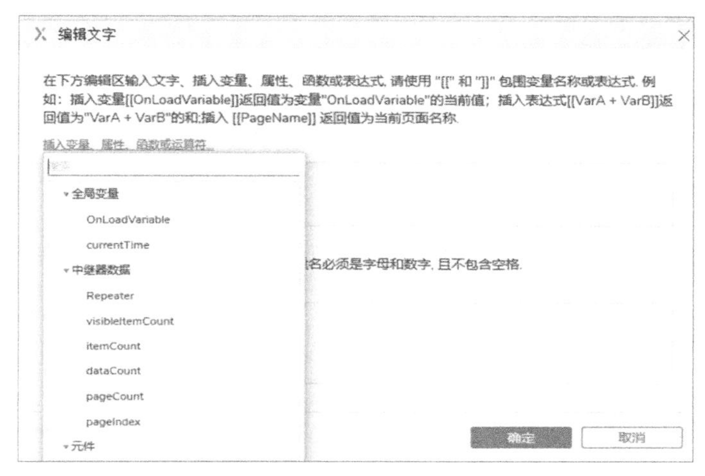

图 2-13 “编辑文字”对话框

2.9 团队合作与发布输出

团队项目可以让多个 Axure RP 9 用户共同创作一个项目原型文件。在 Axure RP 9 中，用户可以在菜单栏中选择“文件”→“新建团队项目”命令，打开“创建团队项目”对话框，如图 2-14 所示，在该对话框中进行设置，即可创建一个空白项目。如果想将现有的 RP 文件转换为团队项目，则可以先打开现有的项目，然后在菜单栏中选择“团队”→“从当前文件创建团队项目”命令，即可开始创建团队项目。

图 2-14 “创建团队项目”对话框

在界面原型设计制作完成后，需要将其发布输出，以供其他人使用。单击工具栏中的“预览”按钮（见图 2-15），或者在菜单栏中选择“发布”→“预览”命令（见图 2-16），用户可以直接预览作品。也可以在菜单栏内选择“发布”→“生成原型文件”命令，在弹出的“发布项目”对话框中设置发布的基本信息。

预览
共享
填充:
边框:

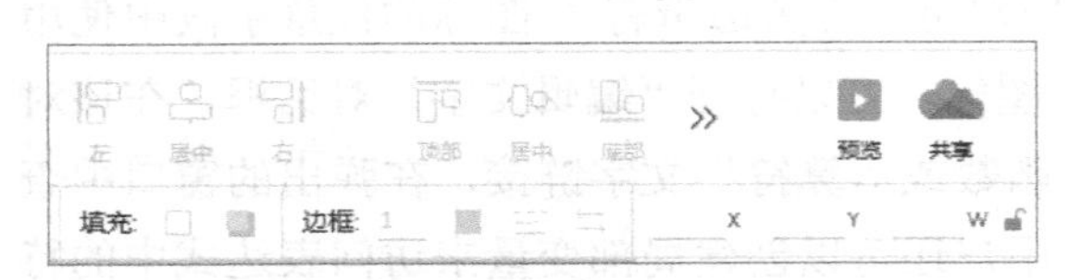

图 2-15 “预览”按钮

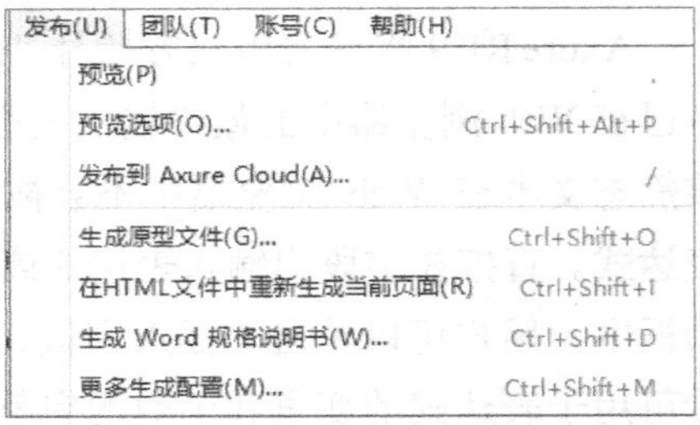

发布(U)
团队(T)
账号(C)
帮助(H)
预览(P)
预览选项(O)... Ctrl+Shift+Alt+P
发布到 Axure Cloud(A)...
生成原型文件(G)... Ctrl+Shift+O
在HTML文件中重新生成当前页面(R) Ctrl+Shift+I
生成 Word 规格说明书(W)... Ctrl+Shift+D
更多生成配置(M)... Ctrl+Shift+M

图 2-16 选择“发布”→“预览”命令

模块 2

网站界面原型设计

思政课堂

网站界面原型设计不仅是一项技术性工作，还是一项艺术性工作，要求设计者具有较高的艺术修养和审美情趣。页面布局是决定网站美观与否的一个重要方面，通过合理的、有创意的页面布局，可以给用户美的享受，而页面布局的好坏在很大程度上取决于开发人员的艺术修养水平和创新能力。

第 3 章　网站登录界面

3.1　界面效果图

网站登录界面的效果图如图 3-1 所示。

图 3-1　网站登录界面的效果图

3.2 界面分析

在网站登录界面中，用户需要输入正确的用户名称、登录密码和校验码才能完成登录操作。如果没有输入或输错用户名称、登录密码和校验码，则界面中会出现提示文字。用户在正确输入用户名称、登录密码和校验码后，单击“登录”按钮，即可完成登录操作，出现加载效果。

3.3 使用工具分析

使用矩形、文本框、按钮、工具提示、复选框等元件完成网站登录界面的制作，使用动态面板元件制作界面的警告提示、随机校验码内容。通过添加事件和动作，检查用户名称、登录密码和校验码是否输入，以及输入是否正确，实现登录操作。

3.4 实施步骤

网站登录页完整版

步骤 1：创建新页面，并将页面重命名为“网站登录页”。将动态面板元件拖入画布，将该元件命名为“登录面板”，设置其坐标为 X0:Y0，尺寸为 W470:H540，效果如图 3-2 所示，勾选“调整大小以适合内容”复选框。

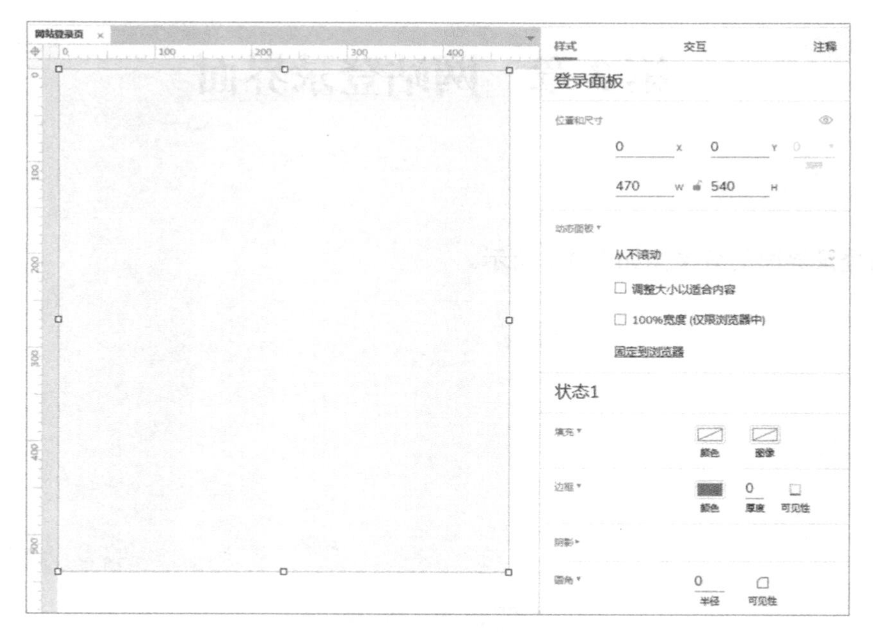

图 3-2　添加“登录面板”动态面板元件并进行设置后的效果

步骤 2：双击“登录面板”动态面板元件，将一个矩形元件拖入该动态面板元件，设置该矩形元件的坐标为 X0:Y0，尺寸为 W470:H540，无边框，填充颜色为白色，阴影颜色为 #000000，阴影颜色的透明度为 15%，阴影的坐标为 X0:Y0，阴影的模糊度为 10，圆角半径为 5，边距为 20、0、20、0，效果如图 3-3 所示①。

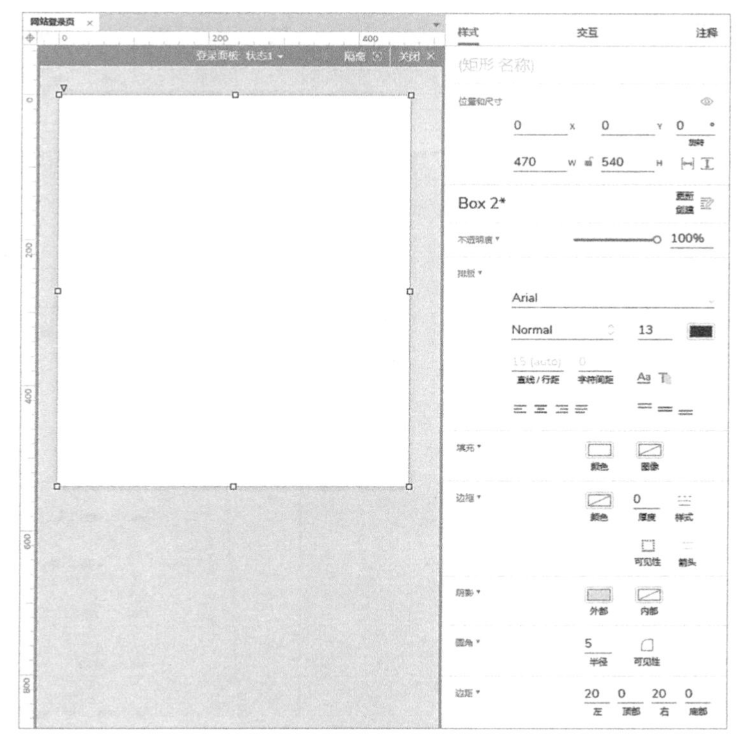

图 3-3　拖入矩形元件并进行设置后的效果 1

步骤 3：拖入矩形元件到“登录面板”动态面板元件中，设置其坐标为 X45:Y20，尺寸为 W380:H60，无填充色，无边框；双击该矩形元件，在该矩形元件中输入文本内容“用户登录 USER LOGIN”；设置文本左对齐，文本内容“用户登录”的字体为微软雅黑，字体样式为 Bold，字号为 18，字体颜色为#666666；设置文本内容“USER LOGIN”的字体为微软雅黑，字体样式为 Regular，字号为 14，字体颜色为#999999，效果如图 3-4 所示。

步骤 4：从“Sample UI Patterns”元件库中拖入工具提示元件，选择“Tooltip”组合中的“Trigger Area”元件，设置其尺寸为 W100:H60，坐标为 X330:Y20，无边框，无填充；在该元件中输入文本内容“登录说明”，设置该文本内容的字体为微软雅黑，字体样式为 Regular，字号为 13，字体颜色为#CCCCCC；导入“字体图标元件库（Pro 版）”外部元件库，选择字体图标元件库，搜索“信息”，拖入“信息（圆形） Info Circle”字体图标元件，设置字体样式为 Regular，字号为 13，字体颜色为#CCCCCC，复制“信息（圆形） Info Circle”字体图标元件的文本内容并将其插入文本内容“登录说明”的前方，然后将“信息

① 在图 3-3 中显示的“样式”窗格内，“不透明度”设置项是用来设置页面的不透明度的，不是用来设置填充颜色、阴影颜色等的不透明度的。阴影颜色、阴影颜色的透明度、阴影的坐标、阴影的模糊度等内容可通过单击“阴影”设置项右侧的“外部”按钮进行设置，由于对这部分内容的设置过程进行截图展示会遮挡其他设置项，因此这里没有对这部分内容的设置过程进行截图展示，只显示了各设置项的最终设置结果。后文同。

（圆形）Info Circle”字体图标元件删除，效果如图 3-5 所示。

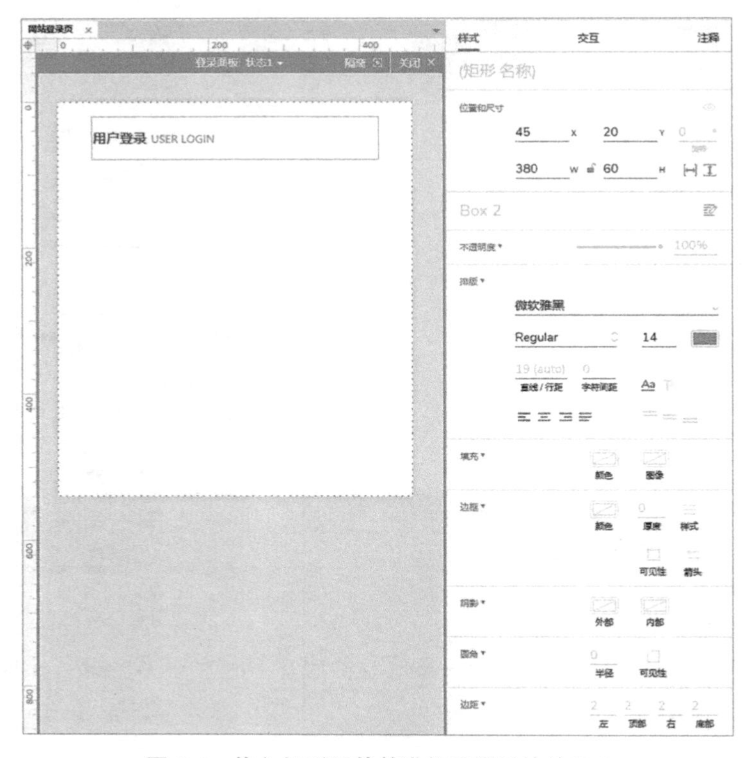

图 3-4　拖入矩形元件并进行设置后的效果 2

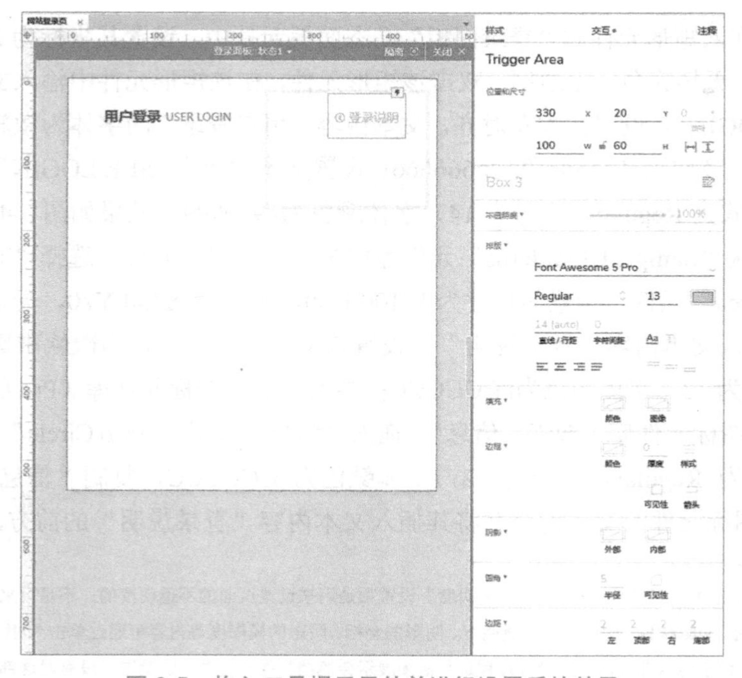

图 3-5　拖入工具提示元件并进行设置后的效果

步骤 5：选择“Tooltip”组合中的“Tooltip Text”元件，先右击该元件，通过弹出的快捷菜单中的命令设置可见性，设置完成后，再次右击该元件，在弹出的快捷菜单中选择“变换形状”→“垂直翻转”命令，如图 3-6 所示。

图 3-6　选择“变换形状”→“垂直翻转”命令

设置“Tooltip Text”元件的尺寸为 W180:H124，坐标为 X259:Y54，填充颜色为#333333，填充颜色的不透明度为 80%，字体颜色为白色，边距为 15、10、10、10；输入文本内容“需验证用户信息完成登录”，设置文本左对齐、底部对齐，行距为 20，字号为 14；输入文本内容“用户：zhangsan”和“密码：12345678”，设置该文本内容的字号为 12，将文本内容调整至合适的位置，效果如图 3-7 所示。最后将“Tooltip Text”元件的可见性设置为隐藏。

步骤 6：从“Default”元件库中拖入文本框（单行）元件，将其命名为“账户输入框”，设置其坐标为 X45:Y140，尺寸为 W380:H50，边框颜色为#E4E4E4，圆角半径为 5，边距为 40、2、2、2，字体为微软雅黑，字体样式为 Regular，字号为 13，效果如图 3-8 所示。

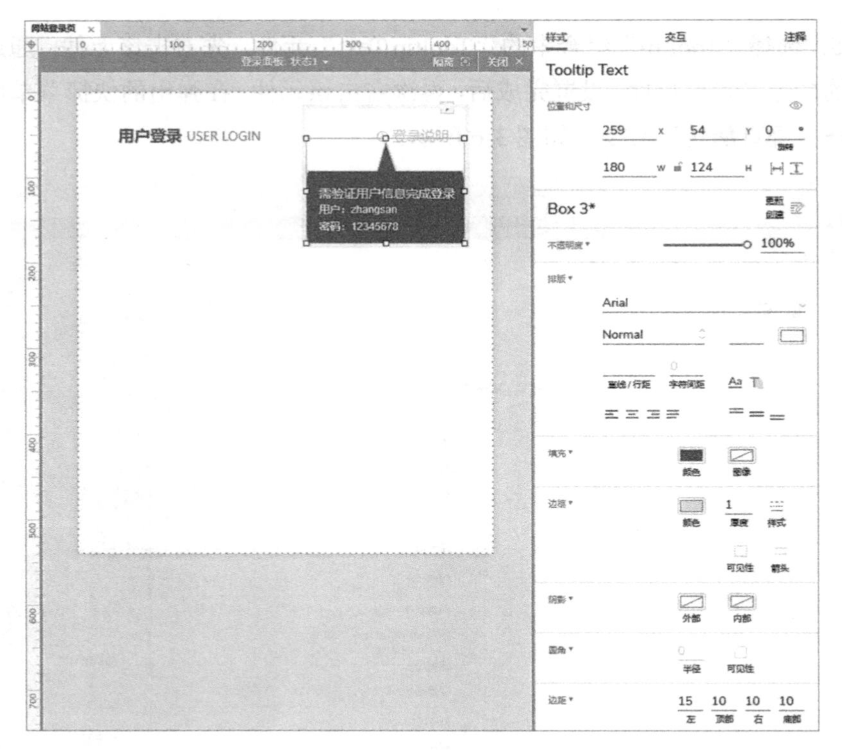

图 3-7 设置“Tooltip Text”元件属性后的效果

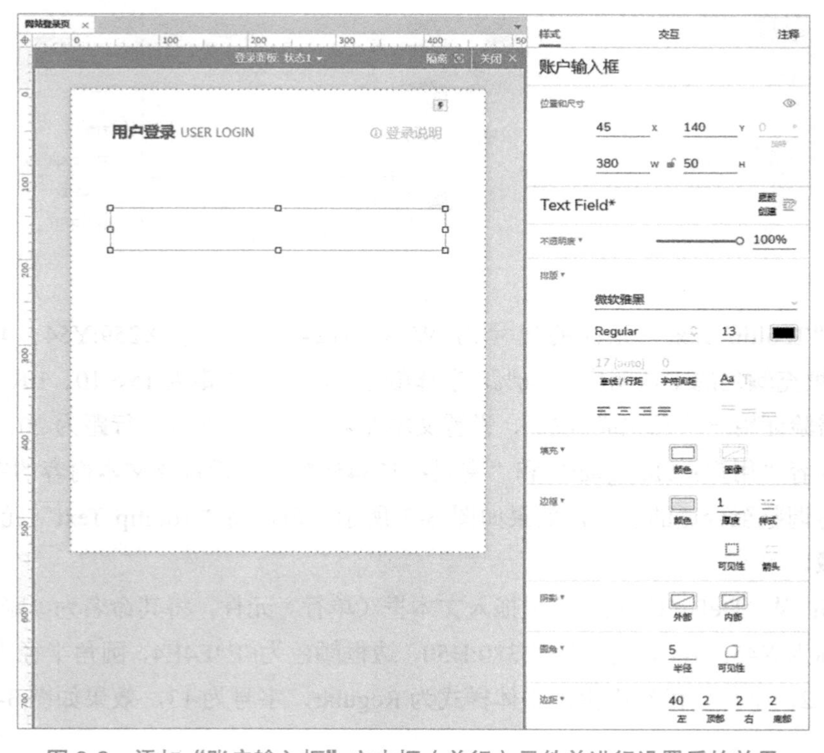

图 3-8 添加“账户输入框”文本框（单行）元件并进行设置后的效果

步骤 7：选择“账户输入框”文本框（单行）元件，设置交互样式效果。设置鼠标悬停时线条颜色为#409EFF；设置禁用时填充颜色为#F2F2F2；设置提示信息时字体颜色为#CCCCCC，提示文字为“请输入用户名称”；设置获得焦点时线条颜色为#409EFF，外部阴影颜色为#409EFF，阴影颜色的透明度为 25%，阴影的坐标为 X0:Y0，阴影的模糊度为 5，如图 3-9 所示。

图 3-9　设置“账户输入框”文本框（单行）元件的交互样式效果

步骤 8：选择字体图标元件库，搜索“用户圆形”，拖入“用户圆形 User Circle”字体图标元件，将其命名为“图标”，设置字体颜色为#CCCCCC，字号为 24，无填充，设置“图标”元件的坐标为 X45:Y140，尺寸为 W40:H50，效果如图 3-10 所示。将“图标”字体图标元件与“账户输入框”文本框（单行）元件组合，并将该组合命名为“组合 1”。

步骤 9：复制“组合 1”组合，并将其命名为“组合 2”，设置其坐标为 X45:Y210；选择“组合 2”组合中的文本框（单行）元件，将其命名为“密码输入框”；在交互样式效果中，将输入类型“文本”修改为“密码”，设置提示文字为“请输入登录密码”，效果如图 3-11 所示。

图 3-10　添加“图标”字体图标元件并进行设置后的效果

图 3-11　设置“密码输入框”文本框（单行）元件的样式后的效果

步骤 10：选择字体图标元件库，搜索“钥匙”，找到“钥匙 Key”字体图标元件并将其拖到页面上，将“组合 2”组合中的“用户圆形 User Circle”字体图标元件修改为“钥匙 Key”字体图标元件，设置字体颜色为#CCCCCC，字号为 18，然后将“钥匙 Key”字体图标元件删除，效果如图 3-12 所示。

图 3-12　修改字体图标元件并进行设置后的效果 1

步骤 11：复制“组合 1”组合，设置其坐标为 X45:Y280，并将其命名为“组合 3”；选择“组合 3”组合中的文本框（单行）元件，将其命名为“校验码输入框”，修改“校验码输入框”文本框（单行）元件的尺寸为 W270:H50；在交互样式效果中，修改提示文字为“请输入右侧校验码”，效果如图 3-13 所示。

步骤 12：在字体图标元件库中找到有打勾样式的“防护 Shield”字体图标元件，将“组合 3”组合中的“用户圆形 User Circle”字体图标元件修改为“防护 Shield”字体图标元件，设置字体颜色为#CCCCCC，字号为 18，效果如图 3-14 所示。

图 3-13　设置“校验码输入框”元件的样式后的效果

图 3-14　修改字体图标元件并进行设置后的效果 2

步骤 13：将动态面板元件拖入页面，设置其坐标为 X325:Y280，尺寸为 W100:H50，并将其命名为“校验码”，效果如图 3-15 所示。

图 3-15　拖入“校验码”动态面板元件并进行设置后的效果

步骤 14：双击“校验码”动态面板元件，将一个矩形元件拖入该动态面板元件，并将该矩形元件命名为“校验码显示”，设置其坐标为 X0:Y0，尺寸为 W100:H50，填充颜色为#F9F9F9，边框厚度为 1，边框颜色为#E4E4E4，圆角半径为 5，边距默认为 2、2、2、2；在该矩形元件中输入文本内容“2023”，设置字体为 MV Boli，字号为 28，效果如图 3-16 所示。

步骤 15：将矩形元件拖入“校验码”动态面板元件，并将该矩形元件命名为“随机字符”，设置其坐标为 X110:Y0，尺寸为 W480:H50，无填充色，无边框，边距默认为 2、2、2、2；在该矩形元件中输入文本内容“ABCDEFGHIJKLMNOPQRSTUVWXYZabcdefghijklmnopqrstuvwxyz0123456789”，设置字体颜色为#E4E4E4，效果如图 3-17 所示。

步骤 16：选择“校验码显示”矩形元件，设置交互用例。新建交互“鼠标单击时”，添加“设置文本”动作，设置目标元件为“当前元件”，单击 f_x 图标，在弹出的“编辑文字”对话框中，先新增局部变量“c”，设置“c=元件文字 随机字符”，再插入随机数表达式“[[c.charAt(Math.floor(Math.random()*62))]][[c.charAt(Math.floor(Math.random()*62))]][[c.charAt(Math.floor(Math.random()*62))]][[c.charAt(Math.floor(Math.random()*62))]]”，如图 3-18 所示。

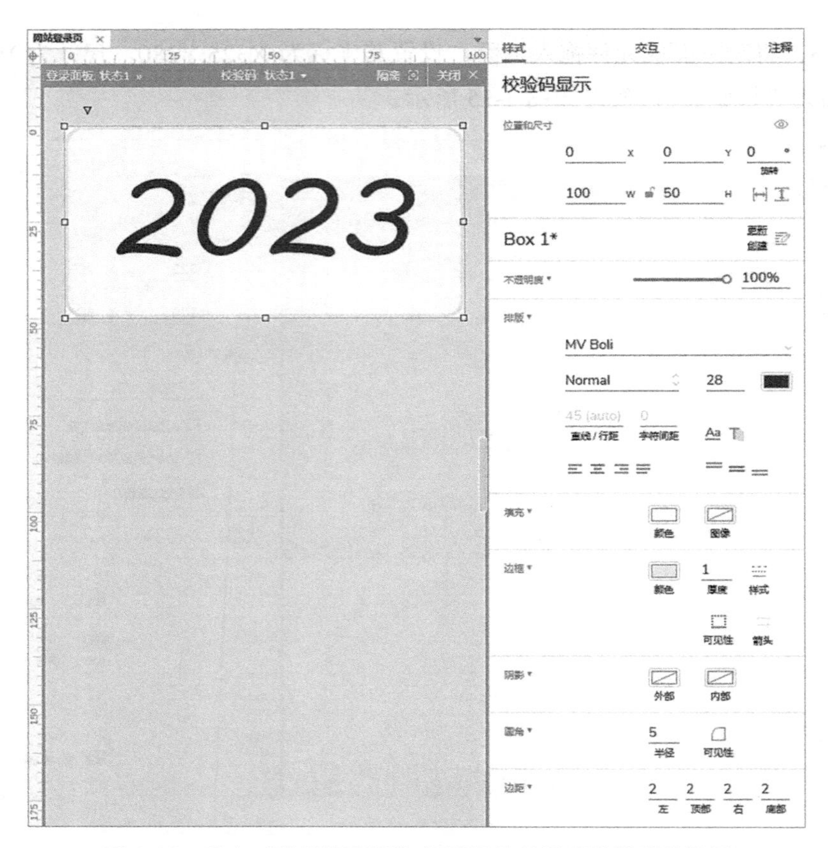

图 3-16　拖入“校验码显示”矩形元件并进行设置后的效果

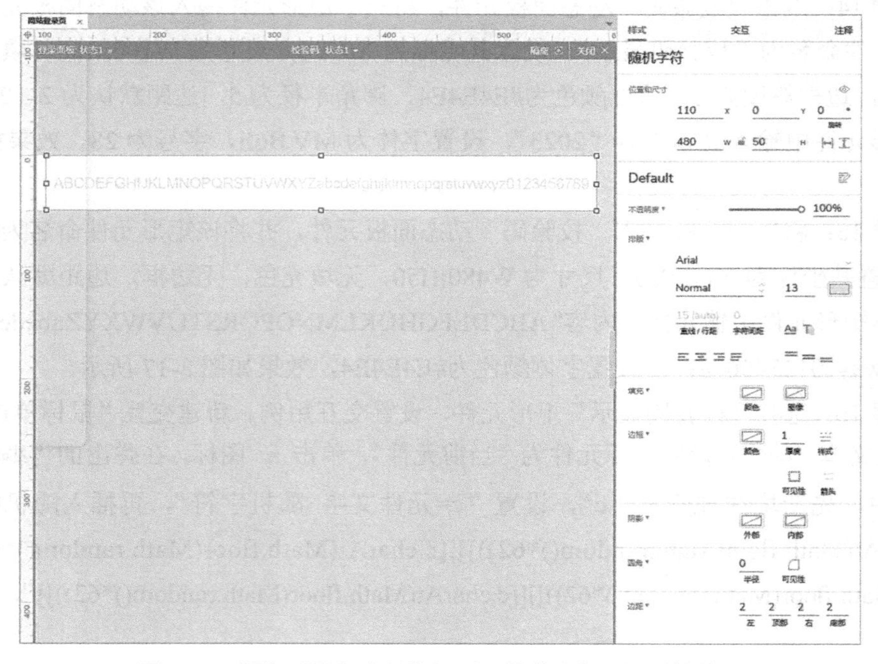

图 3-17　添加“随机字符”矩形元件并进行设置后的效果

图 3-18　设置“校验码显示”矩形元件鼠标单击时交互用例

新建交互“加载时”，复制“鼠标单击时”交互的“设置文本”动作到“加载时”交互下，如图 3-19 所示。

步骤 17：退回到“登录面板”动态面板元件中，从“Default”元件库中拖入复选框元件，设置其坐标为 X45:Y340，宽度为 100，复选框边框颜色为#CCCCCC，修改文本内容为“记住密码”，设置字体为微软雅黑，字体样式为 Regular，字号为 13，字体颜色为#CCCCCC，效果如图 3-20 所示。

设置该复选框元件的交互样式效果：选中时线条颜色为#409EFF，禁用时填充颜色为#F5F5F5，如图 3-21 所示。

步骤 18：拖入矩形元件，设置填充颜色为白色，无边框，坐标为 X315:Y330，尺寸为 W112:H50；在该矩形元件中输入文本内容“忘记密码？”，设置字体为微软雅黑，文本的对齐方式为右对齐、上下居中，字体颜色为#409EFF，效果如图 3-22 所示。

图 3-19　设置“校验码显示”矩形元件加载时交互用例

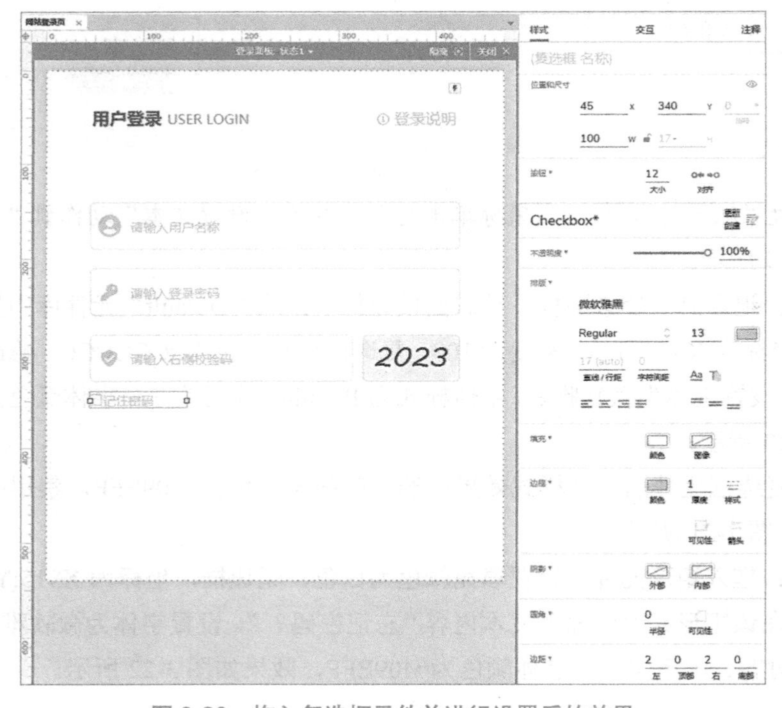

图 3-20　拖入复选框元件并进行设置后的效果

图 3-21 设置复选框元件的交互样式效果

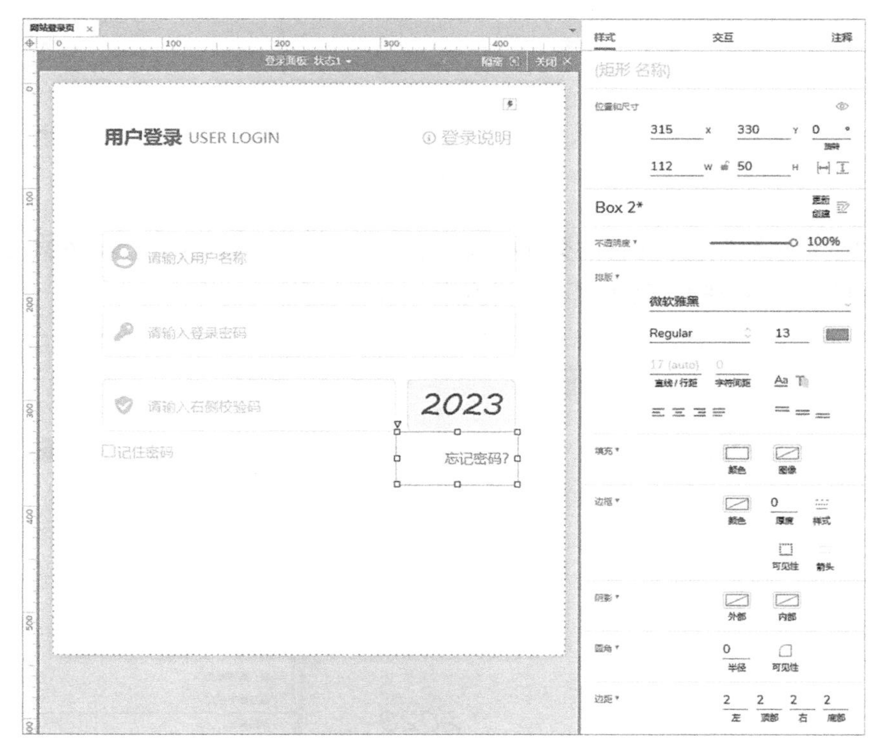

图 3-22 添加“忘记密码？”矩形元件并进行设置后的效果

步骤 19：拖入矩形元件，将其命名为“登录按钮”，设置其坐标为 X47:Y380，尺寸为 W380:H50，填充颜色为#409EFF，无边框，圆角半径为 5；在该矩形元件中输入文本内容“登录”，设置字体为微软雅黑，字体样式为 Bold，字号为 18，文本的对齐方式为左右居中、上下居中，字体颜色为白色，效果如图 3-23 所示。

图 3-23 添加“登录按钮”矩形元件并进行设置后的效果

设置“登录按钮”矩形元件的交互样式效果：鼠标悬停时填充颜色为#66B1FF，鼠标按下时填充颜色为#2B85E4，禁用时不透明度为 70%，如图 3-24 所示。

图 3-24 设置“登录按钮”矩形元件的交互样式效果

步骤 20：从“Sample UI Patterns”元件库中拖入加载旋转器元件，将其命名为“加载选择器”，设置填充颜色为白色，尺寸为 W15:H15，坐标为 X194:Y398，效果如图 3-25 所示。同时将加载旋转器元件的可见性设置为隐藏。

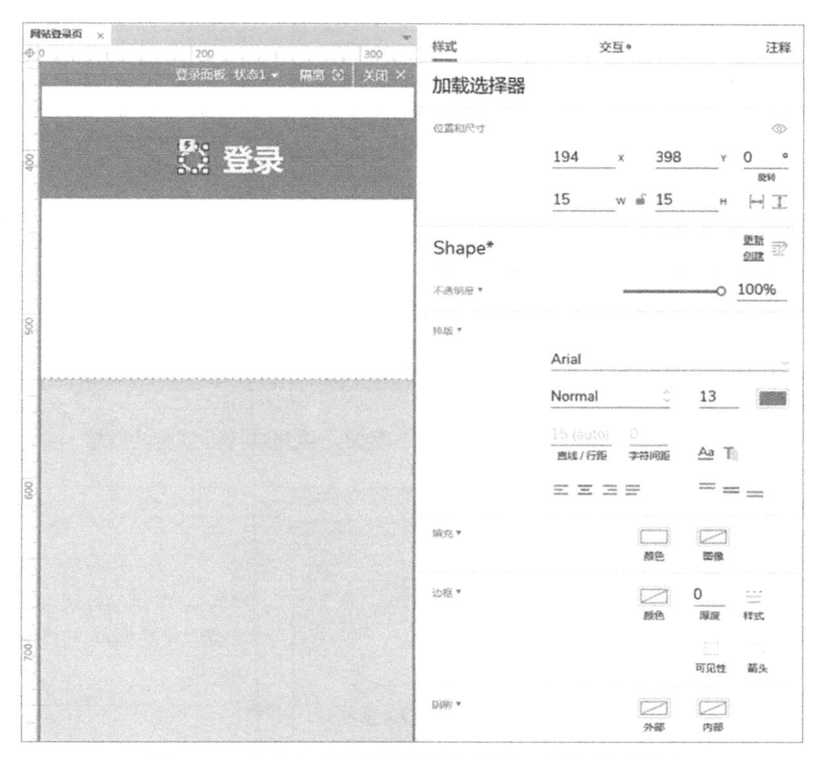

图 3-25 拖入加载旋转器元件并进行设置后的效果

步骤 21：拖入动态面板元件，将其命名为“警告提示”，设置其坐标为 X45:Y450，尺寸为 W380 :H40，并将该元件的可见性设置为隐藏；双击“警告提示”动态面板元件，新增“请填写用户名称”“请填写登录密码”“用户名或密码不正确”“请填写校验码”“校验码不正确”等状态，效果如图 3-26 所示。

步骤 22：选择“警告提示”动态面板元件的“请填写用户名称”状态，拖入矩形元件，设置其坐标为 X0:Y0，尺寸为 W380 :H40，填充颜色为#FFF5E6，边框颜色为#FFEBCC，边框厚度为 1，圆角半径为 5，边距为 20、0、20、0；在该矩形元件中输入文本内容“请填写用户账号”，设置字体为微软雅黑，字体样式为 Regular，字号为 13，字体颜色为#FF9900，文本的对齐方式为左对齐、上下居中；选择字体图标元件库，搜索“信息”，找到“信息（圆形） Info Circle”字体图标元件并将其拖到页面上，设置字体样式为 Regular，字号为 13，字体颜色为#FF9900，复制“信息（圆形） Info Circle”字体图标元件的文本内容并将其插入文本内容“请填写用户账号”的前方，然后将“信息（圆形） Info Circle”字体图标元件删除，效果如图 3-27 所示。

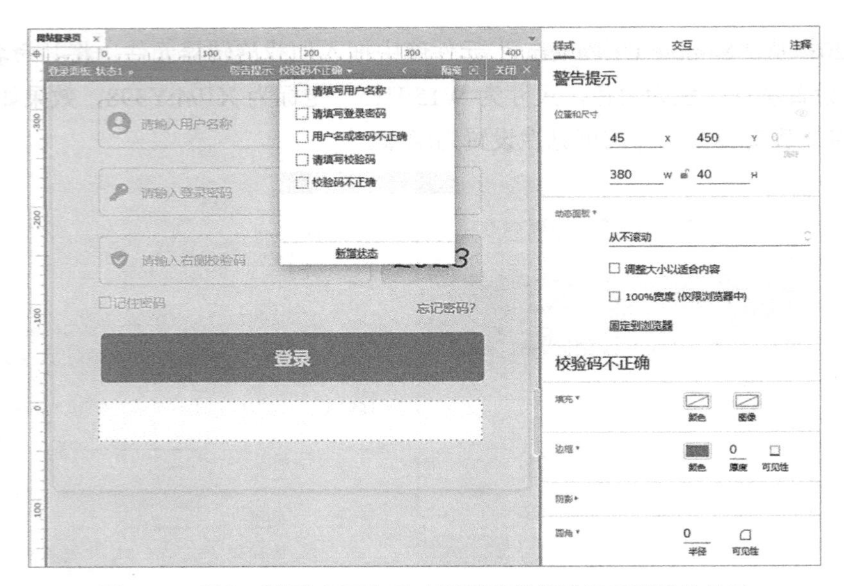

图 3-26　添加“警告提示”动态面板元件并进行设置后的效果

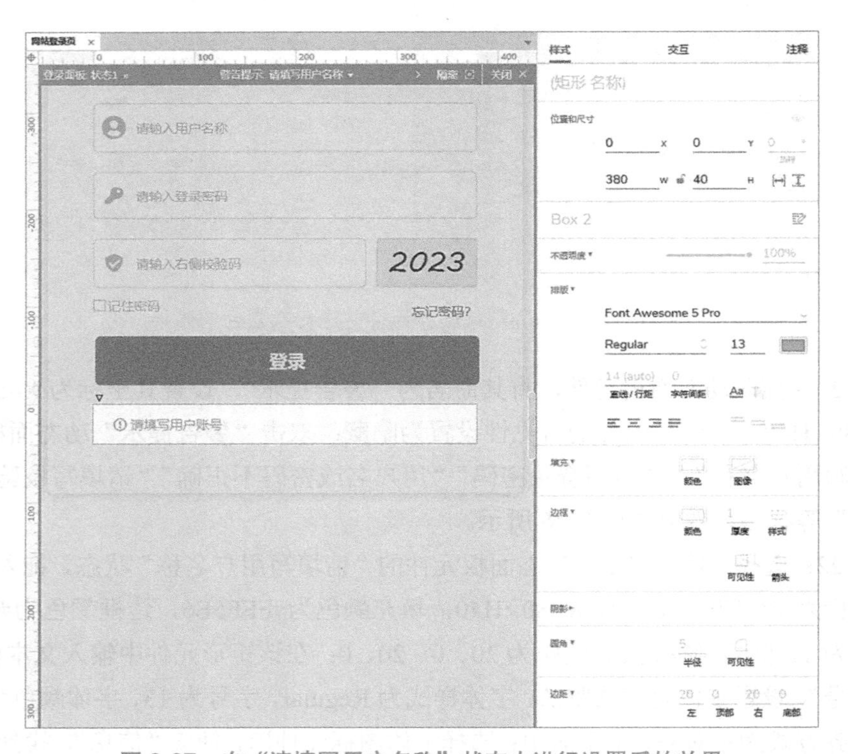

图 3-27　在“请填写用户名称”状态中进行设置后的效果

步骤 23：复制“请填写用户名称”状态中的矩形元件到“请填写登录密码”状态中，修改文本内容为“请填写登录密码”，效果如图 3-28 所示。

复制“请填写用户名称”状态中的矩形元件到“请填写校验码”状态中，修改文本内容为“请填写校验码”，效果如图 3-29 所示。

图 3-28　修改“请填写登录密码”状态中的文本内容后的效果

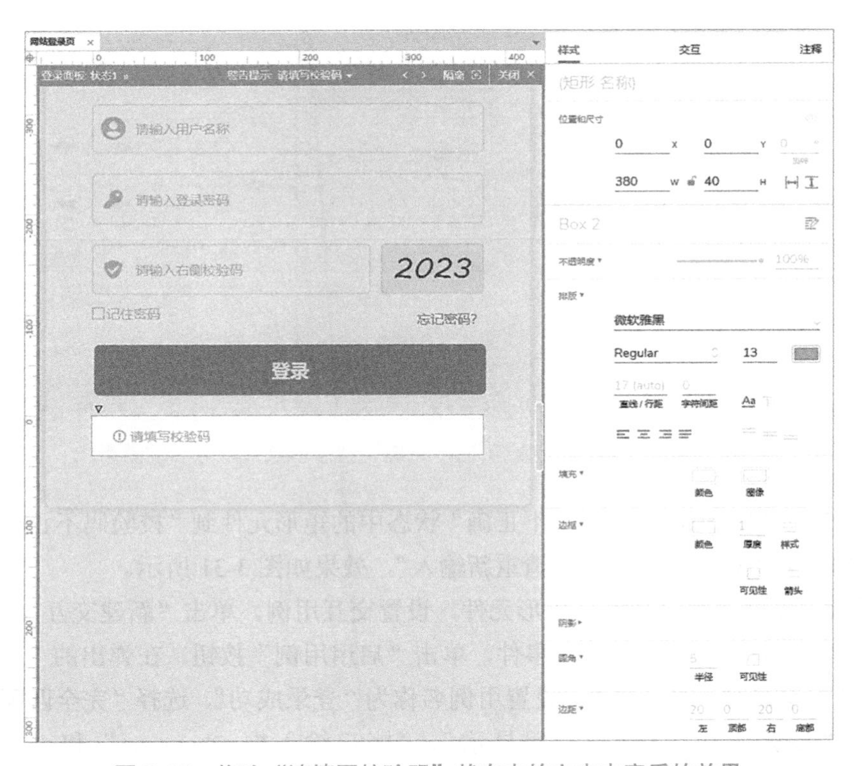

图 3-29　修改“请填写校验码”状态中的文本内容后的效果

步骤 24：选择“警告提示”动态面板元件的“用户名或密码不正确”状态，拖入矩形元件，设置其坐标为 X0:Y0，尺寸为 W380:H40，填充颜色为#FFEEE6，边框颜色为#FFDDCC，边框厚度为 1，圆角半径为 5，边距为 20、0、20、0；在该矩形元件中输入文本内容“用户名或密码不正确”，设置字体为微软雅黑，字体样式为 Regular，字号为 13，字体颜色为#F56C6C，文本的对齐方式为左对齐、上下居中；选择字体图标元件库，搜索“乘号”，找到“乘号（圆形） Times Circle”字体图标元件并将其拖到页面上，设置字体样式为 Regular，字号为 13，字体颜色为#F56C6C，复制“乘号（圆形） Times Circle”字体图标元件的文本内容并将其插入文本内容“用户名或密码不正确”的前面，然后将“乘号（圆形） Times Circle”字体图标元件删除，效果如图 3-30 所示。

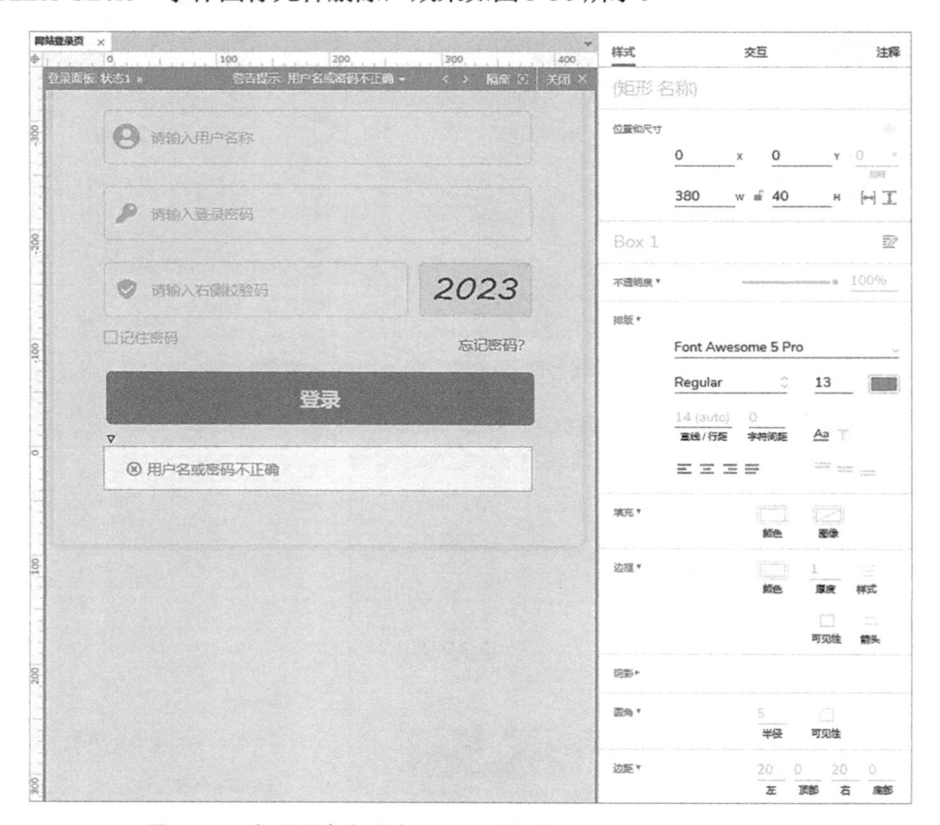

图 3-30　在“用户名或密码不正确”状态中进行设置后的效果

步骤 25：复制“用户名或密码不正确”状态中的矩形元件到“校验码不正确”状态中，修改文本内容为“校验码不正确，请重新输入”，效果如图 3-31 所示。

步骤 26：选择“登录按钮”矩形元件，设置交互用例。单击“新建交互”按钮，在出现的输入框中选择“鼠标单击时”事件，单击“启用用例”按钮，在弹出的“条件设置-登录按钮：鼠标单击时”对话框中，设置用例名称为“登录成功”，选择“完全匹配”，设置逻辑关系为“校验码输入框=校验码显示”、“账户输入框=zhangsan”和“密码输入框=12345678”，如图 3-32 所示。

图 3-31　修改“校验码不正确”状态中的文本内容后的效果

条件设置 - 登录按钮: 鼠标单击时

用例名称

登录成功　　完全匹配

元件文字　校验码输入框　=　元件文字　校验码显示

元件文字　账户输入框　=　文本　zhangsan

元件文字　密码输入框　=　文本　12345678

+ 新增行

逻辑

if 元件文字 校验码输入框 = 元件文字 校验码显示
and 元件文字 账户输入框 = "zhangsan"
and 元件文字 密码输入框 = "12345678"

确定　取消

图 3-32　设置“登录按钮”矩形元件交互用例的条件

在“交互编辑器”对话框中，添加“显示/隐藏”动作，隐藏“警告提示”；添加“显示/隐藏”动作，显示“加载旋转器”，并勾选“置于顶层”复选框；添加“等待”动作，设置等待时间为“2000 毫秒”，如图 3-33 所示。

图 3-33　设置“登录成功”用例的动作

步骤 27：使用与步骤 26 相同的方法添加新交互用例，设置用例名称为“反馈提示(请填写用户名称)”，选择“完全匹配”，设置逻辑关系为“账户输入框= ”，如图 3-34 所示。

添加“设置面板状态”动作，设置目标元件为“警告提示”，状态为“请填写用户名称”；添加“显示/隐藏”动作，设置目标元件为“警告提示”，显示“警告提示”，动画为“淡入淡出 500 毫秒”，勾选“置于顶层”复选框；添加“移动”动作，设置目标元件为“当前元件”，移动为“从当前（0,−5）”，动画为“弹跳 100 毫秒”，轨迹为“直线效果”；再次添加“移动”动作，设置目标元件为“当前元件”，移动为“从当前（0,5）”，动画为“弹跳 100 毫秒”，轨迹为“直线效果”，最后将上述两个“移动”动作重复两次，如图 3-35 所示。

图 3-34　设置“登录按钮”矩形元件新交互用例的条件

图 3-35　设置“反馈提示(请填写用户名称)”用例的动作

步骤 28：在“交互编辑器”对话框中复制“反馈提示(请填写用户名称)”用例的所有动作，产生新副本后，双击该副本，在弹出的“条件设置”对话框中，将用例名称“反馈提示(请填写用户名称)”修改为“反馈提示(请填写登录密码)，设置逻辑关系为“密码输入框= ”；在“交互编辑器”对话框内选中“设置面板状态”动作，在右侧的“设置动作”区域中将状态修改为“请填写登录密码”，效果如图 3-36 所示。

图 3-36　设置“反馈提示(请填写登录密码)”用例的动作

步骤 29：使用与步骤 28 相同的方法，设置“反馈提示(请填写校验码)”用例和“反馈提示(用户名或密码不正确)”用例，修改用例名称、逻辑关系和面板状态，设置“反馈提示(用户名或密码不正确)”用例的条件为“任意匹配”“账户输入框≠zhangsan”“密码输入框≠12345678”，如图 3-37 和图 3-38 所示。

图 3-37　设置“反馈提示(请填写校验码)”用例的动作

图 3-38　设置“反馈提示(用户名或密码不正确)”用例的动作

步骤 30：在“交互编辑器”对话框中复制“反馈提示(请填写用户名称)”用例的所有动作，产生新副本后，双击该副本，在弹出的“条件设置”对话框中，将用例名称“反馈提示(请填写用户名称)”修改为“反馈提示(校验码不正确)”，设置逻辑关系为“校验码输入框≠校验码显示”；在“交互编辑器”对话框内选中“设置面板状态”动作，在右侧的“设置动作”区域中将状态修改为“校验码不正确”；添加“设置文本”动作，设置目标元件为“校验码显示”，单击 *fx* 图标，在弹出的“编辑文字”对话框中，先新增局部变量“c”，设置“c=元件文字 随机字符”，再插入表达式“[[c.charAt(Math.floor(Math.random()*62))]][[c.charAt(Math.floor(Math.random()*62))]][[c.charAt(Math.floor(Math.random()*62))]][[c.charAt(Math.floor(Math.random()*62))]]”，如图 3-39 所示。

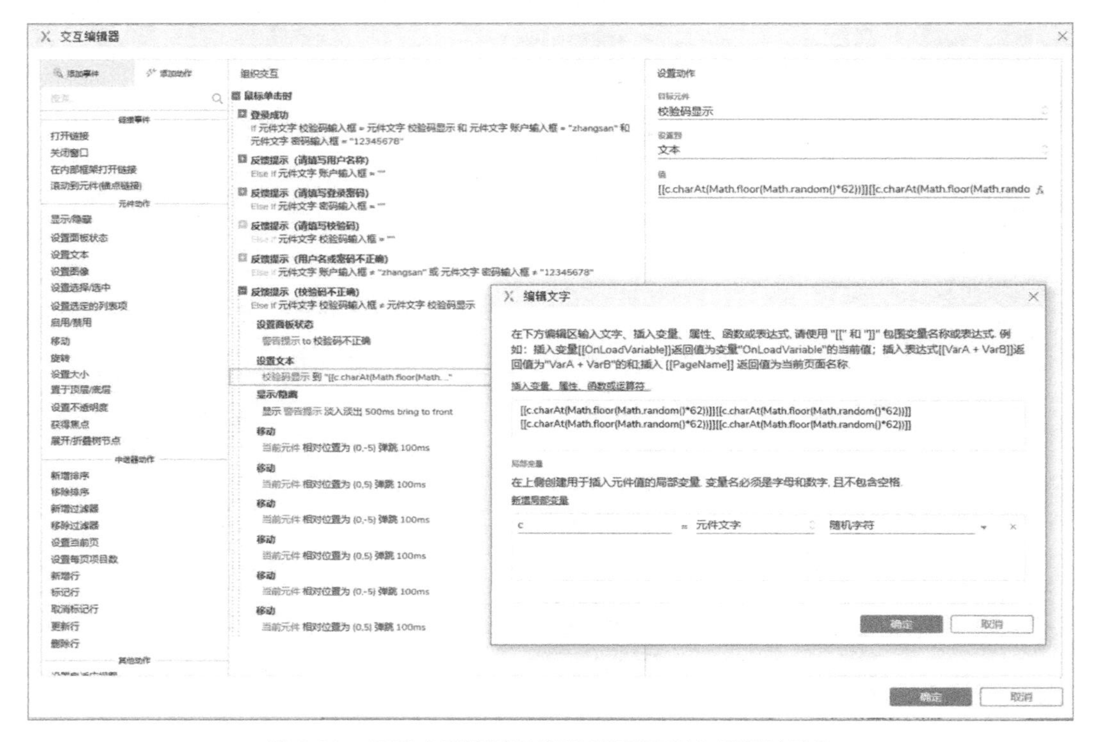

图 3-39　设置“反馈提示(校验码不正确)”用例的动作

3.5　小结

本章介绍了网站登录界面的制作方法。通过对本章内容的学习，读者能够了解基础元件，以及掌握动态面板元件的基本使用方法。同时，读者可以掌握使用第三方元件库的方法，使用第三方元件库可以节省大量的制作时间，提高工作效率。

3.6　加深练习

网站登录页效果预览

登录界面练习题的效果图如图 3-40 所示。

图 3-40　登录界面练习题的效果图

网站登录练习题效果预览

要求如下：

利用 Axure RP 9 制作登录界面的高保真原型，主要包括以下几个方面。

（1）登录界面内容布局设计：用户名称输入框、登录密码输入框、“登录”按钮、第三方登录方式的图标等。

（2）当没有输入用户名称、登录密码时，出现提示文字。

（3）当单击“登录”按钮进行交互时，出现弹跳效果。

（4）当鼠标指针滑过第三方登录方式的图标时，出现变色交互效果。

第 4 章　网站注册界面

4.1　界面效果图

网站注册界面的效果图如图 4-1 所示。

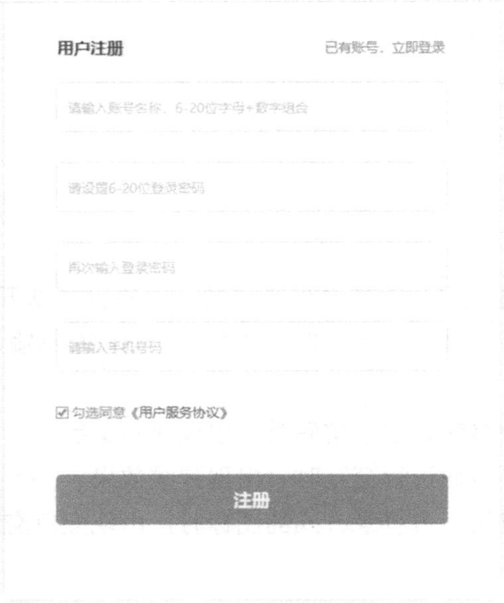

图 4-1　网站注册界面的效果图

4.2　界面分析

在网站注册界面中，用户需要按照提示要求输入账号名称、登录密码、确认登录密码和手机号码才能完成注册操作。如果用户没有按照提示要求输入账号名称、登录密码、确认登录密码和手机号码，则网站注册界面中会出现提示文字。用户在正确输入账号名称、登录密码、确认登录密码和手机号码后，单击“注册”按钮，即可完成注册操作。

4.3　使用工具分析

使用矩形、文本框、按钮、复选框等元件完成网站注册界面的制作，使用动态面板元件制作界面的验证提示内容。通过添加事件和动作，设置表单验证，确保用户输入的账号名称、登录密码、确认登录密码和手机号码等信息满足特定需求，实现注册操作。

4.4 实施步骤

网站注册页

步骤 1：将动态面板元件拖入画布，设置其坐标为 X0:Y0，尺寸为 W480:H600，将该动态面板元件命名为“注册面板”，新增“用户注册”和“注册成功”状态，如图 4-2 所示，勾选“调整大小以适合内容”复选框。

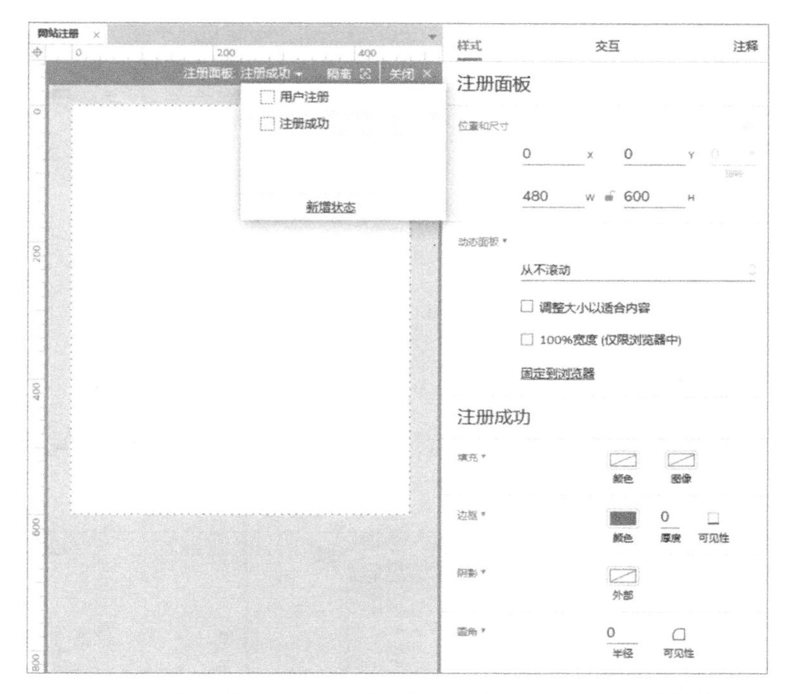

图 4-2 添加“注册面板”动态面板元件并进行设置后的效果

步骤 2：将矩形元件拖入“用户注册”状态，设置其坐标为 X0:Y0，尺寸为 W480:H600，填充颜色为白色，无边框，阴影颜色为#000000，阴影颜色的不透明度为 15%，阴影的坐标为 X0:Y0，阴影的模糊度为 10，圆角半径为 5，边距为 2、2、2、2，效果如图 4-3 所示。

步骤 3：在“用户注册”状态中拖入矩形元件，设置其坐标为 X50:Y20，尺寸为 W380:H50，无填充色，无边框，边距为 2、0、2、0；在该矩形元件中输入文本内容“用户注册”，设置字体为微软雅黑，字体样式为 Bold，字号为 16，文本的对齐方式为左对齐、上下居中，效果如图 4-4 所示。

步骤 4：在“用户注册”状态中拖入矩形元件，设置其坐标为 X230:Y20，尺寸为 W200:H50，无填充色，无边框，边距为 2、2、2、2；在该矩形元件中输入文本内容“已有账号，立即登录”，设置字体为微软雅黑，字体样式为 Regular，字号为 13 号，字体颜色为#409EFF，文本的对齐方式为右对齐、上下居中，效果如图 4-5 所示。如果单击该元件需要跳转到网站登录界面，则可以对该元件添加交互用例：当鼠标单击时，打开网站登录界面。

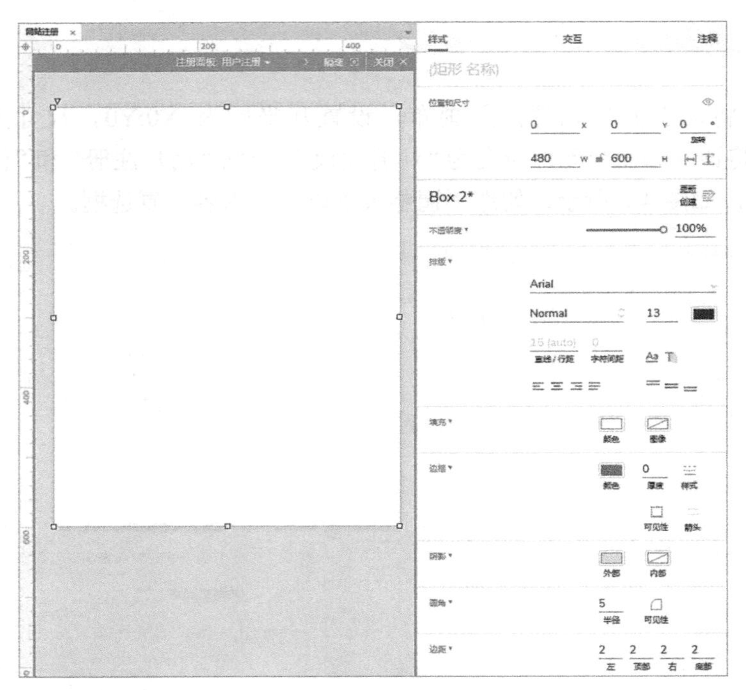

图 4-3　拖入矩形元件并进行设置后的效果

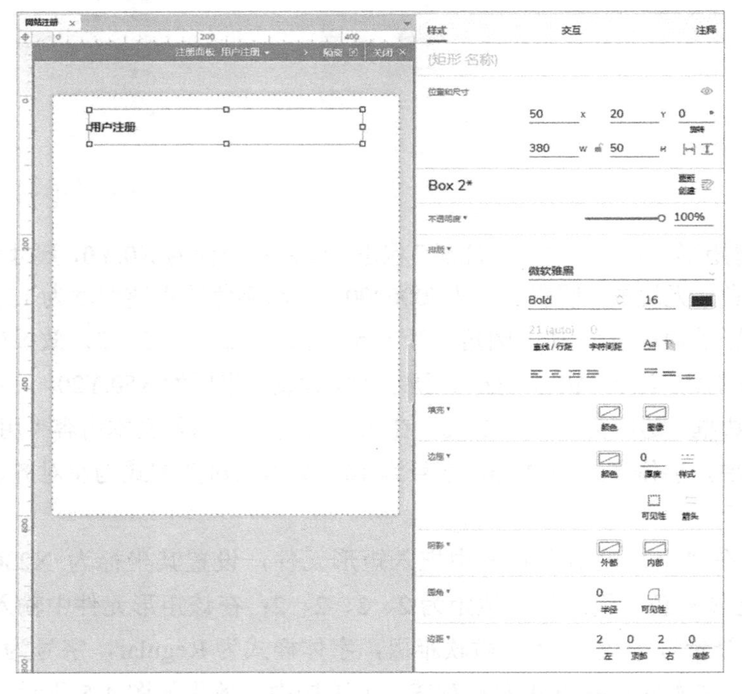

图 4-4　添加“用户注册”矩形元件并进行设置后的效果

步骤 5：在“用户注册”状态中拖入文本框（单行）元件，将其命名为“账号名称输入框”，设置其坐标为 X50:Y80，尺寸为 W380:H50，填充颜色为白色，边框颜色为#E4E4E4，边框厚度为 1，圆角半径为 5，边距为 10、2、2、2；设置账号名称输入框中输入文本的字体为微软雅黑，字体样式为 Regular，字号为 13，效果如图 4-6 所示。

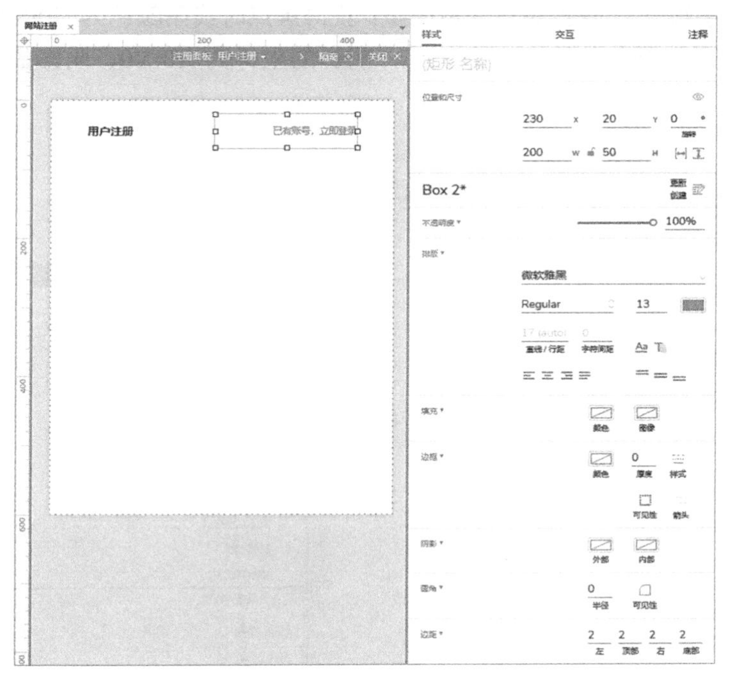

图 4-5　添加“已有账号，立即登录”矩形元件并进行设置后的效果

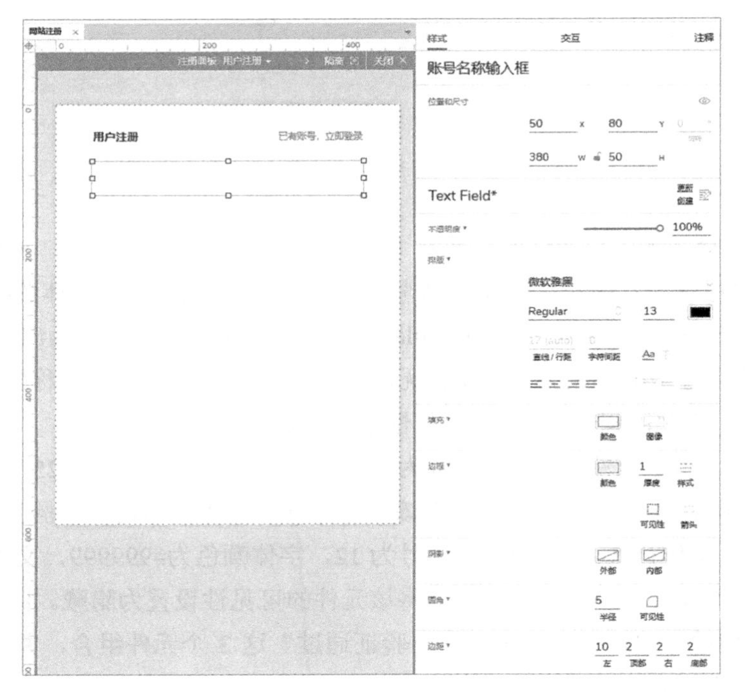

图 4-6　添加“账号名称输入框”文本框（单行）元件并进行设置后的效果

为“账号名称输入框”元件设置交互样式效果：鼠标悬停时线条颜色为#409EFF；禁用时填充颜色为#F2F2F2；提示信息时字体颜色为#CCCCCC，提示文字为“请输入账号名称，6-20位字母+数字组合”，获得焦点之后隐藏；获得焦点时线条颜色为#409EFF，外部阴影颜色为#409EFF，阴影颜色的透明度为25%，阴影的坐标为X0:Y0，阴影的模糊度为5，如图4-7所示。

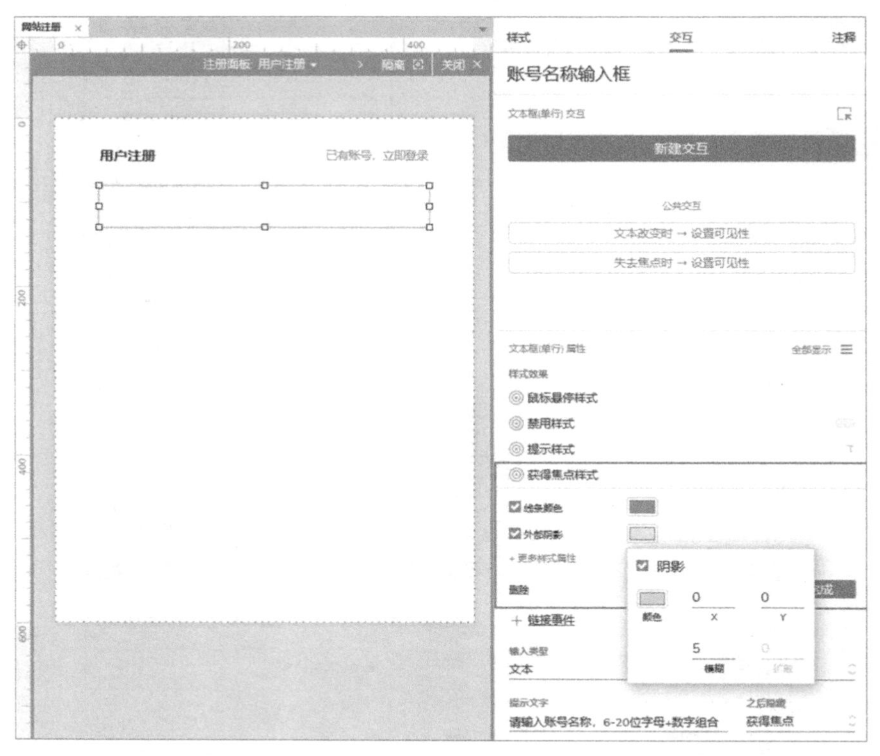

图4-7　设置“账号名称输入框”文本框（单行）元件的交互样式效果

步骤6：选择字体图标元件库，搜索“校验”，找到“校验（圆形） Check Circle”字体图标元件并将其拖到页面上，设置“校验（圆形） Check Circle”字体图标元件的字体为Font Awesome 5 Pro，字体样式为Regular，字号为13，字体颜色为#19BE6B，坐标为X390:Y80，尺寸为W40:H50，无边框，无填充，将其命名为“账号名称验证通过”，效果如图4-8所示。将该字体图标元件的可见性设置为隐藏。

步骤7：拖入矩形元件，设置其坐标为X50:Y133，尺寸为W380:H25，将其命名为“账号名称验证提示”，无填充，无边框；在该矩形元件中输入文本内容“验证提示”，设置字体为微软雅黑，字体样式为Regular，字号为12，字体颜色为#999999，文本的对齐方式为左对齐、上下居中，效果如图4-9所示。将该元件的可见性设置为隐藏。将“账号名称输入框”、“账号名称验证提示”和“账号名称验证通过”这3个元件组合，并将该组合命名为“账号名称输入框组合”。

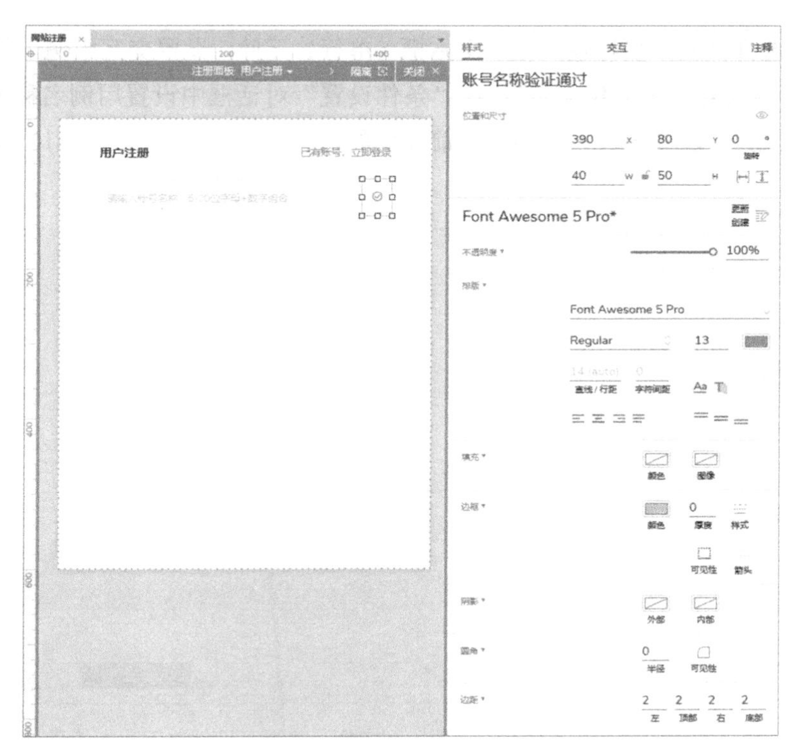

图 4-8　添加“账号名称验证通过”字体图标元件并进行设置后的效果

图 4-9　添加“账号名称验证提示”矩形元件并进行设置后的效果

步骤 8：选择“账户名称输入框”文本框（单行）元件，设置交互用例。单击“新建交互”按钮，新建交互“失去焦点时”；在“条件设置”对话框中设置用例名称为“用例 1”，选择“完全匹配”，设置逻辑关系为“当前元件的值长度小于 1”，如图 4-10 所示。

图 4-10　设置“账号名称输入框”文本框（单行）元件交互用例的条件

添加“设置文本”动作，设置目标元件为“账户名称验证提示”，富文本值为“‘信息（圆形） Info Circle’字体图标元件 账号名称不能为空”，文本内容“账号名称不能为空”的字体为微软雅黑，字体样式为 Regular，字号为 12，字体颜色为#FF9900，“信息（圆形） Info Circle”字体图标元件的字体为 Font Awesome 5 Pro，字体样式为 Regular，字号为 12，字体颜色为#FF9900，如图 4-11 所示。

添加“显示/隐藏”动作，设置目标元件为“账号名称验证提示”，状态为“显示”；添加“设置选择/选中”动作，设置目标元件为“当前元件”，值为“真”，如图 4-12 所示。

步骤 9：复制“用例 1”用例的交互样式，将用例名称“用例 1”修改为“用例 2”，并设置用例条件，选择“任意匹配”，设置逻辑关系为“当前元件不是数字或字母”或“当前元件的值长度小于 6”，如图 4-13 所示。修改“设置文本”动作的富文本值为“‘乘号（圆形） Times Circle’字体图标元件 账号名称格式不正确”，设置文本内容“账号名称格式不正确”的字体为微软雅黑，字体样式为 Regular，字号为 12，字体颜色为#F56C6C，“乘号（圆形） Times Circle”字体图标元件的字体为 Font Awesome 5 Pro，字体样式为 Regular，字号为 12，字体颜色为#F56C6C，如图 4-14 所示。

步骤 10：添加一个新用例，设置用例名称为“用例 3”，在该用例下添加“显示/隐藏”动作，设置目标元件为“账号名称验证通过”，状态为“显示”，如图 4-15 所示。

图 4-11　设置“用例 1”用例的动作 1

图 4-12　设置“用例 1”用例的动作 2

条件设置 - 账号名称输入框: 失去焦点时

用例名称

用例 2

任意匹配

元件文字 当前元件 不是 字母或数字

元件值长度 当前元件 < 值 6

+ 新增行

逻辑

if 元件文字 当前元件 不是字母或数字
or length of value of 当前元件 < "6"

确定 取消

图 4-13　修改条件设置

图 4-14　修改“设置文本”动作的富文本值与字体颜色

步骤 11：新建交互“得到焦点时”，添加“设置选择/选中”动作，设置目标元件为“当前元件”，值为“假”；添加“显示/隐藏”动作，设置目标元件为“账号名称验证提示”，状态为“隐藏”；继续添加“显示/隐藏”动作，设置目标元件为“账号名称验证通过”，状态为“隐藏”，如图 4-16 所示。

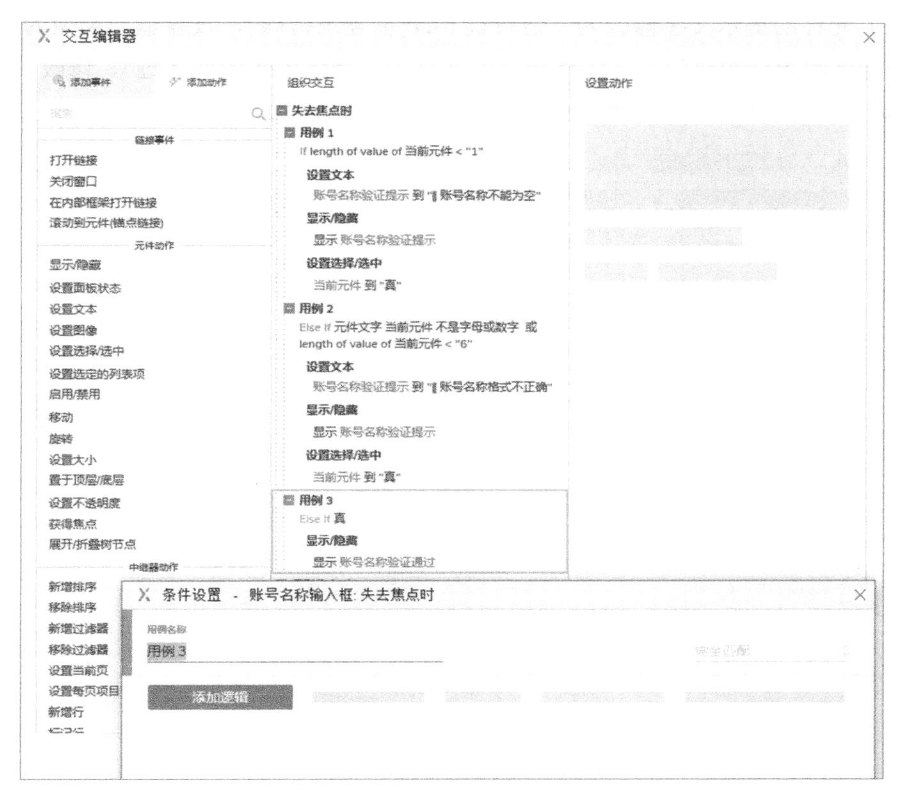

图 4-15　添加新用例并进行设置

图 4-16　新建交互“得到焦点时”并添加动作

步骤 12：复制“账号名称输入框组合”组合，设置其坐标为 X50:Y213，修改“账号名称输入框”文本框（单行）元件的名称为“登录密码输入框”，将“账号名称输入框”文本框（单行）元件的提示文字修改为“请设置 6-20 位登录密码”，设置输入类型为“密码”，修改“账号名称验证通过”字体图标元件的名称为“登录密码验证通过”，修改“账号名称验证提示”矩形元件的名称为“登录密码验证提示”，效果如图 4-17 所示。

图 4-17　复制“账号名称输入框组合”组合并进行设置后的效果 1

步骤 13：选择“登录密码输入框”文本框（单行）元件，修改“失去焦点时”交互的用例。将“用例 1”用例的“设置文本”动作的富文本值中的文本内容“账号名称不能为空”修改为“登录密码不能为空”；将“用例 2”用例的条件修改为“当前元件的值长度小于 6”，将“用例 2”用例的“设置文本”动作的富文本值中的文本内容“账号名称格式不正确”修改为“登录密码不正确”，如图 4-18 所示。

步骤 14：复制“登录密码输入框组合”组合，设置其坐标为 X50:Y240，修改“登录密码输入框”文本框（单行）元件的名称为“重复密码输入框”，并将该元件的提示文字修改为“再次输入登录密码”，修改“登录密码验证通过”字体图标元件的名称为“重复密码验证通过”，修改“登录密码验证提示”矩形元件的名称为“重复密码验证提示”，如图 4-19 所示。

图 4-18　修改“登录密码输入框”文本框（单行）元件的交互用例

图 4-19　复制“登录密码输入框组合”组合并进行设置后的效果

步骤 15：选择“重复密码输入框”文本框（单行）元件，修改“失去焦点时”交互的用例。将“用例 1”用例的“设置文本”动作的富文本值中的文本内容“登录密码不能为空”修改为“请再次输入登录密码”；将“用例 2”用例的条件修改为“当前元件文字不等于登录密码输入框元件文字”，将“用例 2”用例的“设置文本”动作的富文本值中的文本内容“登录密码不正确”修改为“两次密码不一致”，如图 4-20 所示。

图 4-20　修改“重复密码输入框”文本框（单行）元件的交互用例

步骤 16：复制“账号名称输入框组合”组合，设置其坐标为 X50:Y320，修改“账号名称输入框”文本框（单行）元件的名称为“手机号输入框”，并将该元件的提示文字修改为“请输入手机号码”，设置输入类型为“电话号码”，修改“账号名称验证通过”字体图标元件的名称为“手机号验证通过”，修改“账号名称验证提示”矩形元件的名称为“手机号验证提示”，如图 4-21 所示。

步骤 17：选择“手机号输入框”文本框（单行）元件，修改“失去焦点时”交互的用例。将“用例 1”用例中的富文本值中的文本内容“账号名称不能为空”修改为“手机号码不能为空”；将“用例 2”用例的条件修改为“返回的字符位数不等于 1 或者当前元件文字不是数字或者当前元件的值长度不等于 11”，如图 4-22 所示，在设置条件“返回的字符位数不等于 1”时，先为值设置局部变量“LVAR”，再设置表达式“[[LVAR.charAt(0)]]”，如

图 4-23 所示；将“用例 2”用例的“设置文本”动作的富文本值中的文本内容“账号名称格式不正确”修改为“手机号码格式不正确”，如图 4-24 所示。

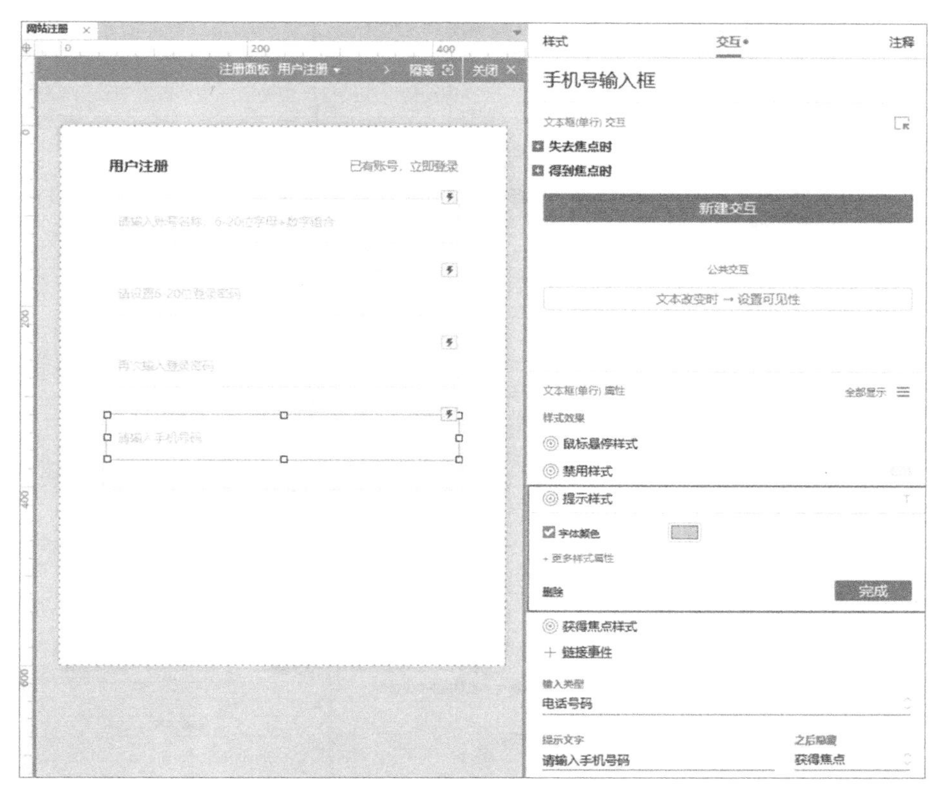

图 4-21　复制“账号名称输入框组合”组合并进行设置后的效果 2

条件设置 - 手机号输入框: 失去焦点时

用例名称

用例 2　　　　任意匹配

值	[[LVAR.charAt	≠	值	1
元件文字	当前元件	不是	数字	
元件值长度	当前元件	≠	值	11

+ 新增行

逻辑

if "[[LVAR.charAt(0)]]" ≠ "1"
or 元件文字 当前元件 不是数字
or length of value of 当前元件 ≠ "11"

确定　取消

图 4-22　设置“用例 2”用例的条件

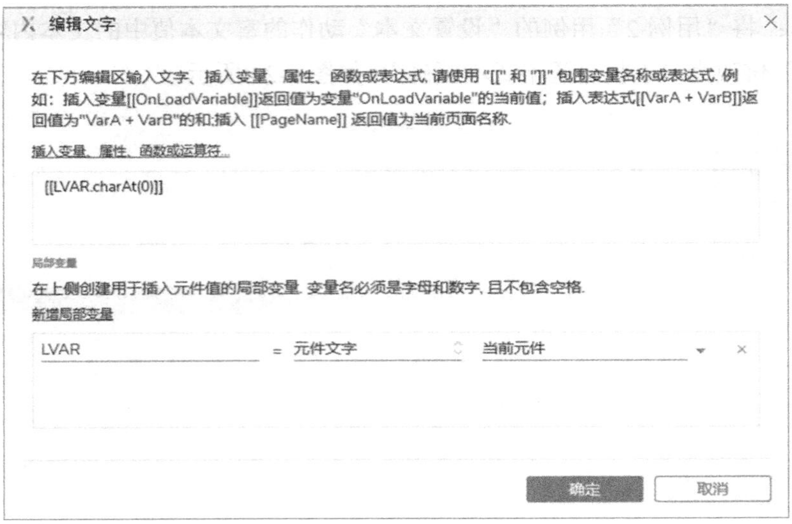

编辑文字

在下方编辑区输入文字、插入变量、属性、函数或表达式, 请使用 "[[" 和 "]]" 包围变量名称或表达式. 例如：插入变量[[OnLoadVariable]]返回值为变量"OnLoadVariable"的当前值；插入表达式[[VarA + VarB]]返回值为"VarA + VarB"的和;插入 [[PageName]] 返回值为当前页面名称.

插入变量、属性、函数或运算符...

[[LVAR.charAt(0)]]

局部变量

在上侧创建用于插入元件值的局部变量, 变量名必须是字母和数字, 且不包含空格.

新增局部变量

LVAR = 元件文字 当前元件

确定 取消

图 4-23　设置局部变量

交互编辑器

添加事件 添加动作

搜索

链接事件

打开链接
关闭窗口
在内部框架打开链接
滚动到元件(锚点链接)

元件动作

显示/隐藏
设置面板状态
设置文本
设置图像
设置选择/选中
设置选定的列表项
启用/禁用
移动
旋转
设置大小
置于顶层/底层
设置不透明度
获得焦点
展开/折叠树节点

中继器动作

新增排序
移除排序
新增过滤器
移除过滤器
设置当前页
设置每页项目数
新增行
标记行

组织交互

失去焦点时
用例 1
If length of value of 当前元件 < "1"
设置文本
手机号验证提示 到 "| 手机号码不能为空"
显示/隐藏
显示 手机号验证提示
设置选择/选中
当前元件 到 "真"
用例 2
Else If "[[LVAR.charAt(0)]]" ≠ "1" 或 元件文字 当前元件 不是数字 或 length of value of 当前元件 ≠ "11"
设置文本
手机号验证提示 到 "| 手机号码格式不正确"
显示/隐藏
显示 手机号验证提示
设置选择/选中
当前元件 到 "真"
用例 3
Else If 真
显示/隐藏
显示 手机号验证通过
得到焦点时
设置选择/选中
当前元件 到 "假"
显示/隐藏
隐藏 手机号验证提示
显示/隐藏
隐藏 手机号验证通过

设置动作

目标元件
手机号验证提示
设置到
富文本
值
编辑文字...

确定 取消

图 4-24　修改“用例 2”用例的“设置文本”动作

步骤 18：从“Default”元件库中拖入复选框元件，设置其坐标为 X50:Y402，宽度为

350，复选框边框颜色为#CCCCCC，修改文本内容为“勾选同意《用户服务协议》”，设置字体为微软雅黑，字体样式为 Regular，字号为 13，文本内容“勾选同意”的字体颜色为#999999，文本内容“《用户服务协议》”的字体颜色为#666666，效果如图 4-25 所示。

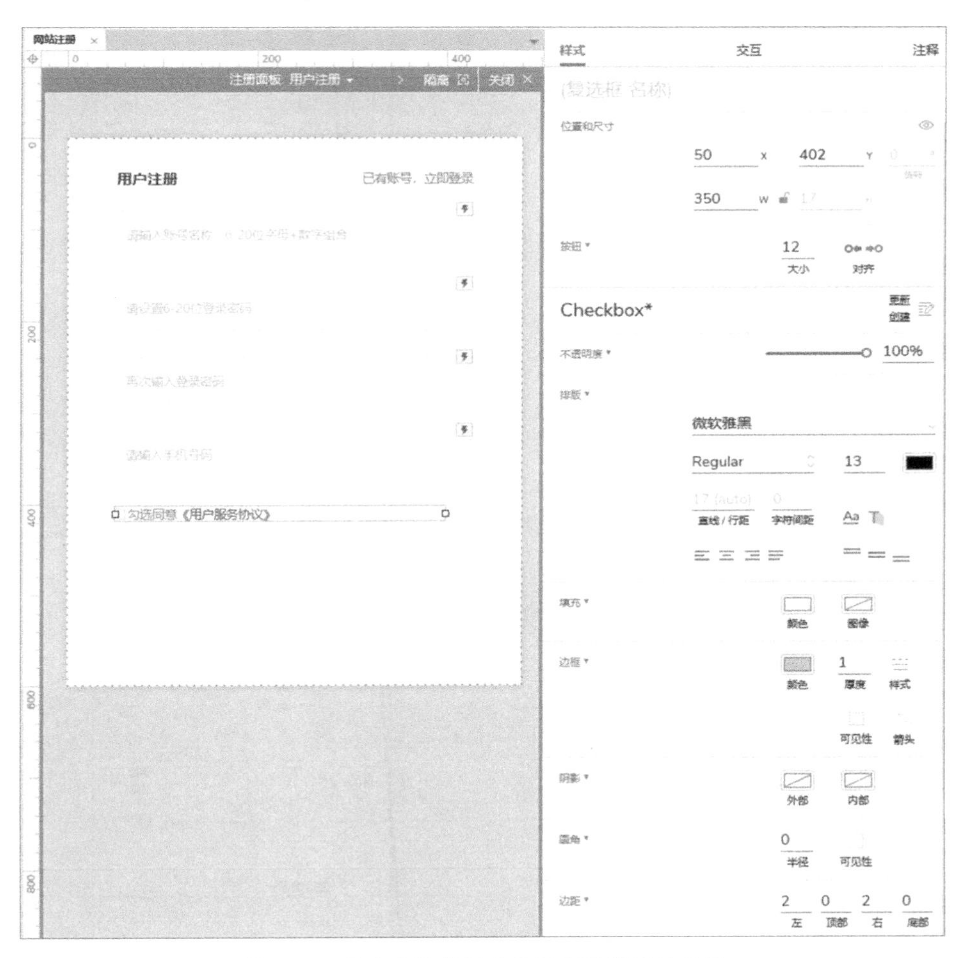

图 4-25 拖入复选框元件并进行设置后的效果

设置交互样式效果：选中时线条颜色为#409EFF，禁用时填充颜色为#F5F5F5，并勾选“选中”复选框，如图 4-26 所示。

步骤 19：拖入一个矩形元件，将其命名为“注册按钮”，设置其坐标为 X50:Y475，尺寸为 W380:H50，填充颜色为#409EFF，无边框，圆角半径为 5；在该矩形元件中输入文本内容“注册”，设置字体为微软雅黑，字体样式为 Bold，字号为 18，文本的对齐方式为居中，字体颜色为白色，效果如图 4-27 所示。

设置“注册按钮”矩形元件的交互样式效果：鼠标悬停时填充颜色为#66B1FF，鼠标按下时填充颜色为#2B85E4，禁用时不透明度为 70%，如图 4-28 所示。

图 4-26 设置复选框元件的交互样式效果

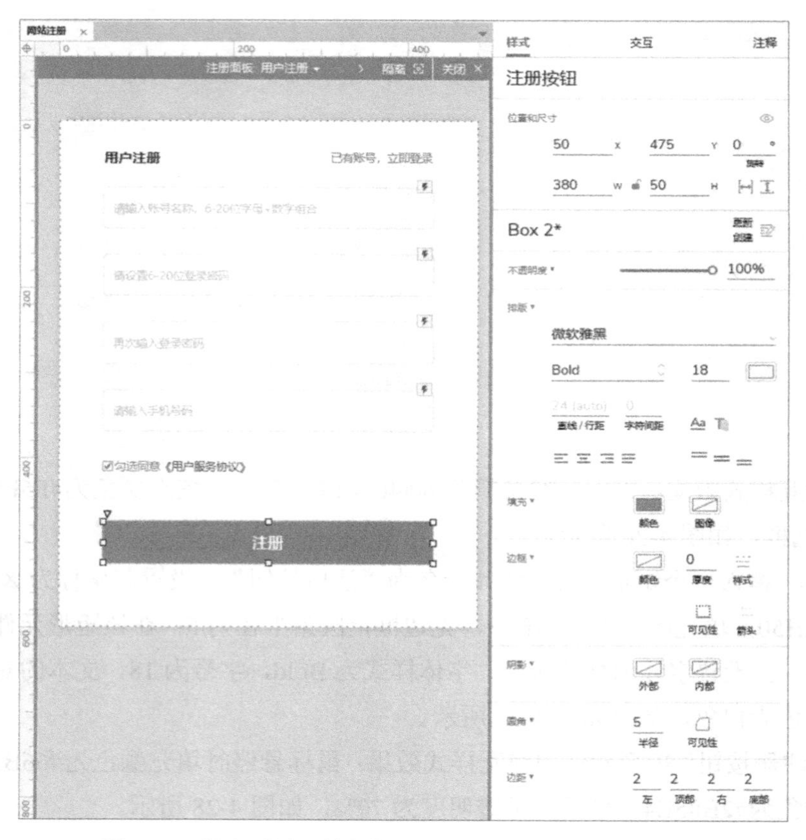

图 4-27 添加“注册按钮”矩形元件并进行设置后的效果

图 4-28　设置“注册按钮”矩形元件的交互样式效果

4.5　小结

本章介绍了网站注册界面的制作方法。通过对本章内容的学习，读者能够熟练应用表单元件，在掌握动态面板元件的基本使用方法的前提下，掌握动态面板交互事件的添加和编辑技巧，并将所学内容应用到实际的产品原型设计中。

网站注册效果预览

4.6　加深练习

网站注册练习题效果预览

注册界面练习题的效果图如图 4-29 所示。

要求如下：

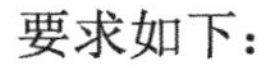

利用 Axure RP 9 制作注册界面的高保真原型，主要包括以下几个方面。

（1）注册界面内容布局设计：手机号码输入框、短信验证码输入框、登录密码输入框、“注册”按钮等。

（2）当输入框中内容的格式不对时，出现提示文字。

（3）当单击“注册”按钮进行交互时，出现弹跳效果。

（4）在获取短信验证码时，呈现的效果为 60 秒倒计时。

图 4-29　注册界面练习题的效果图

第 5 章　网站首页界面

5.1　界面效果图

网站首页界面效果图如图 5-1 所示。

图 5-1　网站首页界面效果图

5.2 界面分析

网站首页界面由导航栏、轮播区域、新闻模块、最新文章、最新快讯、视频推荐、24小时热榜、底部导航栏组成。

1. 导航栏

好的导航设计能让用户在页面和页面之间合理地快速切换。网站首页界面的导航栏包括标签、下拉菜单、搜索等内容。导航栏需要自适应浏览器窗口，当鼠标指针覆盖导航标签时，标签显示鼠标指针悬停及选中样式，同时当鼠标指针移入时弹出下拉菜单，当鼠标指针移出时隐藏下拉菜单，当鼠标单击时选中标签。

2. 轮播区域

在轮播区域中，当页面载入时，轮播图可以自动切换，用户单击左右箭头也可以切换轮播图。同时，4 个圆形表示当前轮播图的位置。

3. 新闻模块

在新闻模块中，当鼠标指针移入时，新闻图片放大，同时淡入完整新闻标题；当鼠标指针移出时，恢复默认状态。

4. 最新文章

在最新文章部分，每篇文章都是一个卡片块。当鼠标指针移入时，卡片显示，同时文章的标题、内容会出现不同颜色，表示选中状态；当鼠标指针悬停在文章图片上时，图片会缩放。由于每篇文章的样式一致，因此可以将第一篇文章的效果创建成模板，之后的文章，拖入母版修改相关文章内容即可。

5. 最新快讯

最新快讯由时间轴、标题和时间组成。当鼠标指针移入标题时，标题显示选中状态；当鼠标指针移入“查看更多”按钮时，该按钮变亮。

6. 视频推荐

在视频推荐部分，每行排列 3 个视频模块，每个视频模块以卡片的形式呈现，当鼠标指针移入时，卡片显示选中状态。卡片上包括视频、标题、作者和发布时间等内容。单击“播放”按钮可以播放视频，单击标题会跳转到空链接。

7. 24 小时热榜

24 小时热榜的话题内容展示包括排行、标题、配图等内容，图片具有缩放效果，标题在被选中时颜色会发生变化。

8. 底部导航栏

底部导航栏一般由版权信息、分类链接、特别提示等组成，显示在页面底部。当页面内容的高度不足一屏时，页脚显示在浏览器底部；当页面内容的高度超过浏览器的高度时，页脚显示在页面的底部。在网站首页界面的页脚中，需要为分类创建空链接。同时，页脚需要自适应浏览器窗口。

5.3　使用工具分析

使用动态面板元件将网站首页界面中的每部分内容模块化，利用基础元件、输入框、内联框架、中继器等元件完成网站首页界面的制作。借助系统自带元件库完成顶部导航栏、轮播图的制作，完成后将顶部导航栏创建为母版，便于后期再次应用修改。通过添加事件和动作，完成页面友好交互效果。

5.4　实施步骤

网站首页 01_导航栏模块

5.4.1　导航栏

步骤 1：新建页面，将其命名为“网站首页”，在“样式”窗格中，将页面尺寸设置成设备类型为网页、宽度为 1260，效果如图 5-2 所示。

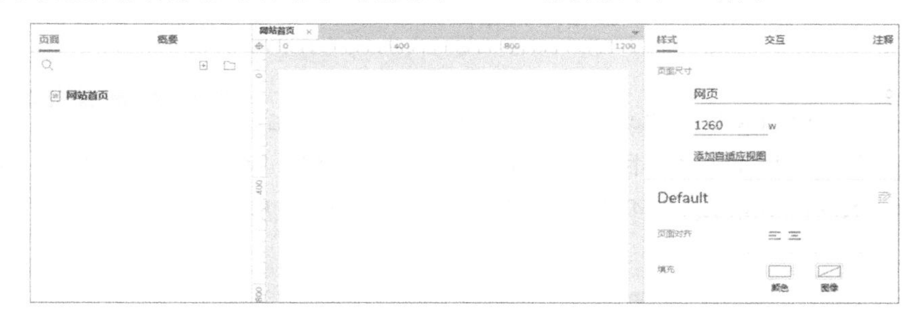

图 5-2　新建页面并进行设置后的效果

步骤 2：从“Default”元件库中将动态面板元件拖入页面，将其命名为“顶部导航面板”，设置其坐标为 X0:Y0，并勾选“调整大小以适合内容”和“100%宽度(仅限浏览器中)”复选框，效果如图 5-3 所示。

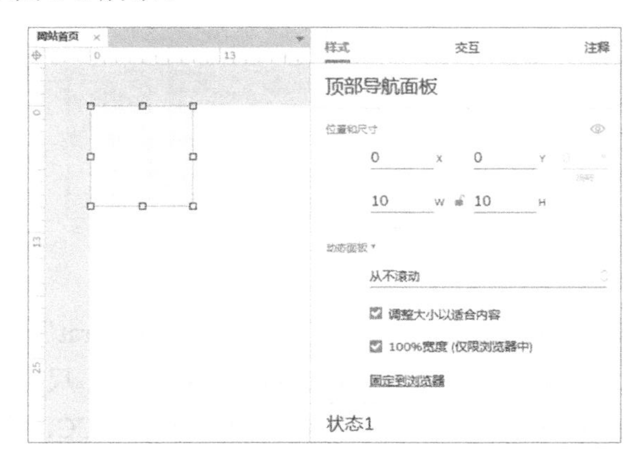

图 5-3　拖入动态面板元件并进行设置后的效果

步骤 3：双击“顶部导航面板”动态面板元件，拖入动态面板元件，将其命名为“动态导航背景”，设置其坐标为 X0:Y0，尺寸为 W1260:H60，并勾选“100%宽度(仅限浏览器中)”复选框，设置填充颜色为#333333，效果如图 5-4 所示。

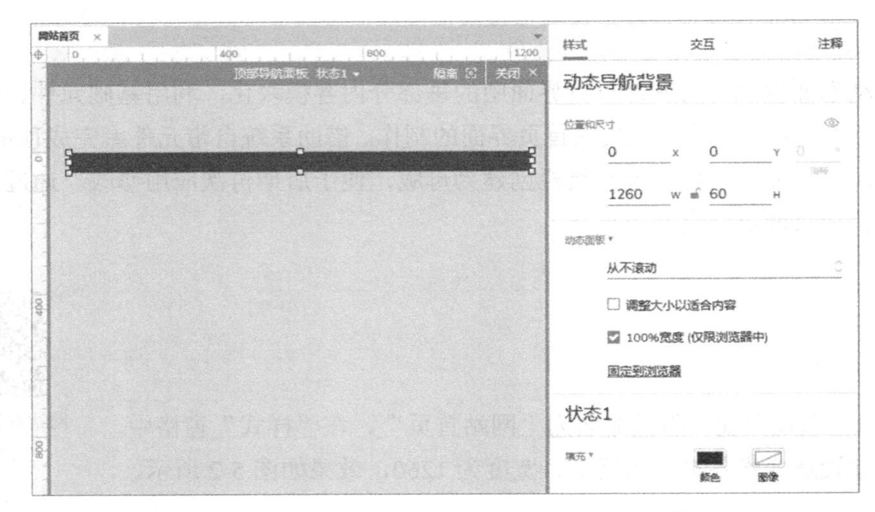

图 5-4　再次拖入动态面板元件并进行设置后的效果

步骤 4：从“Sample UI Patterns”元件库中拖入导航栏元件，如图 5-5 所示，删除“Menu Bar”、“Logo”、“项目 1”、“项目 2”、“项目 4”、“项目 5”、“Cart Icon”和“Account Icon”元件，设置“Navigation Bar”组合的坐标为 X20:Y0，如图 5-6 所示。

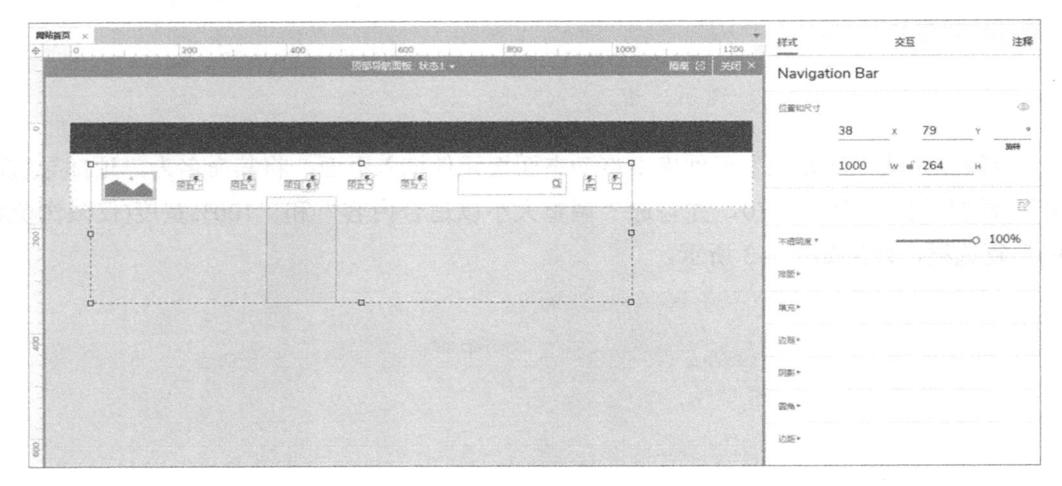

图 5-5　拖入导航栏元件

步骤 5：删除“Dropdown Menu Item”组合中的“Menu Carat”元件，选择“Dropdown Menu Item”组合中的“项目 3”元件，设置其坐标为 X20:Y0，尺寸为 W120:H60，字体为微软雅黑，字体样式为 Bold，字号为 16，字体颜色为#CCCCCC，文本的对齐方式为左右居中、上下居中，效果如图 5-7 所示。

所示。

图 5-6　设置“Navigation Bar”组合元件内容

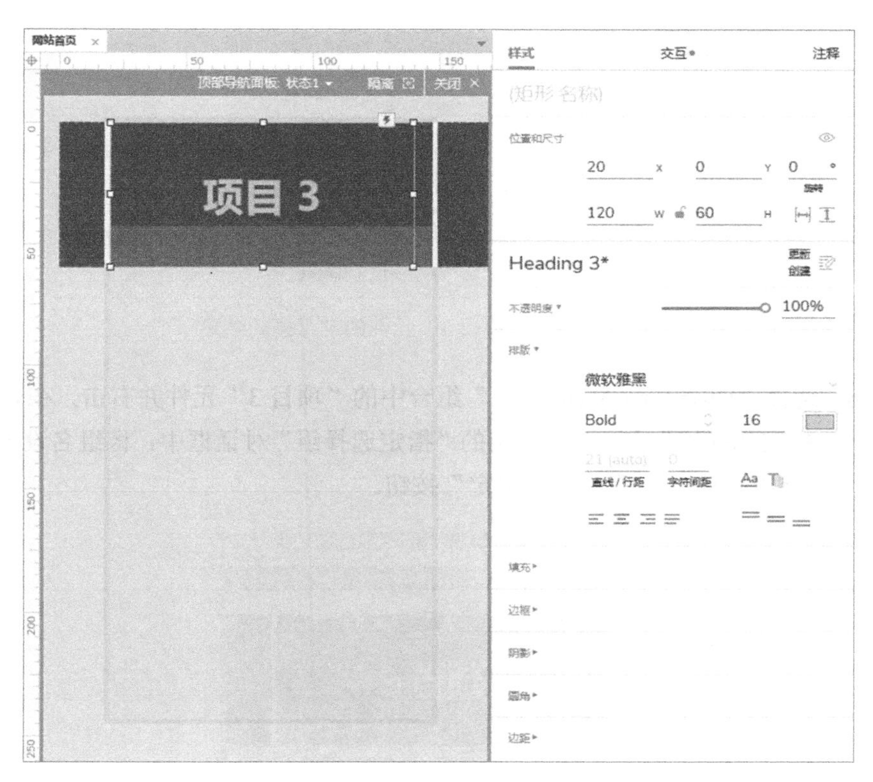

图 5-7　设置“项目 3”元件的样式后的效果

选择“项目 3”元件，添加交互用例：新建交互“鼠标单击时”，添加“设置选择/选中”动作，设置目标元件为“当前元件”，值为“真”。设置“项目 3”元件的交互样式效果：鼠标悬停时字体颜色为白色，选中时填充颜色为#409EFF，字体颜色为白色，如图 5-8 所示。

图 5-8 设置"项目 3"元件的交互样式效果

步骤 6：选择"Dropdown Menu Item"组合中的"项目 3"元件并右击，在弹出的快捷菜单中选择"指定选择组"命令，在弹出的"指定选择组"对话框中，将组名设置为"顶部导航栏"，如图 5-9 所示，然后单击"确定"按钮。

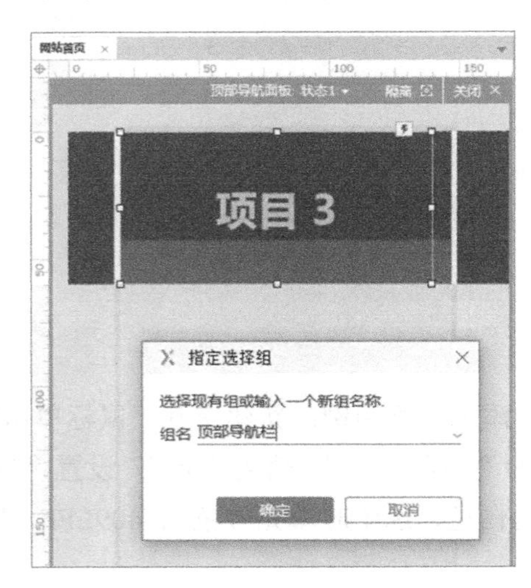

图 5-9 设置组名

步骤 7：选择“Dropdown Menu Item”组合中的“Sub Menu”元件，设置其坐标为 X20:Y60，并勾选“调整大小以适合内容”复选框，设置填充颜色为白色，阴影颜色为#000000，阴影颜色的透明度为 10%，阴影的坐标为 X0:Y0，阴影的模糊度为 5，效果如图 5-10 所示。

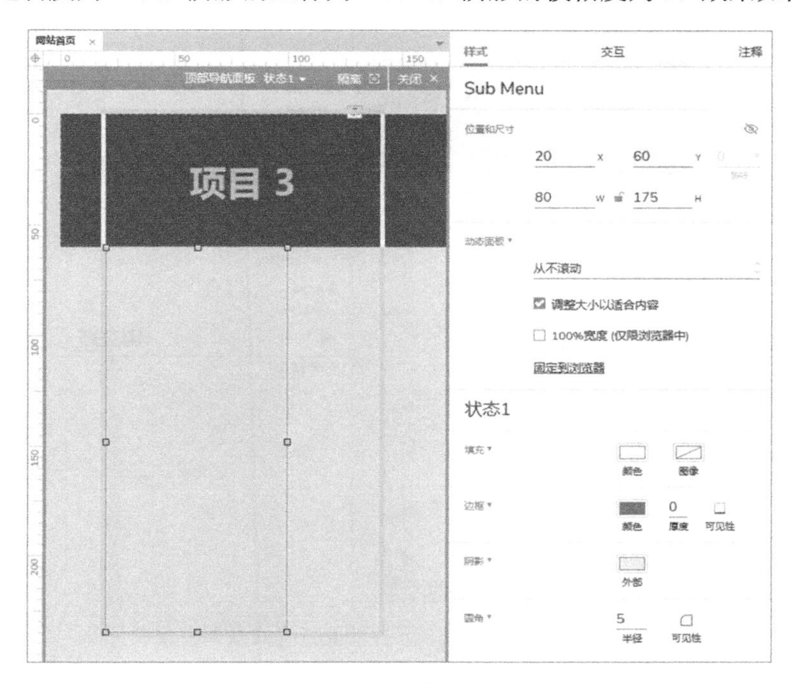

图 5-10　设置“Sub Menu”元件的样式后的效果

双击“Sub Menu”元件，删除“子项目 2”、“子项目 3”、“子项目 4”和“子项目 5”等元件，选择“子项目 1”元件，设置其尺寸为 W120:Y40，坐标为 X0:Y10，字体为微软雅黑，字号为 13，字体颜色为# 999999，文本的对齐方式为左右居中、上下居中，效果如图 5-11 所示。

图 5-11　设置“子项目 1”元件的样式后的效果

选择“子项目 1”元件，设置鼠标悬停时填充颜色为#F5F5F5，取消字体颜色样式效果，并复制 4 个“子项目 1”元件，设置它们的纵坐标依次移动 40，效果如图 5-12 所示。

图 5-12 设置“子项目 1”元件的交互样式效果并复制元件

步骤 8：复制“Dropdown Menu Item”组合，设置它们的横坐标依次移动 120，并修改相应的文本内容，文本内容如图 5-13 所示。选择“媒体品牌”矩形元件，在“交互”窗格中单击“全部显示”打开形状属性，勾选“选中”复选框。

图 5-13 设置导航栏分类名称及下拉菜单名称

步骤 9：选择“Navigation Bar”组合中的“Search Input”元件，设置其坐标为 X925:Y15，尺寸为 W158:H30，字体为微软雅黑，字号为 12 号，字体颜色为白色，无填充，边框颜色为#FFFFFF，边框颜色的透明度为 50%，边框厚度为 1，圆角半径为 30，边距为 10、0、30、0，效果如图 5-14 所示。

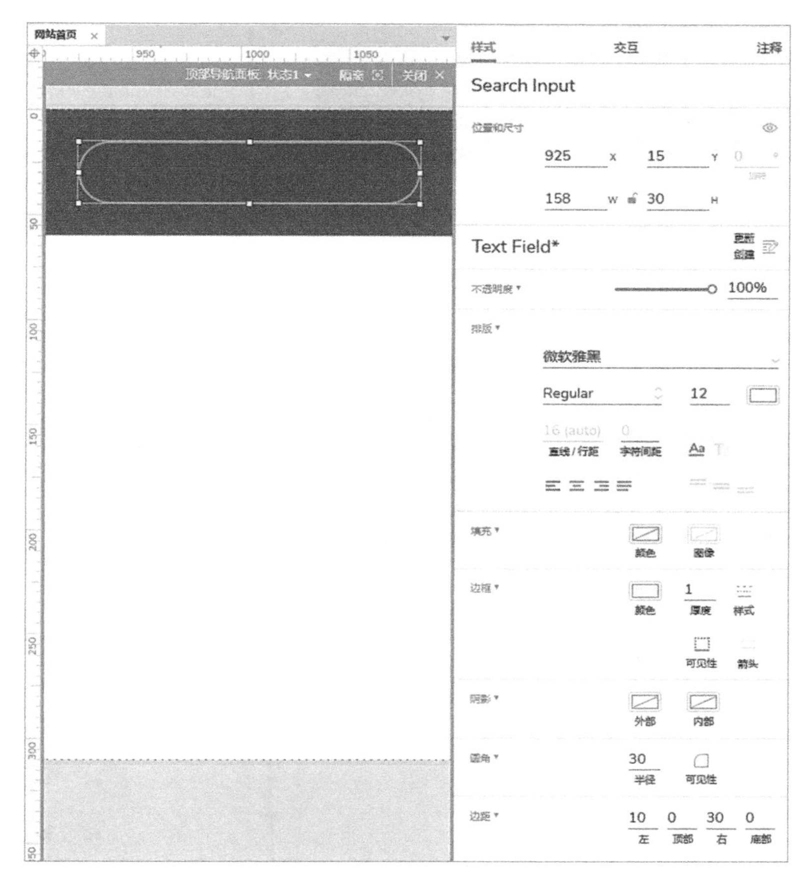

图 5-14　设置“Search Input”元件的样式后的效果

设置交互样式效果：鼠标悬停时线条颜色为#FFFFFF，透明度为 50%；提示时字体颜色为#666666，输入类型为“搜索”，提示文字为“输入搜索关键词”，获得焦点之后隐藏；获得焦点时线条颜色为#FFFFFF，透明度为 80%。

步骤 10：选择“Navigation Bar”组合中的“Search Icon”元件，设置其坐标为 X1057:Y22，效果如图 5-15 所示。

步骤 11：拖入矩形元件到“顶部导航面板”动态面板元件中，将其命名为“登录”，并设置其坐标为 X1083:Y0，尺寸为 W70:H60，字体为微软雅黑，字号为 12，字体颜色为#CCCCCC，无填充，无边框，边距为 0、0、0、0，输入文本内容“登录”，效果如图 5-16 所示。设置交互样式效果：鼠标悬停时字体颜色为白色。

步骤 12：回到初始页面，选择“顶部导航面板”动态面板元件，右击该元件，在弹出的快捷菜单中选择“创建母版”命令，在弹出的“创建母版”对话框中将新母版名称设置为“网页顶部导航栏”，如图 5-17 所示。

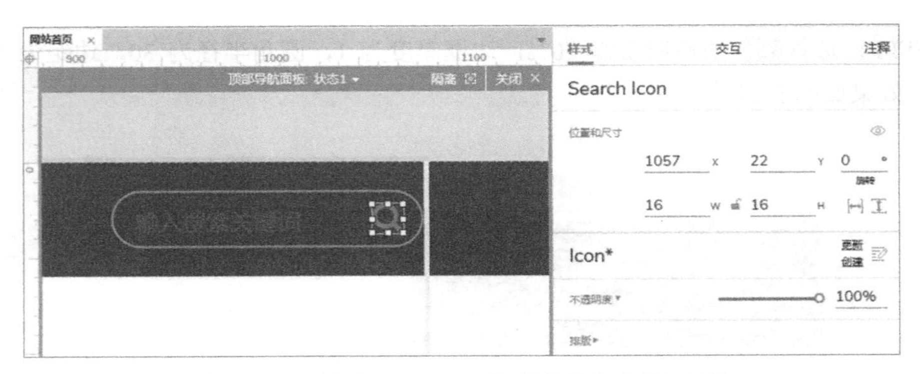

图 5-15　设置“Search Icon”元件的样式后的效果

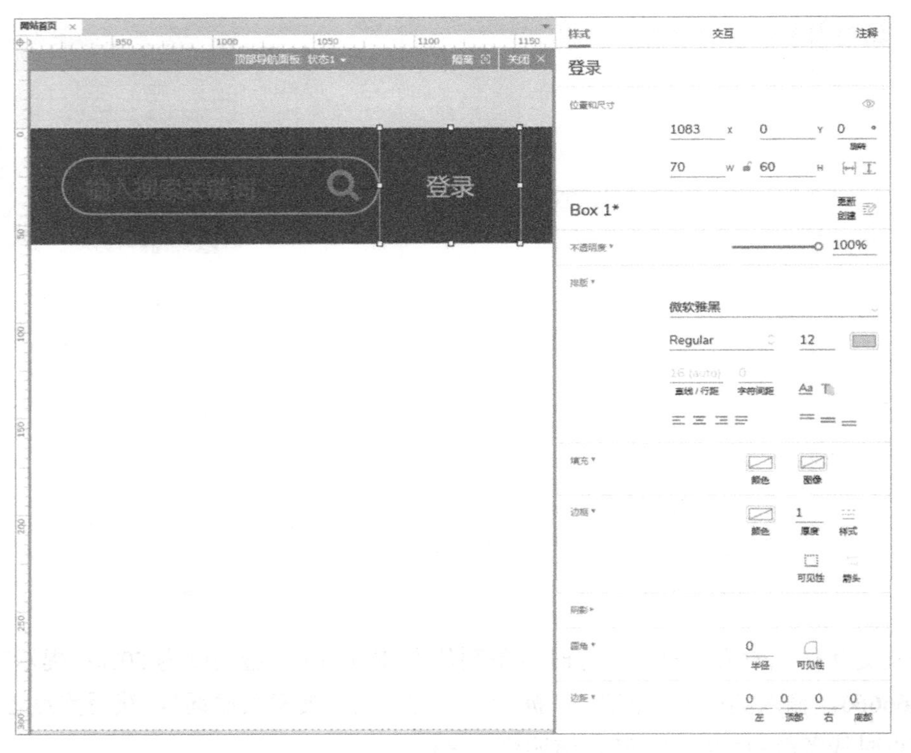

图 5-16　添加“登录”矩形元件并进行设置后的效果

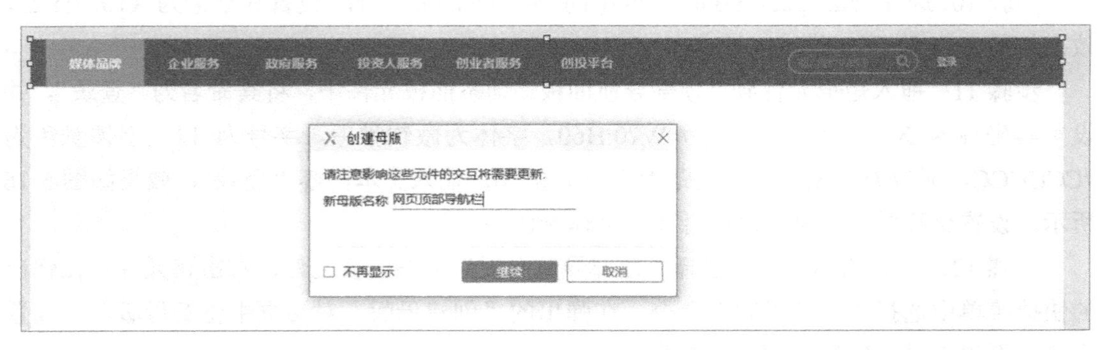

图 5-17　创建“网页顶部导航栏”母版

5.4.2　轮播图模块

步骤 1：回到初始页面，从“Sample UI Patterns”元件库中拖入轮播元件，效果如图 5-18 所示。

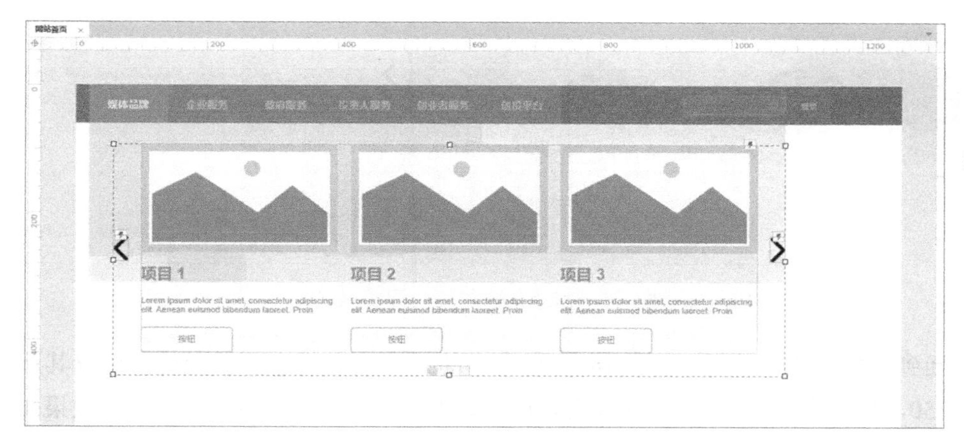

图 5-18　拖入轮播元件后的效果

网站首页 02_轮播图模块

步骤 2：选择“Carousel”组合中的“Items”动态面板元件，并删除“Items”动态面板元件的“状态 1”状态中的“Item 2”和“Item 3”组合，效果如图 5-19 所示。

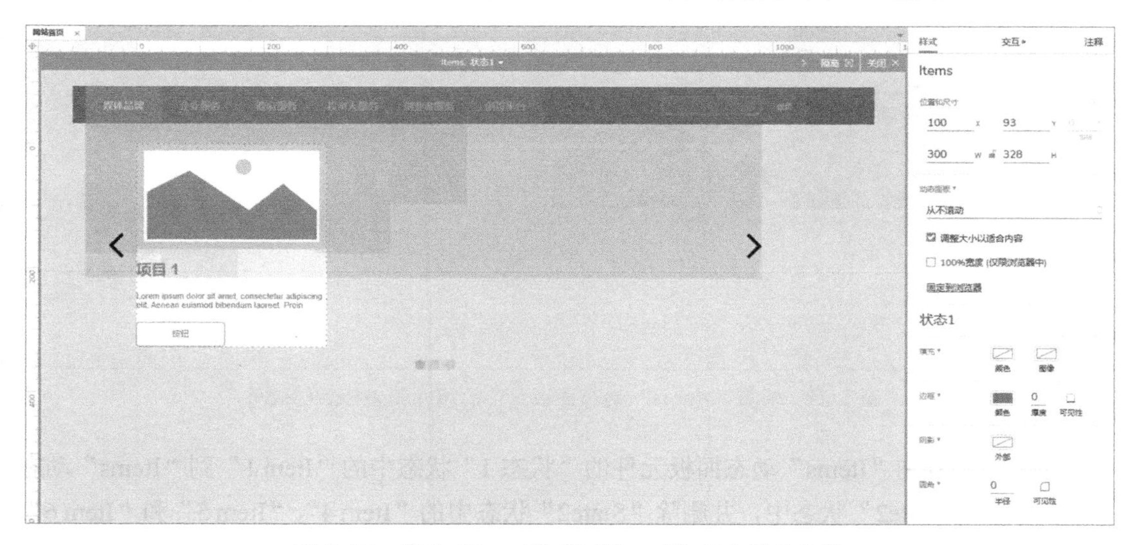

图 5-19　删除“Item 2”和“Item 3”组合后的效果

步骤 3：选择“Items”动态面板元件中的“Item 1”组合，并删除“Item 1”组合中的“Title 1”、“Summary 1”和“Button 1”，设置“Image 1”的尺寸为 W800:H350，效果如图 5-20 所示。

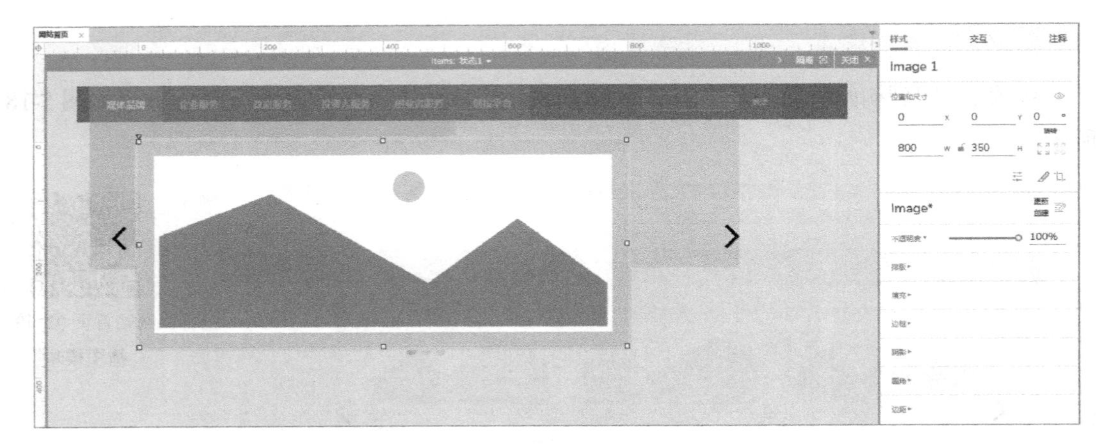

图 5-20　设置“Image 1”的尺寸后的效果

步骤 4：回到初始页面，选择“Carousel”组合中的“Items”动态面板元件，设置其尺寸为 W800:H350，坐标为 X30:Y100，并取消勾选“调整大小以适合内容”复选框，效果如图 5-21 所示。

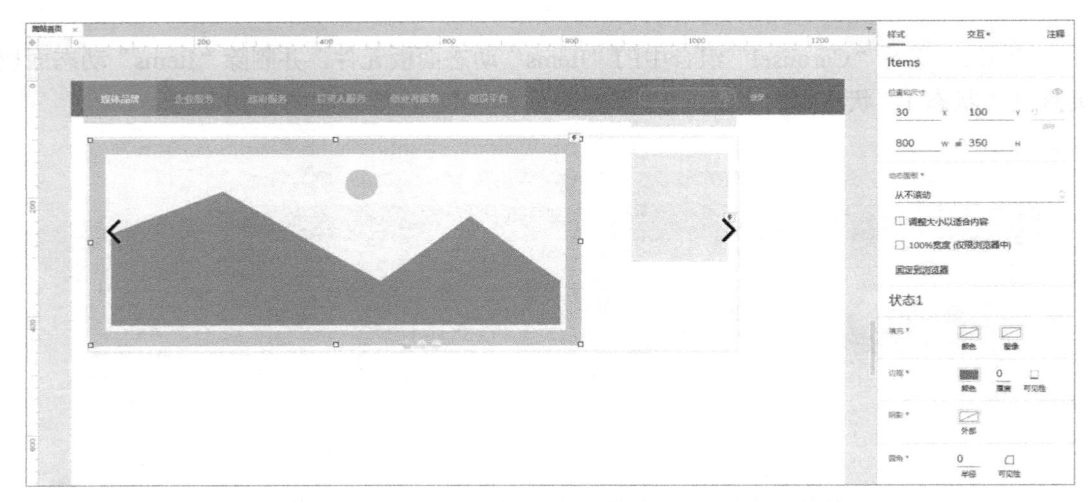

图 5-21　设置“Items”动态面板元件的尺寸和坐标后的效果

步骤 5：复制“Items”动态面板元件的“状态 1”状态中的“Item 1”到“Items”动态面板元件的“State2”状态中，并删除“State2”状态中的“Item 4”、“Item 5”和“Item 6”，设置其坐标为 X0:Y0，效果如图 5-22 所示。

步骤 6：复制“Items”动态面板元件的“状态 1”状态中的“Item 1”到“Items”动态面板元件的“State3”状态中，并删除“State3”状态中的“Item 7”、“Item 8”和“Item 9”，设置其坐标为 X0:Y0，效果如图 5-23 所示。

步骤 7：为“Items”动态面板元件新增“状态 4”状态，并复制“Items”动态面板元件的“状态 1”状态中的“Item 1”到“Items”动态面板元件的“状态 4”状态中，设置其坐标为 X0:Y0，效果如图 5-24 所示。

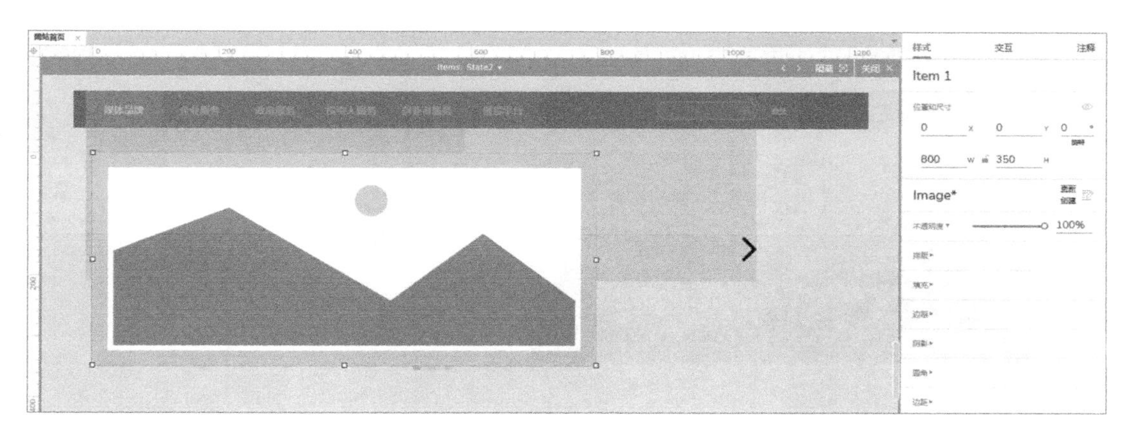

图 5-22　设置“State2”状态中内容后的效果

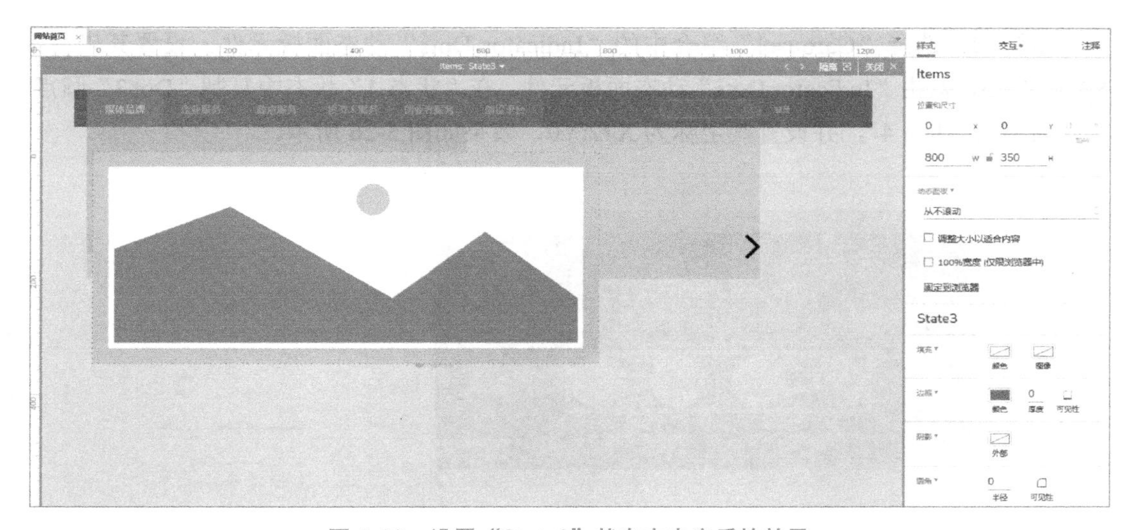

图 5-23　设置“State3”状态中内容后的效果

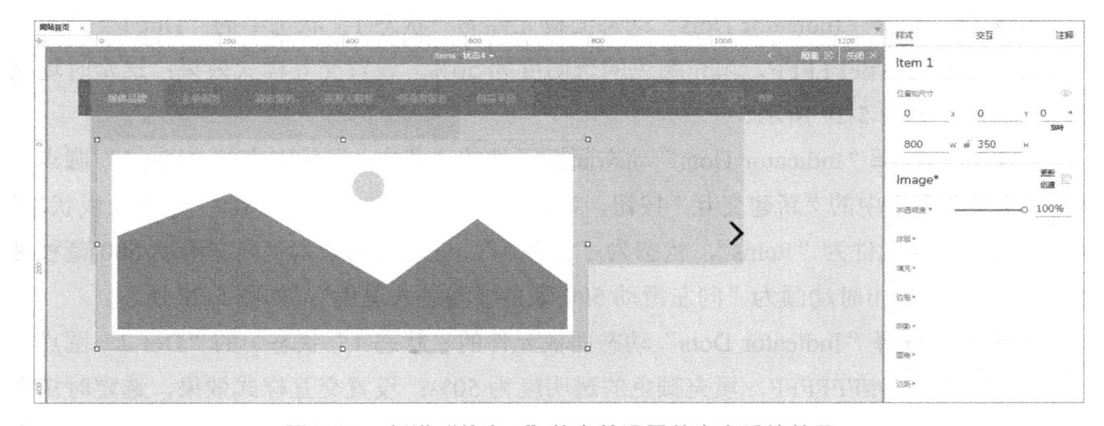

图 5-24　新增“状态 4”状态并设置其内容后的效果

步骤 8：依次为“Items”动态面板元件中的“状态 1”、“State2”、“State3”和“状态 4”状态插入网站首页素材文件中的“01”～“04”图片素材，效果如图 5-25 所示。

图 5-25　插入轮播素材后的效果

步骤 9：选择“Carousel”组合中的“Indicator Dots”动态面板元件，设置其坐标为 X370:Y415，双击“Indicator Dots”动态面板元件，在“状态 1”状态中复制“Dot 3”圆点，将其命名为“Dot 4”，并设置其坐标为 X72:Y0，效果如图 5-26 所示。

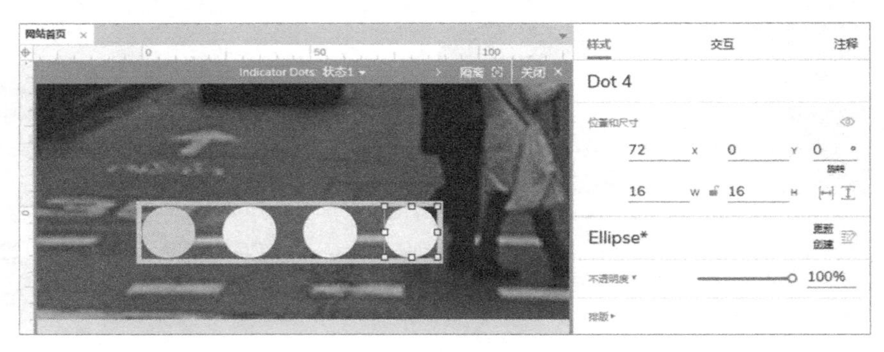

图 5-26　在“状态 1”状态中新增“Dot 4”圆点后的效果

步骤 10：选择“Indicator Dots”动态面板元件的“状态 1”状态中的“Dot 1”圆点，设置其填充颜色为#FFFFFF，填充颜色的透明度为 50%。设置交互样式效果：选定时填充颜色为白色，如图 5-27 所示。

步骤 11：选择“Indicator Dots”动态面板元件的“状态 1”状态中的“Dot 1”圆点，单击“交互”窗格中的“新建交互”按钮，新建交互“鼠标单击时”，添加“设置面板状态”动作，设置目标元件为“Items”，状态为“状态 1”，进入时动画为“向左滑动 500 毫秒缓慢进入退出”，退出时动画为“向左滑动 500 毫秒缓慢进入退出”，如图 5-28 所示。

步骤 12：选择“Indicator Dots”动态面板元件的“状态 1”状态中的“Dot 2”圆点，设置其填充颜色为#FFFFFF，填充颜色的透明度为 50%；设置交互样式效果，选定时填充颜色为白色；新建交互“鼠标单击时”，添加“设置面板状态”动作，设置目标元件为“Items”，状态为“State2”，进入时动画为“向左滑动 500 毫秒缓慢进入退出”，退出时动画为“向左滑动 500 毫秒缓慢进入退出”，如图 5-29 所示。

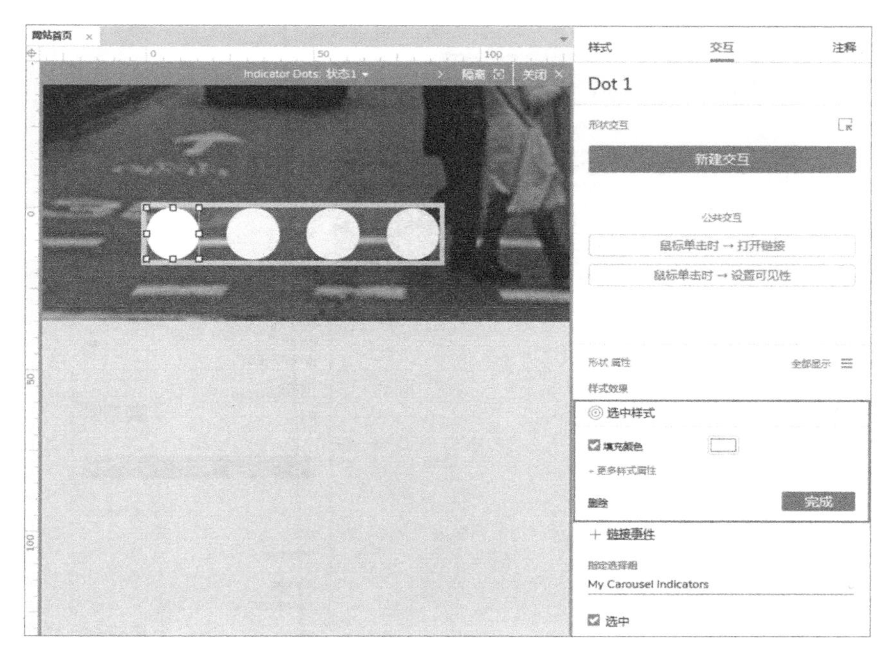

图 5-27　设置“Dot 1”圆点的交互样式效果

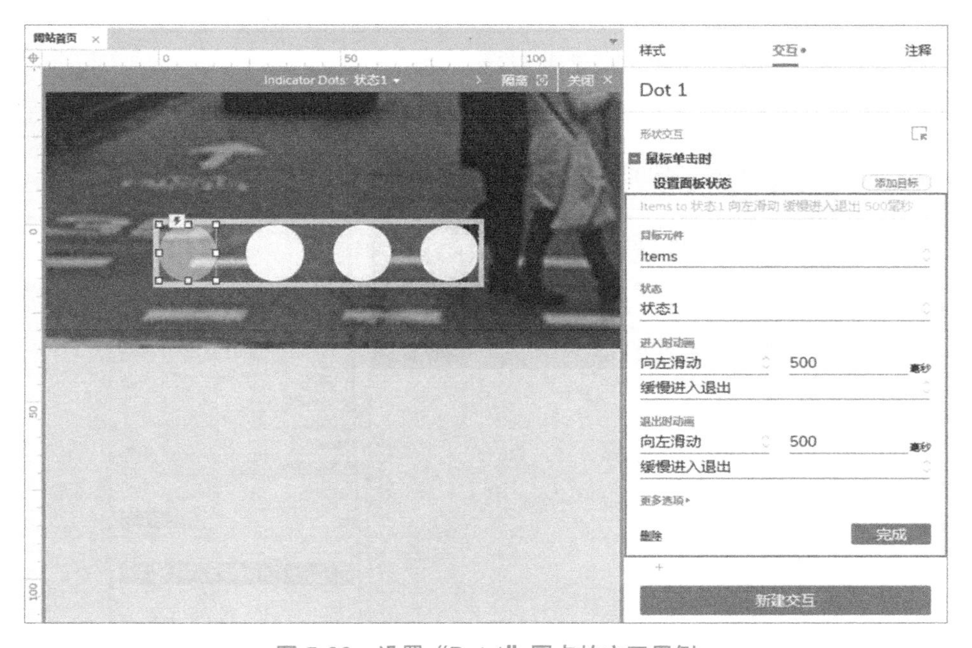

图 5-28　设置“Dot 1”圆点的交互用例

步骤 13：重复步骤 12，设置“Indicator Dots”动态面板元件的“状态 1”状态中的“Dot 3”和“Dot 4”圆点的属性样式与交互效果，注意，将“鼠标单击时”交互的状态分别设置为“Items”动态面板元件的“State3”和“状态 4”状态，并删除“Indicator Dots”动态面板元件的“State2”和“State3”状态，如图 5-30 所示。

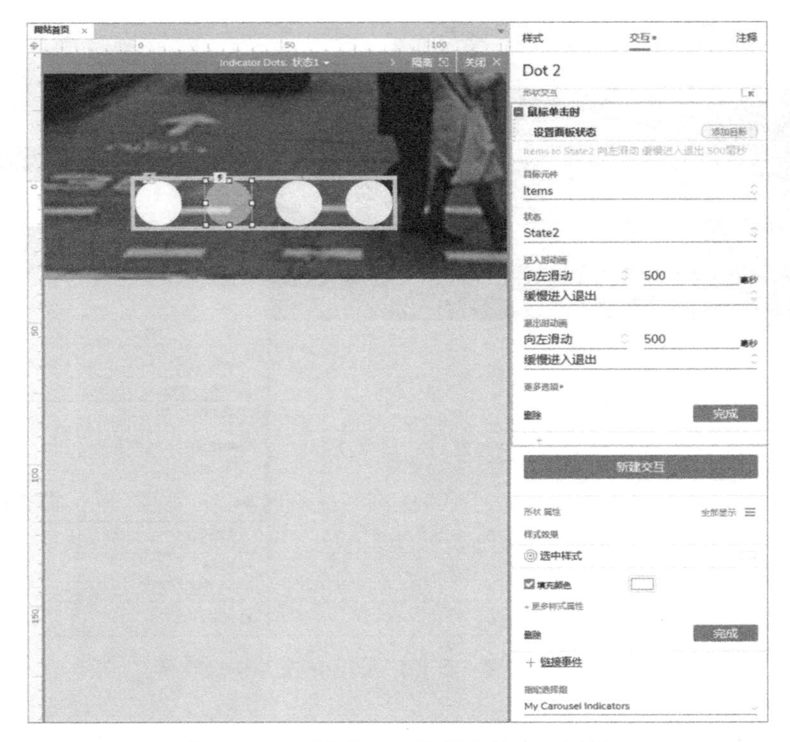

图 5-29　设置“Dot 2”圆点的交互用例

图 5-30　设置“Dot 4”圆点的交互用例

步骤 14：选择“Items”动态面板元件，设置交互用例。新建交互“面板状态改变时”，添加“用例 1”用例，设置条件为“动态面板状态为状态 1”，如图 5-31 所示。

图 5-31　设置“Items”动态面板元件交互用例的条件

添加“设置选择/选中”动作，设置“Indicator Dots”动态面板元件中的“Dot 1”圆点的值到“真”，如图 5-32 所示。

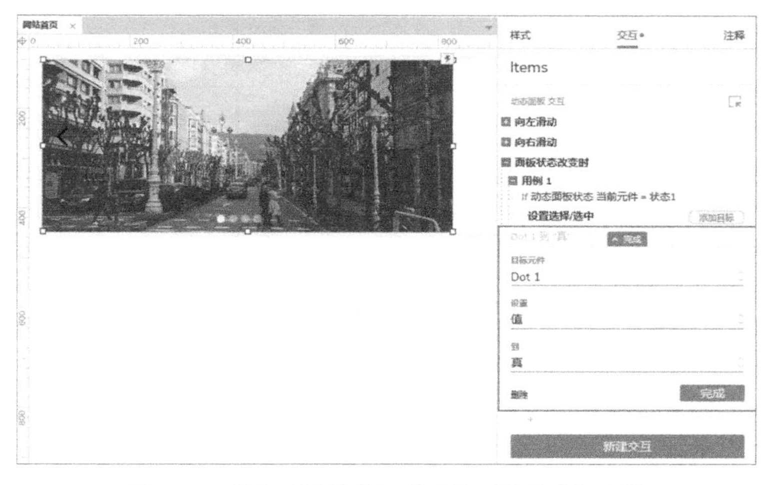

图 5-32　添加“设置选择/选中”动作并进行设置

添加“设置面板状态”动作，设置目标元件为“当前元件”，状态为“下一个”，勾选“从最后一个到第一个自动循环”复选框，设置进入时动画为“向左滑动 500 毫秒缓慢进入退出”，退出时动画为“向左滑动 500 毫秒缓慢进入退出”，单击“更多选项”下拉按钮，在弹出的内容中，勾选“循环间隔 5000 毫秒”复选框和“首次状态更改按 5000 毫秒延时”复选框，修改循环间隔时间为 5000 毫秒，如图 5-33 所示。

步骤 15：复制“用例 1”用例，修改条件为“动态面板状态为 State2”，修改“设置选择/选中”动作，设置目标元件为“Dot 2”的值到“真”；使用同样的方法修改“Dot 3”和“Dot 4”圆点，如图 5-34 所示。

图 5-33 添加“设置面板状态”动作并进行设置

图 5-34 复制“用例 1”用例并进行设置

步骤 16：选择“Carousel”组合中的“Left Arrow”元件，设置其坐标为 X50:Y255，填充颜色为#FFFFFF，填充颜色的透明度为 50%。设置交互样式效果：鼠标悬停时填充颜色为#333333，透明度为 80%，如图 5-35 所示。

步骤 17：选择“Carousel”组合中的“Right Arrow”元件，设置其坐标为 X780:Y255，填充颜色为#FFFFFF，填充颜色的透明度为 50%。设置交互样式效果：鼠标悬停时填充颜色为#333333，透明度为 80%，如图 5-36 所示。

图 5-35　设置“Left Arrow”元件的交互样式效果

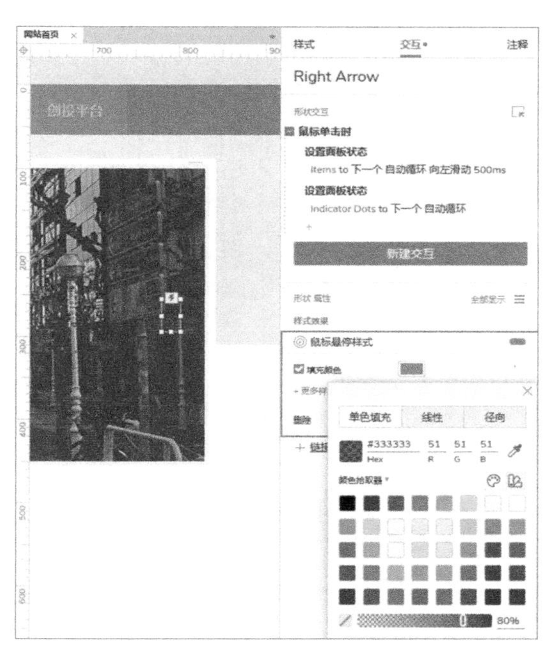

图 5-36　设置“Right Arrow”元件的交互样式效果

5.4.3　新闻模块

网站首页 03_新闻中心

步骤 1：回到初始页面，拖入动态面板元件，将其命名为“新闻模块 1”，设置其坐标为 X860:Y100，尺寸为 W170:H160，效果如图 5-37 所示。

步骤 2：双击“新闻模块 1”动态面板元件，拖入图像元件，将该元件命名为“新闻图片 1”，设置其坐标为 X0:Y0，尺寸为 W170:H160，并插入网站首页素材文件中的“05”图片素材，效果如图 5-38 所示。

步骤 3：在“新闻模块 1”动态面板元件中拖入动态面板元件，将该元件命名为“新闻标题 1-1”，设置其坐标为 X0:Y0，尺寸为 W170:H160；双击“新闻标题 1-1”动态面板元件，拖入矩形元件，设置其坐标为 X0:Y0，尺寸为 W170:H160，字体为微软雅黑，字号为 15，字体颜色为白色，文本的对齐方式为左右居中、底部对齐，输入文本内容“XXX 首发丨蓝深新材料获近 2 亿元 D 轮融...”，设置无边框，边距为 10、5、10、5，效果如图 5-39 所示。设置填充颜色选择线性填充，线性填充方向为自上向下，颜色从白色到黑色，白色的透明度为 20%，黑色的透明度为 100%，如图 5-40 所示。

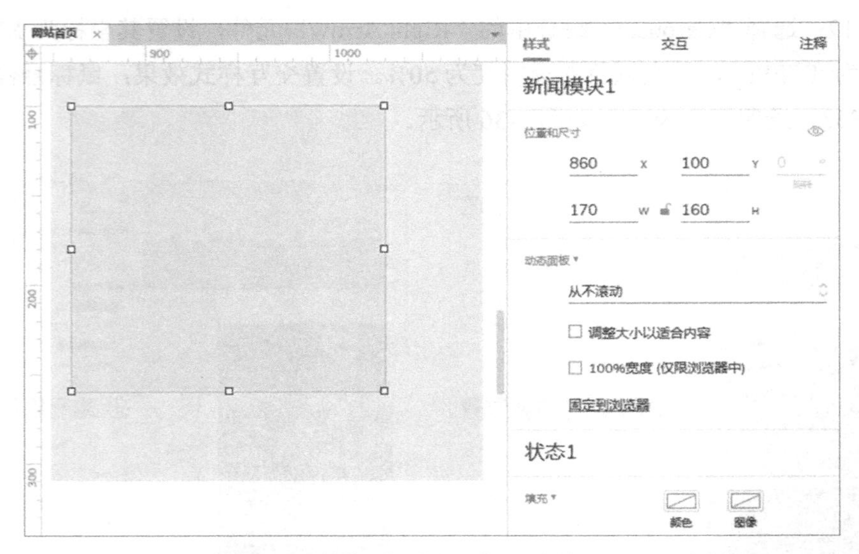

图 5-37　添加“新闻模块 1”动态面板元件并进行设置后的效果

图 5-38　添加“新闻图片 1”图像元件并进行设置后的效果

步骤 4：复制“新闻标题 1-1”动态面板元件，将其命名为“新闻标题 1-2”，设置其坐标为 X0:Y0；双击“新闻标题 1-2”动态面板元件，修改文本的对齐方式为左对齐、上下居中，修改文本内容为“XXX 首发丨蓝深新材料获近 2 亿元 D 轮融资，计划于 2023 年申报创业板 IPO”；修改线性填充为单色填充，填充颜色为#000000，填充颜色的透明度为 50%，效果如图 5-41 所示。将“新闻标题 1-2”动态面板元件的可见性设置为隐藏。

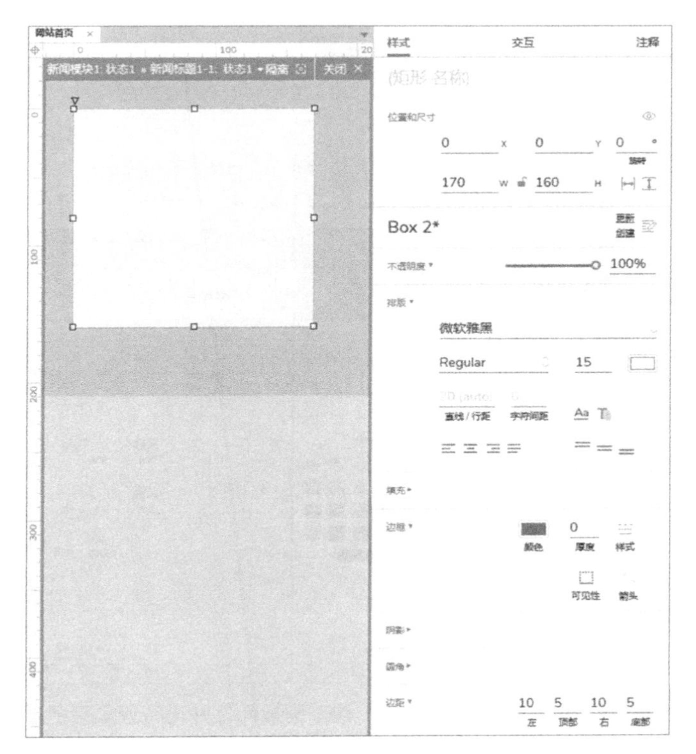

图 5-39　添加“新闻标题 1-1”动态面板元件并进行设置后的效果

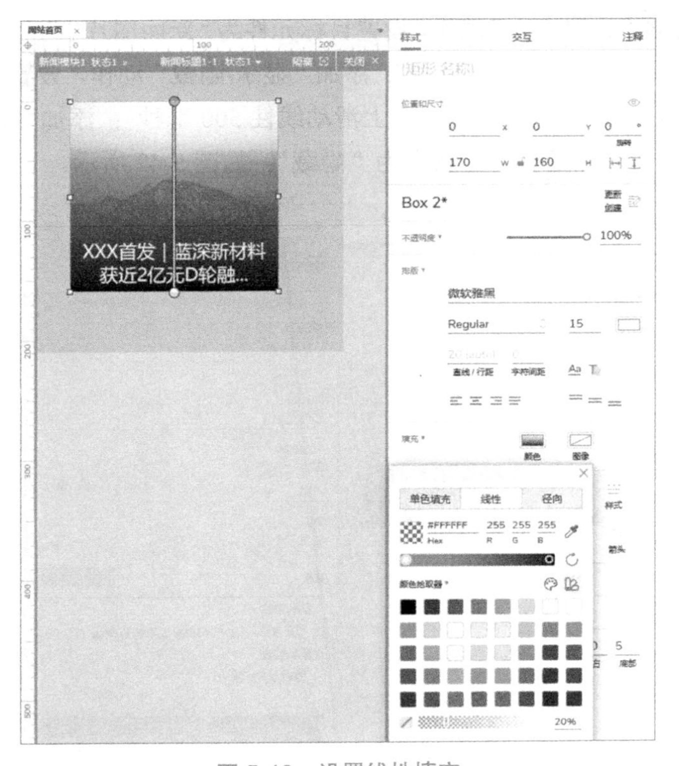

图 5-40　设置线性填充

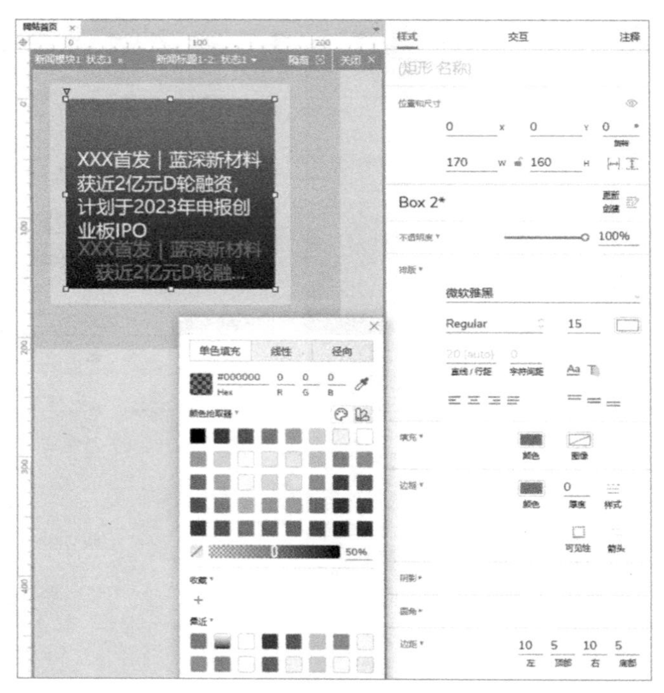

图 5-41　添加“新闻标题 1-2”动态面板元件并进行设置后的效果

步骤 5：回到初始页面，选择“新闻模块 1”动态面板元件，设置交互用例。新建交互“鼠标进入时”，添加“设置大小”动作，设置目标元件为“新闻图片 1”，大小为 W230:H230，锚点为中心点，动画为“线性 500 毫秒”；添加“显示/隐藏”动作，设置目标元件为“新闻标题 1-2”，状态为“显示”，动画为“向上滑动线性 500 毫秒”；添加“显示/隐藏”动作，设置目标元件为“新闻标题 1-1”，状态为“隐藏”，如图 5-42 所示。

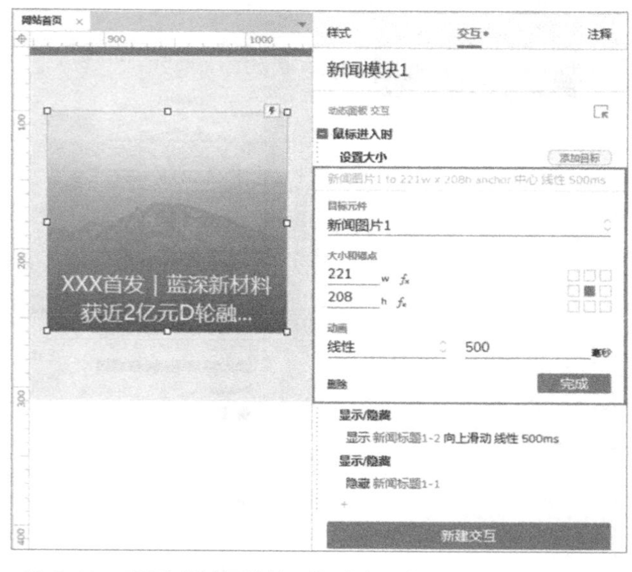

图 5-42　设置“新闻模块 1”动态面板元件的交互用例 1

步骤 6：选择“新闻模块 1”动态面板元件，继续设置交互用例。新建交互“鼠标移出时”，添加“设置大小”动作，设置目标元件为“新闻图片 1”，大小为 W170:H160，锚点为中心点，动画为“线性 500 毫秒”；添加“显示/隐藏”动作，设置目标元件为“新闻标题 1-1”，状态为“显示”，动画为“淡入淡出 500 毫秒”，并勾选“置于顶层”复选框；添加“显示/隐藏”动作，设置目标元件为“新闻标题 1-2”，状态为“隐藏”，动画为“向下滑动线性 500 毫秒”，如图 5-43 所示。

图 5-43　设置“新闻模块 1”动态面板元件的交互用例 2

步骤 7：复制“新闻模块 1”动态面板元件，设置其坐标为 X1060:Y100，选择“新闻图片 1”图像元件，修改图片为网站首页素材文件夹中的“06”图片素材；选择“新闻标题 1-1”动态面板元件，修改文本内容为“XXX 首发 | 顶皓新材获数千万 A 轮融资...”；选择“新闻标题 1-2”动态面板元件，修改文本内容为“XXX 首发 | 顶皓新材获数千万 A 轮融资，加速电池集流体、隔膜材料产能扩张”，效果如图 5-44 所示。

步骤 8：复制“新闻模块 1”动态面板元件，设置其坐标为 X860:Y290，选择“新闻图片 1”图像元件，修改图片为网站首页素材文件夹中的“07”图片素材；选择“新闻标题 1-1”动态面板元件，修改文本内容为“XXX 首发 |「中科西光航天」完成近亿元 A...”；选择“新闻标题 1-2”动态面板元件，修改文本内容为“XXX 首发 |「中科西光航天」完成近亿元 A 轮融资，打造高光谱卫星全产业链运营体系”，效果如图 5-45 所示。

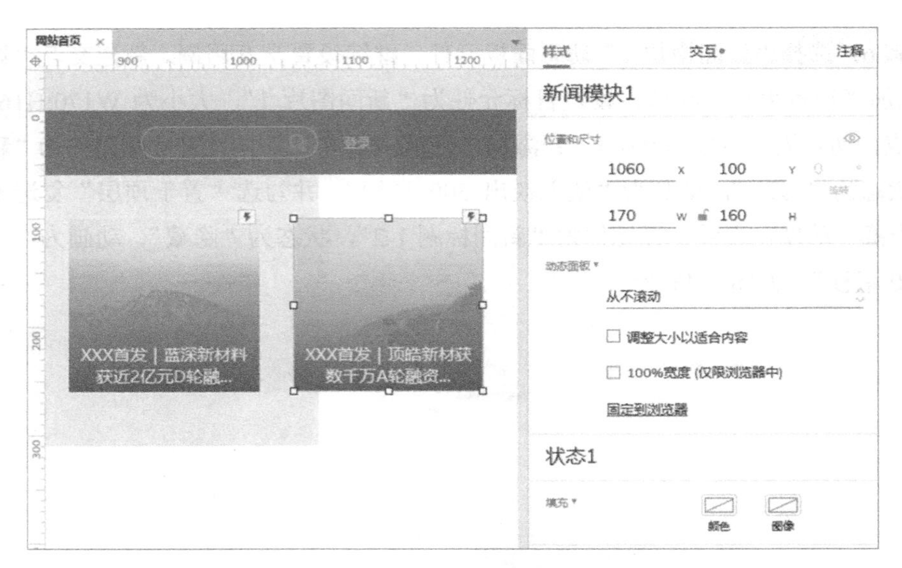

图 5-44　复制“新闻模块 1”动态面板元件并进行设置后的效果 1

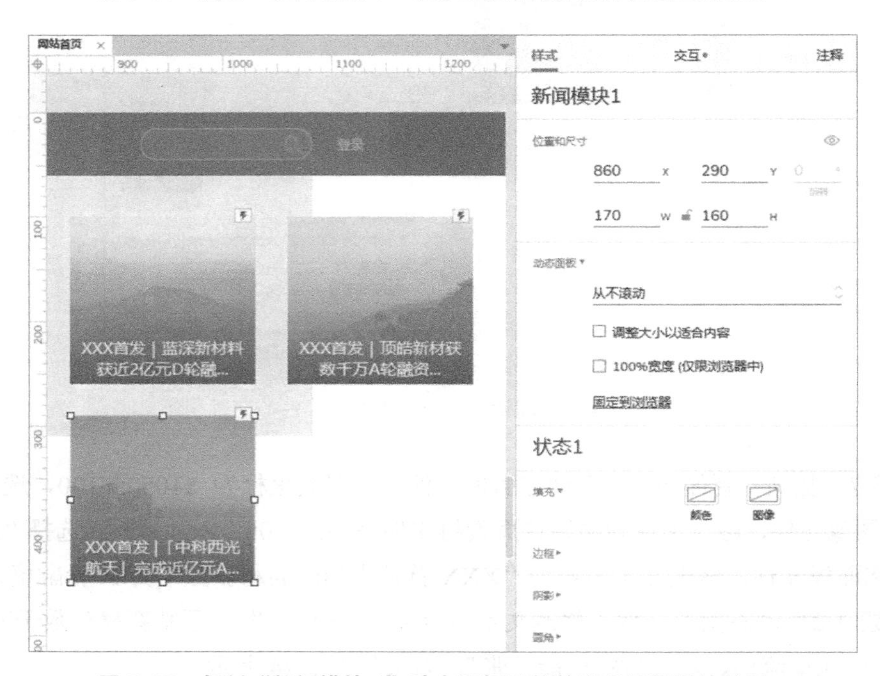

图 5-45　复制“新闻模块 1”动态面板元件并进行设置后的效果 2

步骤 9：复制“新闻模块 1”动态面板元件，设置其坐标为 X1060:Y290，选择“新闻图片 1”图像元件，修改图片为网站首页素材文件夹中的“08”图片素材；选择“新闻标题 1-1”动态面板元件，修改文本内容为“XXX 首发丨羚牛氢能完成 5000 万元...”；选择“新闻标题 1-2”动态面板元件，修改文本内容为“XXX 首发丨羚牛氢能完成 5000 万元 Pre-A 轮融资，到 2026 年将运营 1000 辆氢能车”，效果如图 5-46 所示。

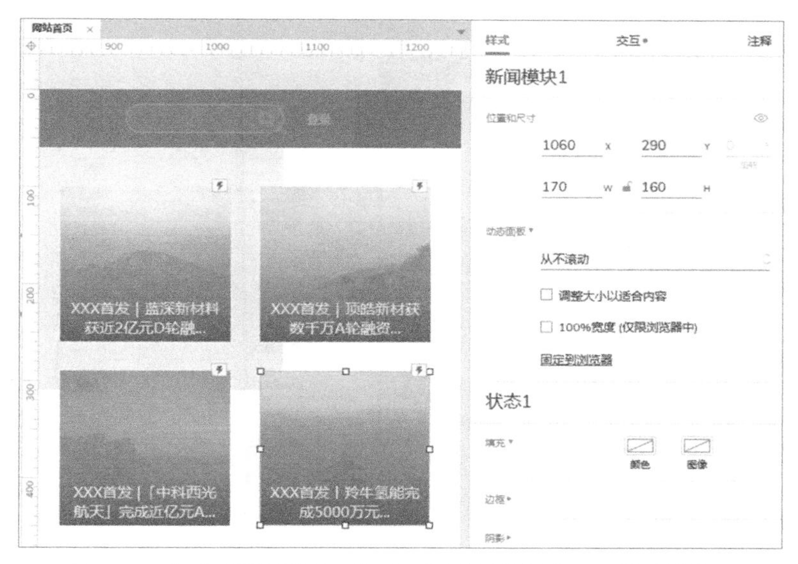

图 5-46　复制“新闻模块 1”动态面板元件并进行设置后的效果

5.4.4　最新文章

网站首页 04_最新文章

步骤 1：回到初始页面，拖入动态面板元件，将该元件命名为“最新文章”，设置其坐标为 X30:Y480，尺寸为 W800:H840，效果如图 5-47 所示，勾选“调整大小以适合内容”复选框。

图 5-47　添加“最新文章”动态面板元件并进行设置后的效果

步骤 2：双击“最新文章”动态面板元件，拖入矩形元件，设置其坐标为 X0:Y0，尺寸为 W800:H60，无填充，无边框，边距为 0、0、0、0，输入文本内容“最新文章”，设置字体为微软雅黑，字体样式为 Bold，字号为 18，字体颜色为黑色，文本的对齐方式为左对齐、上下居中，效果如图 5-48 所示。

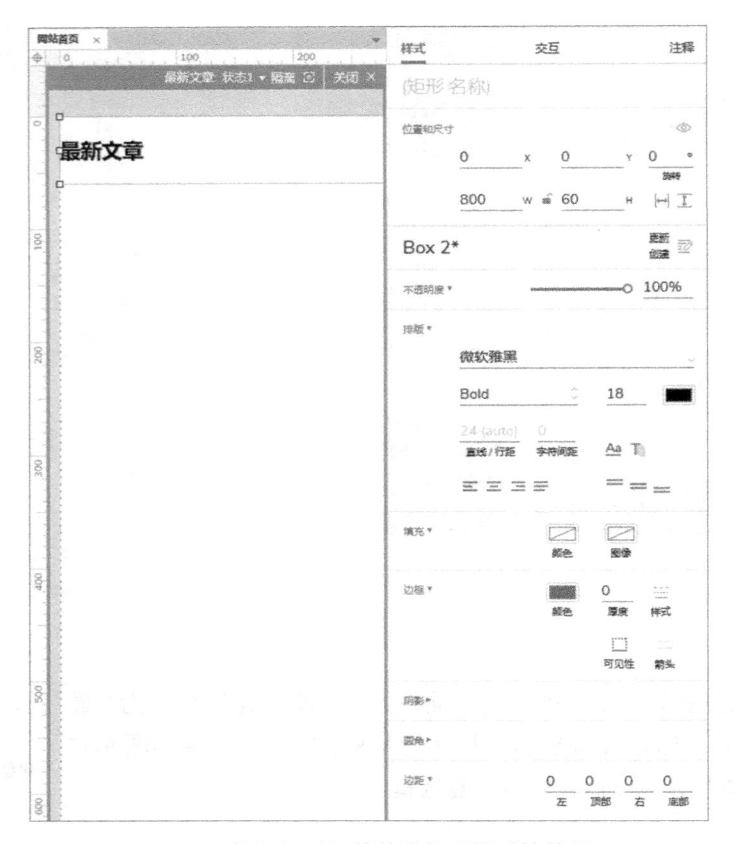

图 5-48　拖入矩形元件并进行设置后的效果 1

步骤 3：在“最新文章”动态面板元件中拖入动态面板元件，将该元件命名为“文章”，设置其坐标为 X0:Y60，尺寸为 W800:H260，圆角半径为 4，效果如图 5-49 所示。

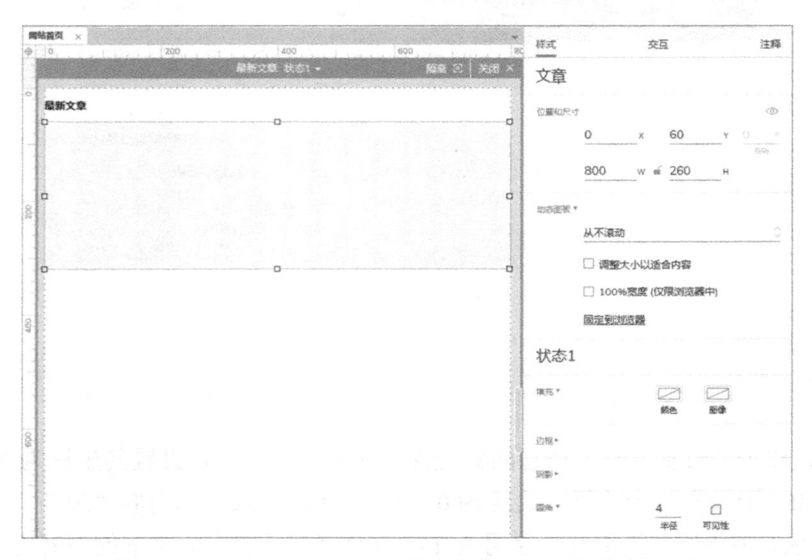

图 5-49　添加“文章”动态面板元件并进行设置后的效果

步骤 4：双击“文章”动态面板元件，拖入矩形元件，将该矩形元件命名为“文章背景”，设置其坐标为 X10:Y10，尺寸为 W780:H240，填充颜色为白色，无边框，圆角半径为 4，效果如图 5-50 所示。

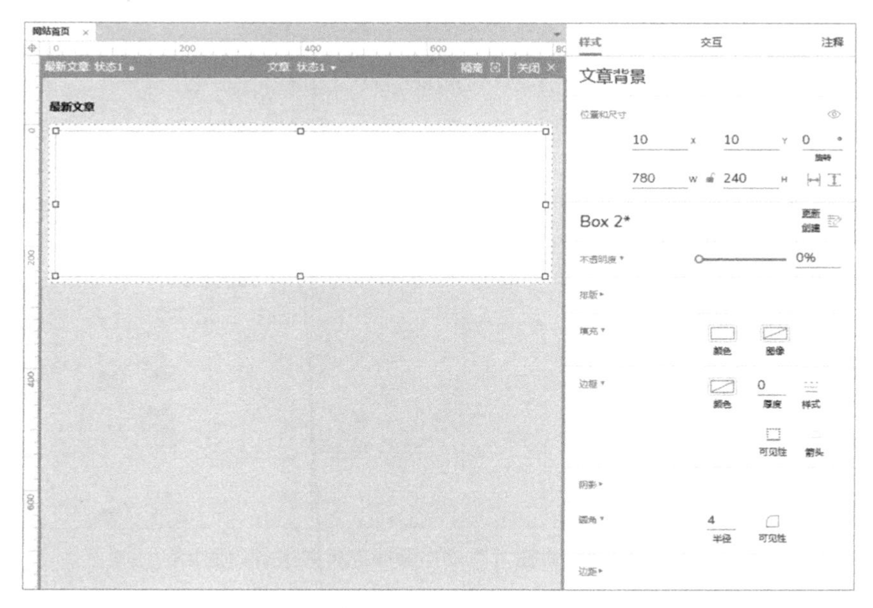

图 5-50　添加“文章背景”矩形元件并进行设置后的效果

设置交互样式效果：鼠标悬停时外部阴影颜色为#000000，阴影颜色的透明度为 10%，阴影的模糊度为 10；选中时外部阴影颜色为#000000，阴影颜色的透明度为 10%，阴影坐标为 X0:Y0，阴影的模糊度为 10，如图 5-51 所示。

图 5-51　设置“文章背景”矩形元件的交互样式效果

步骤 5：在“文章”动态面板元件中拖入动态面板元件，将该元件命名为“文章图片”，设置其坐标为 X30:Y30，尺寸为 W300:H200，圆角半径为 4，效果如图 5-52 所示。

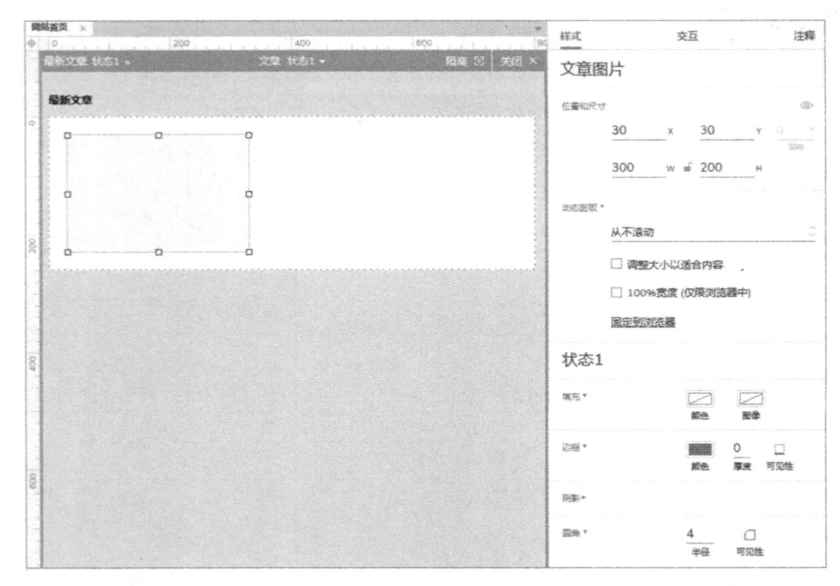

图 5-52　添加“文章图片”动态面板元件并进行设置后的效果

步骤 6：双击“文章图片”动态面板元件，拖入图像元件，将该图像元件命名为“图片”，设置其坐标为 X0:Y0，尺寸为 W300:H200，插入网站首页素材文件夹中的“09”图片素材，效果如图 5-53 所示。

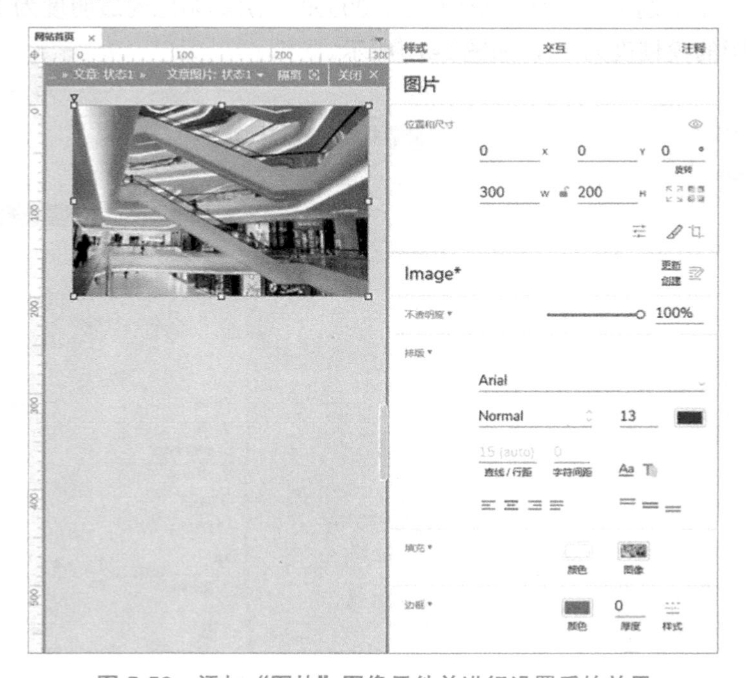

图 5-53　添加“图片”图像元件并进行设置后的效果

步骤 7：选择“文章图片”动态面板元件，设置交互用例。新建交互“鼠标进入时”，添加“设置大小”动作，设置目标元件为“图片”，大小为 X330:Y220，锚点为中心点，动画为“线性 500 毫秒”；添加“设置选择/选中”动作，设置目标元件为“文章背景”，值为“真”；新建交互“鼠标移出时”，添加“设置大小”动作，设置目标元件为“图片”，大小为 X300: Y200，锚点为中心点，动画为“线性 500 毫秒”；添加“设置选择/选中”动作，设置目标元件为“文章背景”，值为“假”，效果如图 5-54 所示。

图 5-54　设置“文章图片”动态面板元件的交互用例

步骤 8：在“文章”动态面板元件中拖入矩形元件，将该元件命名为“标签”，设置其坐标为 X35:Y35，尺寸为 W60:H30，填充颜色为#333333，无边框，输入文本内容为“推荐”，设置字体为微软雅黑，字体样式为 Bold，字号为 13，字体颜色为白色，效果如图 5-55 所示。

步骤 9：在“文章”动态面板元件中拖入矩形元件，将该元件命名为“文章小标题”，设置其坐标为 X330:Y30，尺寸为 W460:H40，无填充，无边框，边距为 20、0、20、0，输入文本内容为“奢侈品社区店，一种很新的二手生意”，设置字体为微软雅黑，字体样式为 Bold，字号为 20，字体颜色为#333333，文本的对齐方式为左对齐、上下居中，效果如图 5-56 所示。

设置交互样式效果：鼠标悬停时字体颜色为#409EFF。设置交互用例：新建交互“鼠标进入时”，添加“设置选择/选中”动作，设置目标元件为“文章背景”，值为“真”；新建交互“鼠标移出时”，添加“设置选择/选中”动作，设置目标元件为“文章背景”，值为“假”，如图 5-57 所示。

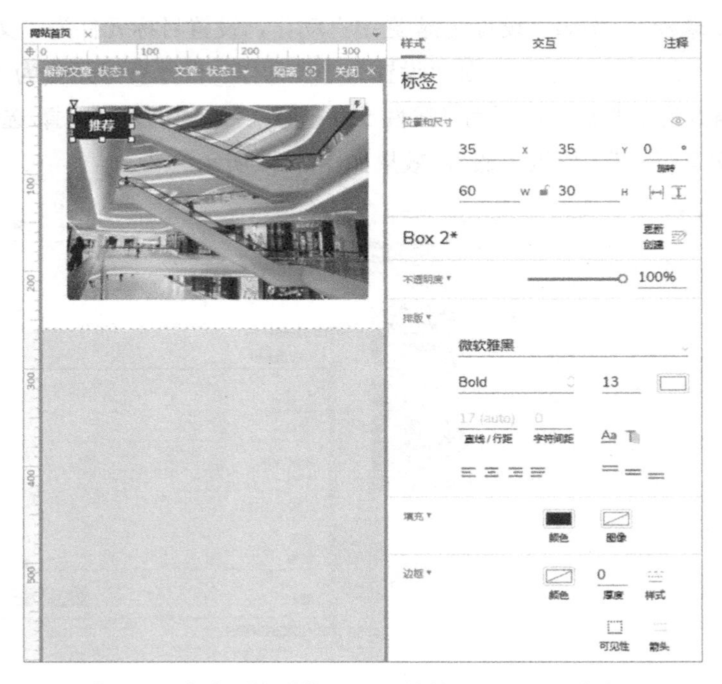

图 5-55　添加“标签”矩形元件并进行设置后的效果

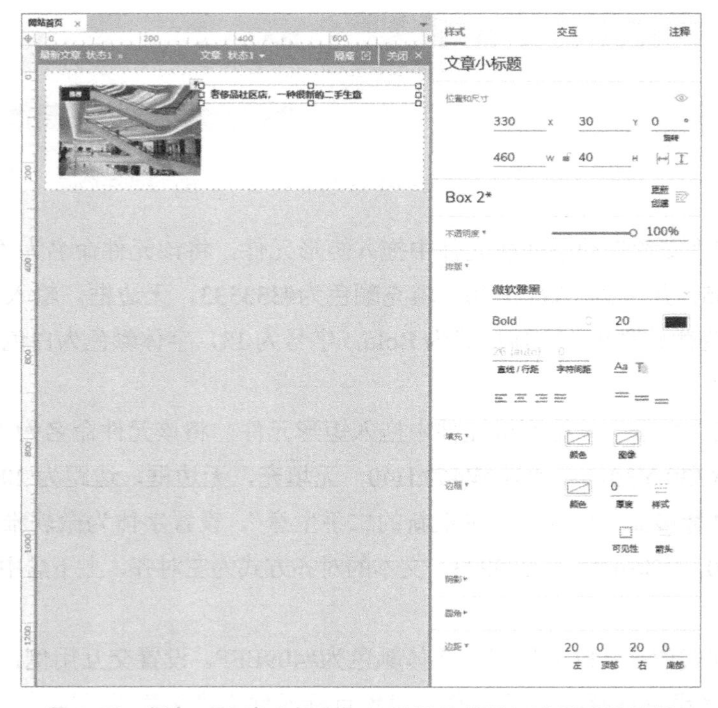

图 5-56　添加“文章小标题”矩形元件并进行设置后的效果

图 5-57　设置“文章小标题”矩形元件的交互样式效果和交互用例

步骤 10：复制“文章小标题”矩形元件，将其命名为“文章文本片段”，设置其坐标为 X330:Y70，尺寸为 W460:H100，修改文本内容为“大年初十，生意火爆的罗晨依旧显得十分着急，尽管已经意识到今年行情会不错，但是实际情况还是出乎他的意料。”，设置字体为微软雅黑，字体样式为 Regular，字号为 18，字体颜色为#999999，行距为 28，效果如图 5-58 所示。

图 5-58　添加“文章文本片段”矩形元件并进行设置后的效果

步骤 11：在“文章”动态面板元件中拖入矩形元件，将该元件命名为“主题来源”，设置其坐标为 X330:Y190，尺寸为 W220:H40，无填充，无边框，边距为 20、0、20、0，输入文本内容“来自主题：关于消费的一切 |”，设置字体为微软雅黑，字体样式为 Regular，字号为 14，字体颜色为#999999，文本的对齐方式为左对齐、上下居中，并将文本内容“关于消费的一切”的字体颜色设置为#409EFF，效果如图 5-59 所示。

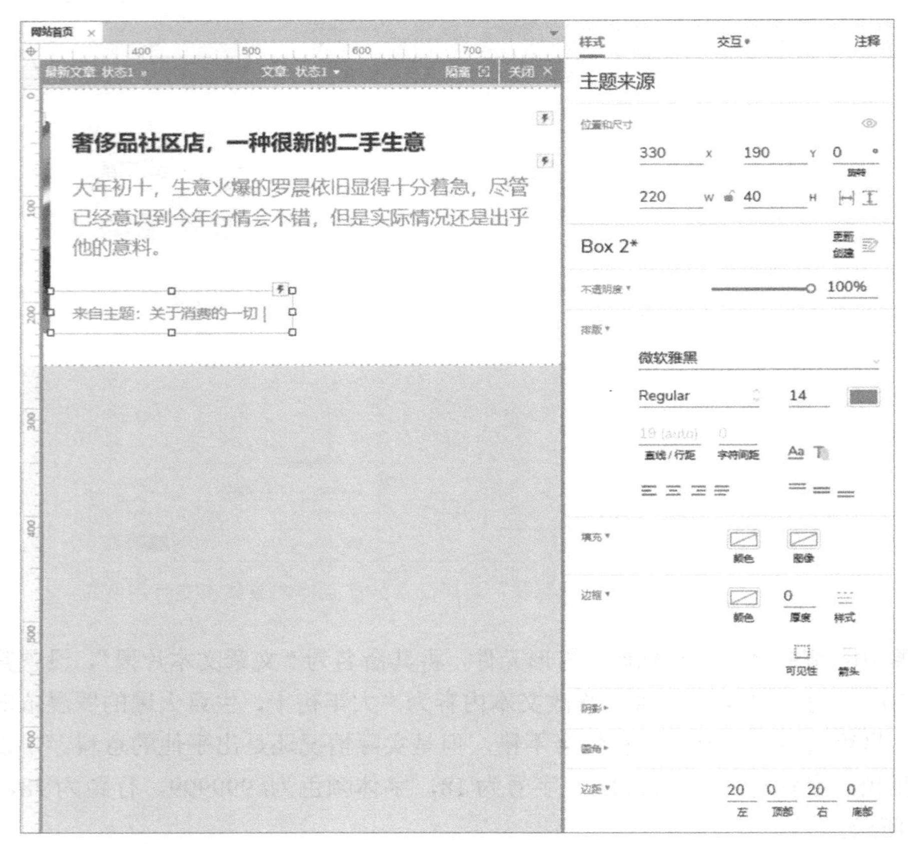

图 5-59　添加“主题来源”矩形元件并进行设置后的效果

为“主题来源”矩形元件设置交互用例：新建交互“鼠标进入时”，添加“选择/选中”动作，设置目标元件为“文章背景”，值为“真”；新建交互“鼠标移出时”，添加“选择/选中”动作，设置目标元件为“文章背景”，值为“假”。

步骤 12：复制“主题来源”矩形元件，设置其坐标为 X533:Y190，尺寸为 W135:H40，边距为 0、0、0、0，修改文本内容为“零售商业财经”，并设置交互样式效果，鼠标悬停时字体颜色为#409EFF，效果如图 5-60 所示。

步骤 13：复制“主题来源”矩形元件，将其命名为“文章发布时间”，设置其坐标为 X668:Y190，尺寸为 W122:H40，修改文本内容为“10 分钟”，选择字体图标元件库，搜索“clock”，选择“时钟 Clock”字体图标元件，将其插入文本内容“10 分钟”的前面，设置

“时钟 Clock”字体图标元件的字体为 Font Awesome 5 Pro，字体样式为 Regular，字号为 14，字体颜色为#999999，效果如图 5-61 所示。

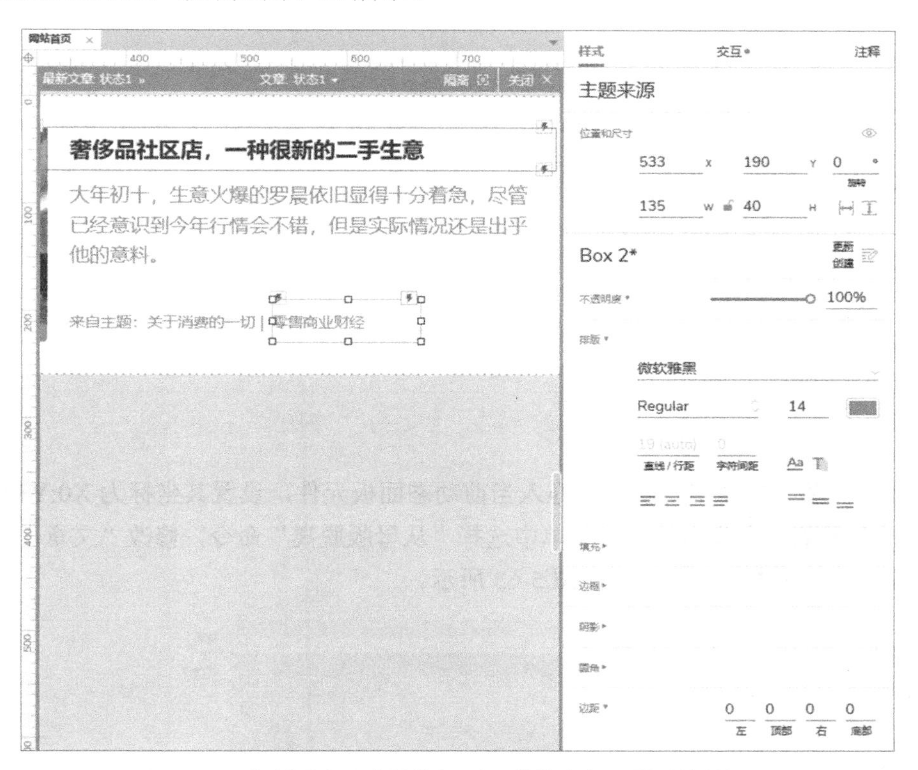

图 5-60　复制“主题来源”矩形元件并进行设置后的效果 1

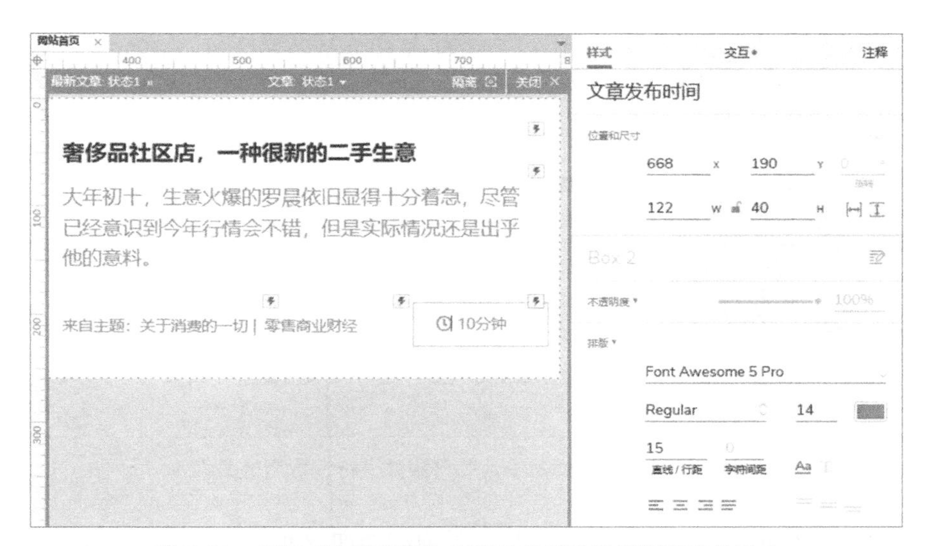

图 5-61　复制“主题来源”矩形元件并进行设置后的效果 2

步骤 14：选择“文章”动态面板元件并右击，在弹出的快捷菜单中选择“创建母版”命令，在弹出的“创建母版”对话框中将新母版名称设置为“文章卡片”，如图 5-62 所示。

图 5-62 创建“文章卡片”母版

步骤 15：将“文章卡片”母版拖入当前动态面板元件，设置其坐标为 X0:Y320，右击“文章卡片”母版，在弹出的快捷菜单中选择“从母版脱离”命令，修改“文章”动态面板元件中的图片和文本内容，效果如图 5-63 所示。

图 5-63 拖入“文章卡片”母版并进行设置后的效果 1

步骤 16：再次将“文章卡片”母版拖入当前动态面板元件，设置其坐标为 X0:Y580，右击“文章卡片”母版，在弹出的快捷菜单中选择“从母版脱离”命令，修改“文章”动态面板元件中的图片和文本内容，效果如图 5-64 所示。

图 5-64　拖入“文章卡片”母版并进行设置后的效果 2

5.4.5　最新快讯

网站首页 05_最新快讯

步骤 1：回到初始页面，拖入动态面板元件，将该元件命名为“最新快讯”，设置其坐标为 X860:Y480，尺寸为 W370:H840，效果如图 5-65 所示，勾选“调整大小以适合内容”复选框。

图 5-65　添加“最新快讯”动态面板元件并进行设置后的效果

步骤 2：双击“最新快讯”动态面板元件，拖入矩形元件，设置其坐标为 X0:Y0，尺寸为 W370:H60，无填充，无边框，边距为 20、0、0、0，输入文本内容“最新快讯”，设置字体为微软雅黑，字体样式为 Bold，字号为 20，字体颜色为黑色，文本的对齐方式为左对齐、上下居中，效果如图 5-66 所示。

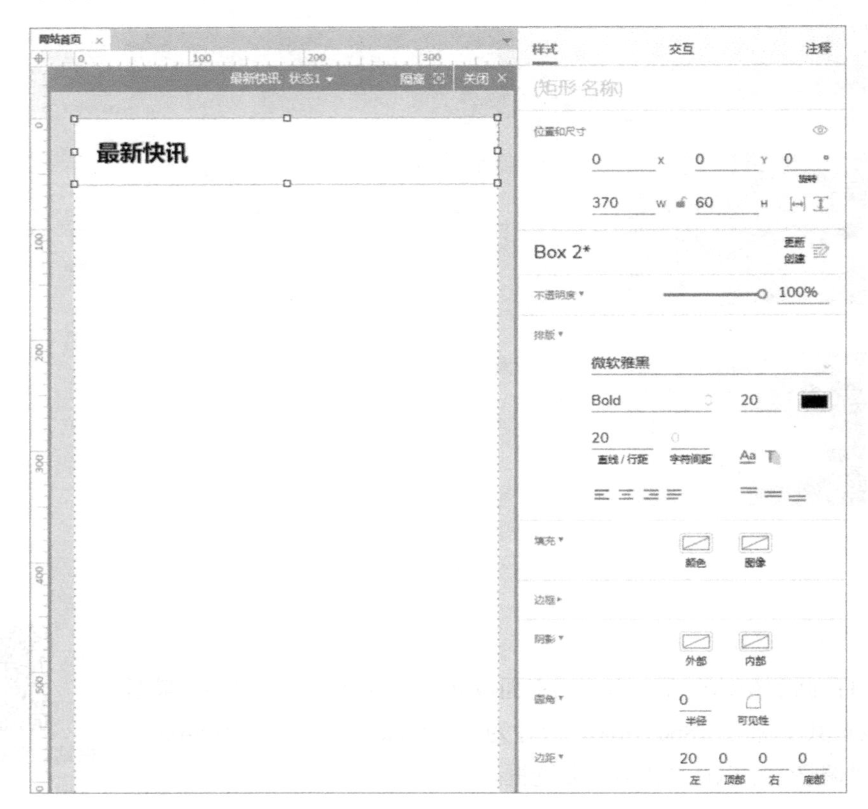

图 5-66 拖入矩形元件并进行设置后的效果 2

步骤 3：在“最新快讯”动态面板元件中拖入矩形元件，将该元件命名为“快讯小标题”，设置其坐标为 X20:Y60，尺寸为 W350:H60，无填充，无边框，边距为 20、0、20、0，输入文本内容为“BioNTech 将向德国工厂投资 4300 万美元用于生产 mRNA 疫苗”，设置字体为微软雅黑，字体样式为 Bold，字号为 18，行距为 28，字体颜色为#333333，文本的对齐方式为左对齐、上下居中，效果如图 5-67 所示。设置交互样式效果：鼠标悬停时字体颜色为#409EFF，如图 5-68 所示。

步骤 4：在“最新快讯”动态面板元件中拖入矩形元件，将该元件命名为“快讯发布时间”，设置其坐标为 X20:Y120，尺寸为 W135:H30，无填充，无边框，边距为 20、0、20、0，输入文本内容为“2 分钟以前”，字体为微软雅黑，字体样式为 Regular，字号为 14，字体颜色为#999999，文本的对齐方式为左对齐、上下居中，效果如图 5-69 所示。将“快讯小标题”矩形元件与“快讯发布时间”矩形元件组合，并将该组合命名为“快讯标题与时间”，效果如图 5-70 所示。

图 5-67 添加“快讯小标题”矩形元件并进行设置后的效果

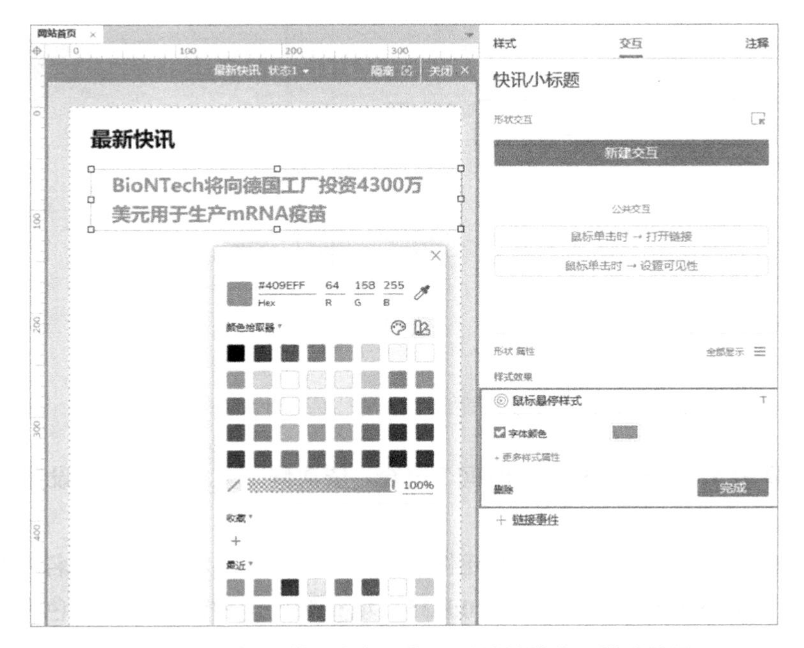

图 5-68 设置“快讯小标题”矩形元件的交互样式效果

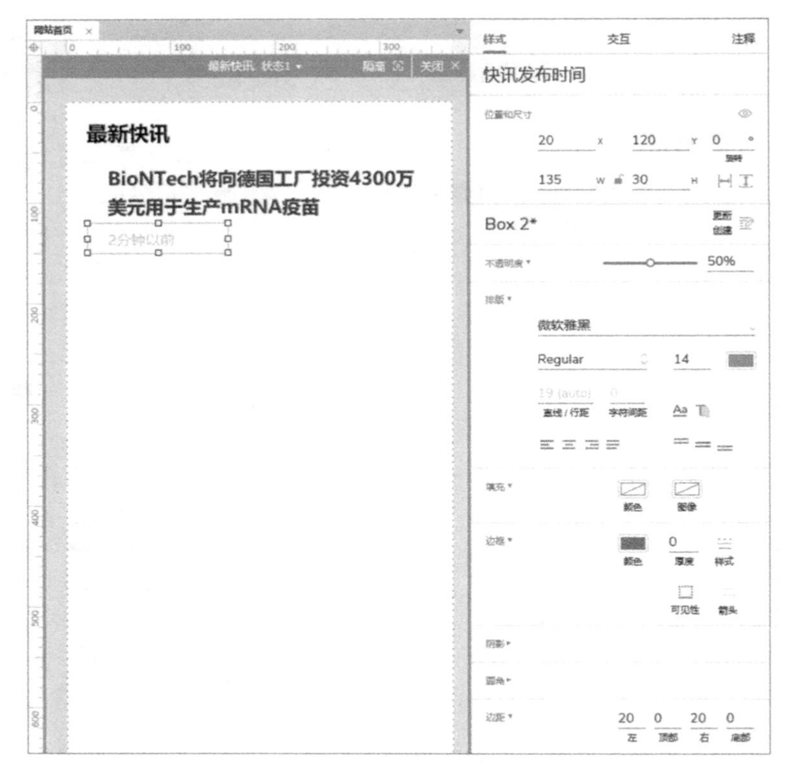

图 5-69 添加“快讯发布时间”矩形元件并进行设置后的效果

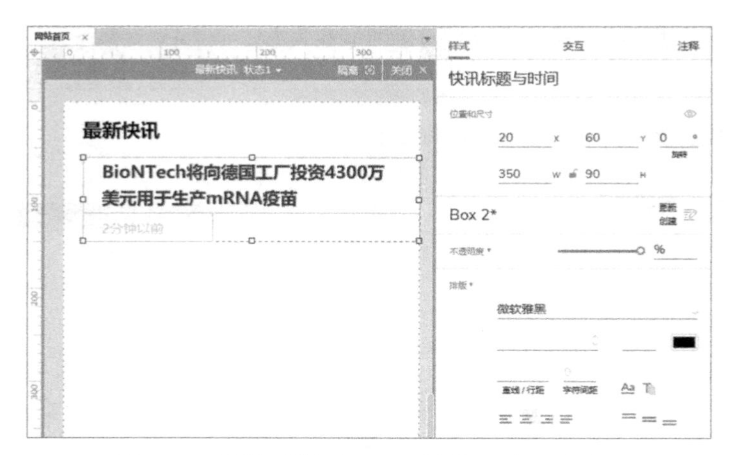

图 5-70 设置“快讯标题与时间”组合后的效果

步骤 5：复制 5 个“快讯标题与时间”组合，依次修改文本内容，并设置组合的间距为 10，效果如图 5-71 所示。

步骤 6：在“最新快讯”动态面板元件中拖入矩形元件，将该元件命名为“查看更多”，设置其坐标为 X40:Y675，尺寸为 W310:H35，填充颜色为白色，边框颜色为#E4E4E4，边框厚度为 1，圆角半径为 4，边距为 2、2、2、2，输入文本内容“查看更多”，字体为微软雅黑，字号为 13，字体颜色为#999999，效果如图 5-72 所示。设置交互样式效果：鼠标悬停时填充颜色为#409EFF，字体颜色为白色，边框厚度为 0，如图 5-73 所示。

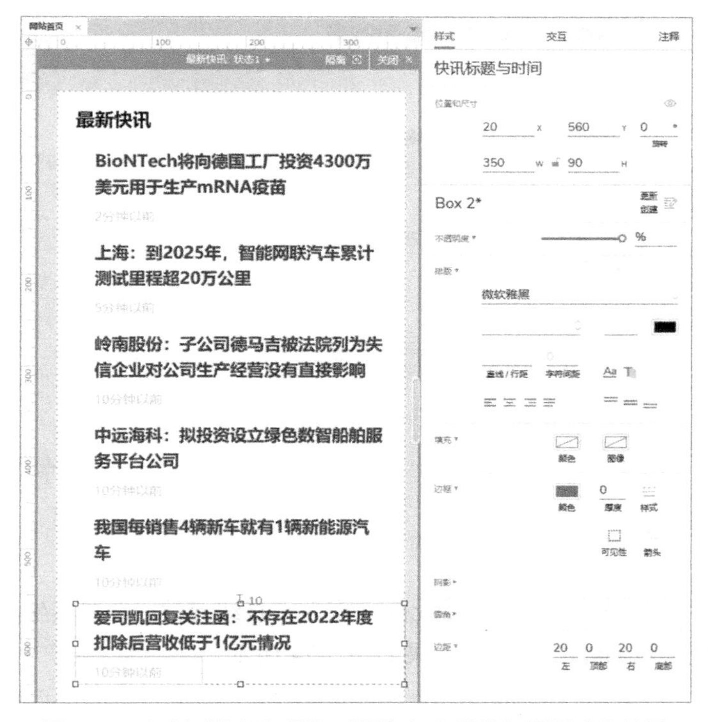

图 5-71　复制“快讯标题与时间”组合并进行设置后的效果

图 5-72　添加“查看更多”矩形元件并进行设置后的效果

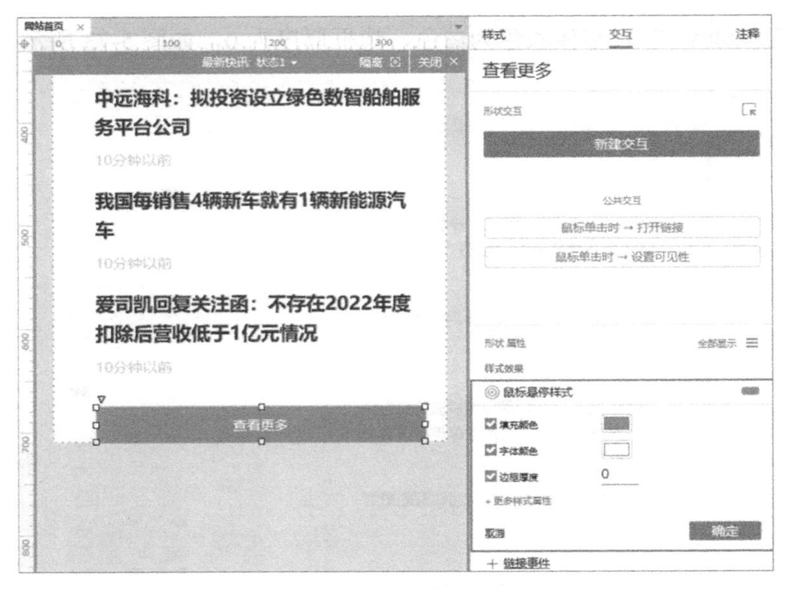

图 5-73　设置“查看更多”矩形元件的交互样式效果

步骤 7：在“最新快讯”动态面板元件中拖入垂直线元件，设置其坐标为 X15:Y60，尺寸为 H650，边框颜色为#D7D7D7，效果如图 5-74 所示。

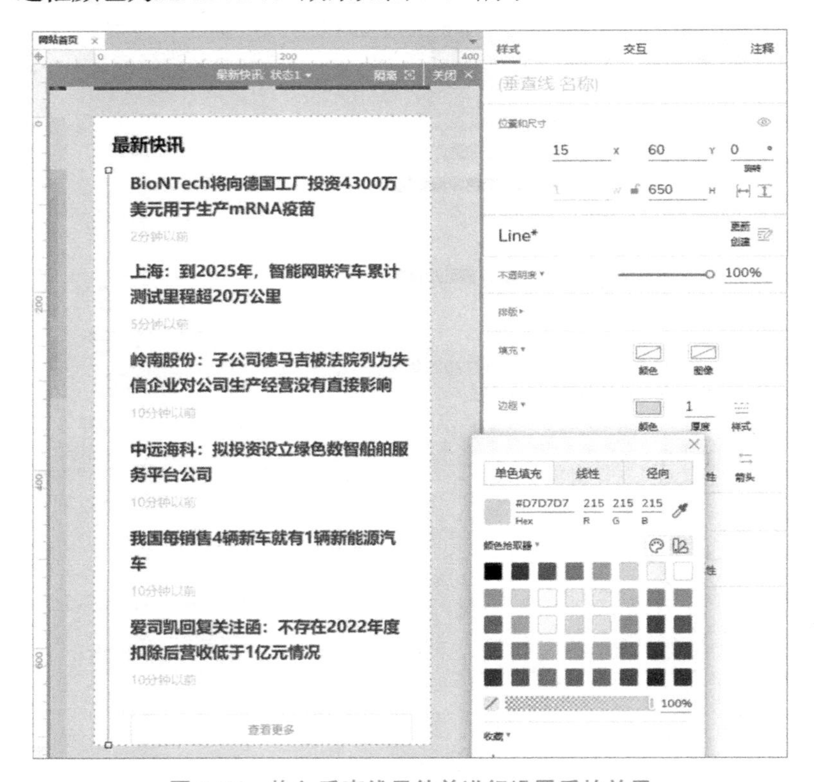

图 5-74　拖入垂直线元件并进行设置后的效果

步骤 8：在“最新快讯”动态面板元件中拖入椭圆元件，将其命名为“时间点”，设置其坐标为 X5:Y70，尺寸为 W20:H20，边框颜色为#409EFF，边框颜色的透明度为 50%，边框厚度为 6，效果如图 5-75 所示。

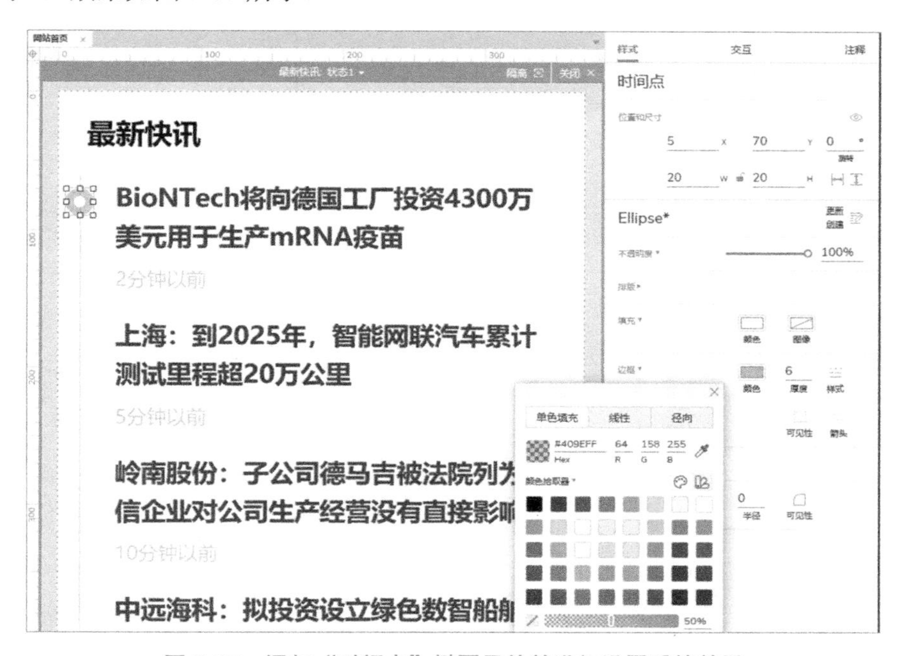

图 5-75　添加“时间点”椭圆元件并进行设置后的效果

步骤 9：复制“时间点”椭圆元件，依次调整到对应位置，并设置“时间点”椭圆元件的间距为 80，效果如图 5-76 所示。

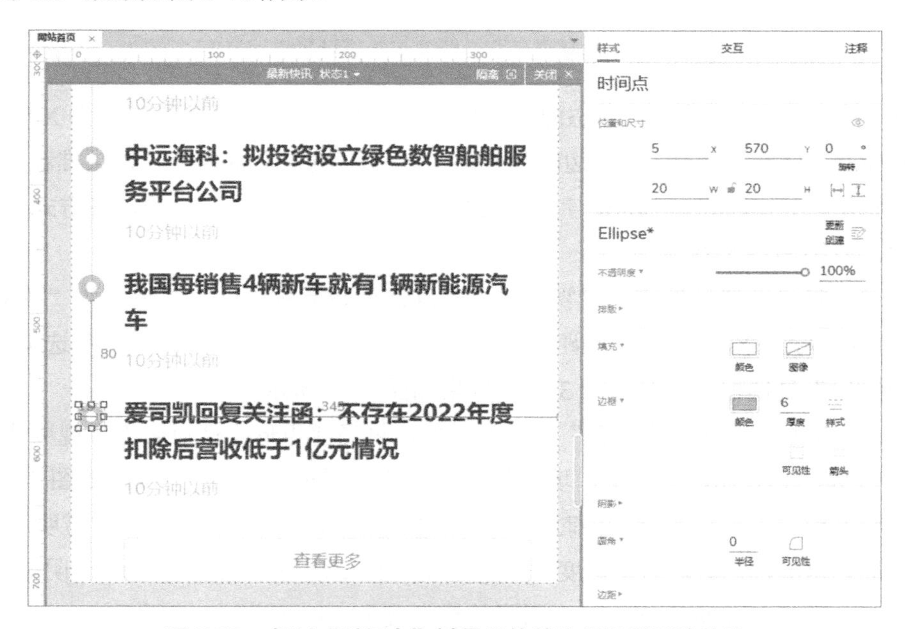

图 5-76　复制“时间点”椭圆元件并进行设置后的效果

5.4.6 视频推荐

网站首页 06_视频推荐

步骤 1：回到初始页面，拖入动态面板元件，将该元件命名为“视频推荐”，设置其坐标为 X30:Y1350，尺寸为 W800:H550，效果如图 5-77 所示。

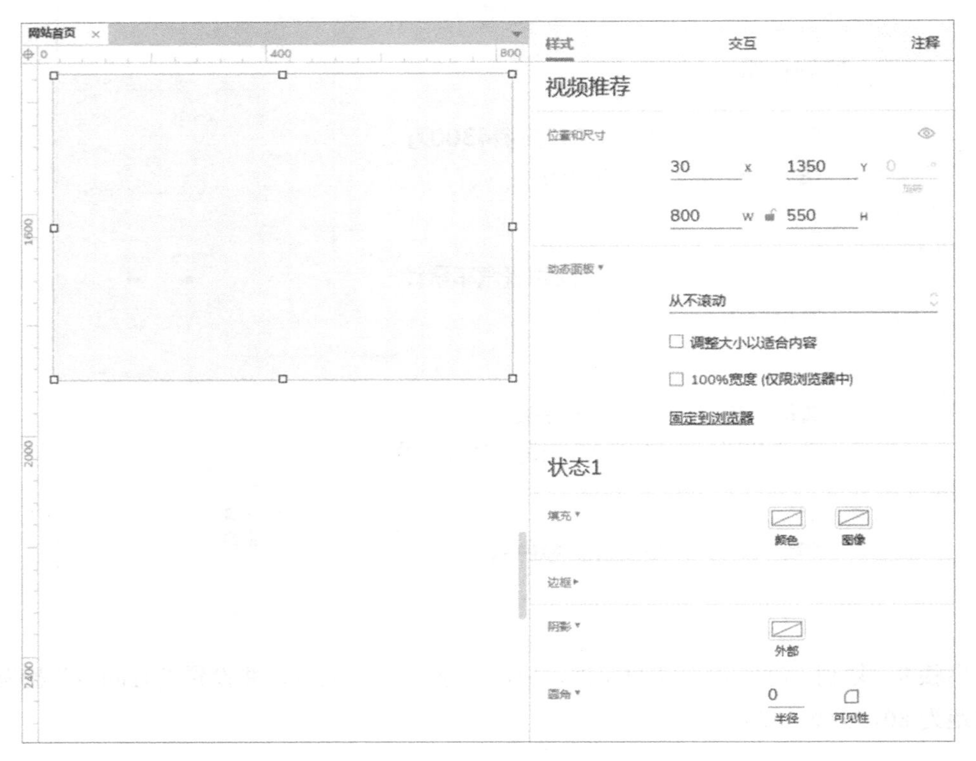

图 5-77 添加“视频推荐”动态面板元件并进行设置后的效果

步骤 2：双击“视频推荐”动态面板元件，拖入矩形元件，设置其坐标为 X0:Y0，尺寸为 W800:H60，无填充，无边框，边距为 0、0、0、0，输入文本内容“视频推荐”，设置字体为微软雅黑，字体样式为 Bold，字号为 20，字体颜色为黑色，文本的对齐方式为左对齐、上下居中，效果如图 5-78 所示。

步骤 3：将中继器元件拖入“视频推荐”动态面板元件，并将其命名为“视频推荐列表”，设置其坐标为 X5:Y60，行间距和列间距均为 20，布局选中“横向”单选按钮，勾选“换行（网格）”复选框，设置每行 3 项，效果如图 5-79 所示。

步骤 4：双击“视频推荐列表”中继器元件，将当前矩形元件命名为“视频背景”，设置其尺寸为 W250:H220，无边框，填充颜色为白色，圆角半径为 4，效果如图 5-80 所示。

设置交互样式效果：鼠标悬停时外部阴影颜色为#000000，阴影颜色的透明度为 10%，阴影的坐标为 X0:Y0，阴影的模糊度为 10；选定时外部阴影颜色为#000000，阴影颜色的透明度为 10%，阴影的坐标为 X0:Y0，阴影的模糊度为 10，如图 5-81 所示。

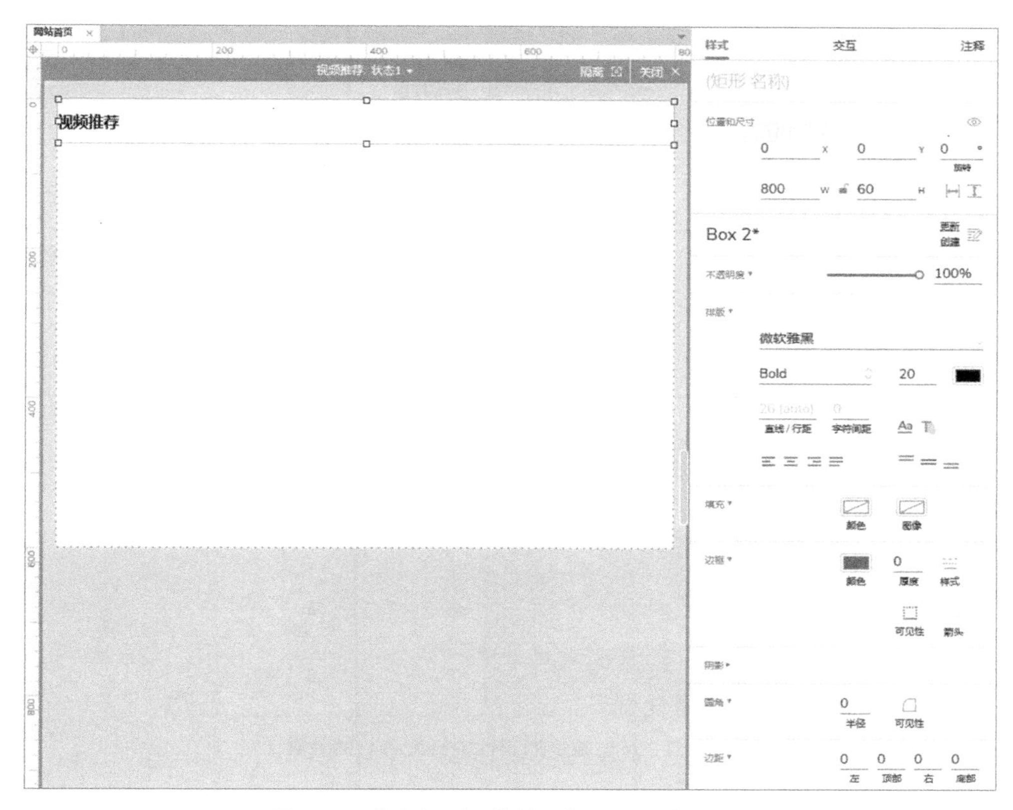

图 5-78　拖入矩形元件并进行设置后的效果 3

图 5-79　添加“视频推荐列表”中继器元件并进行设置后的效果

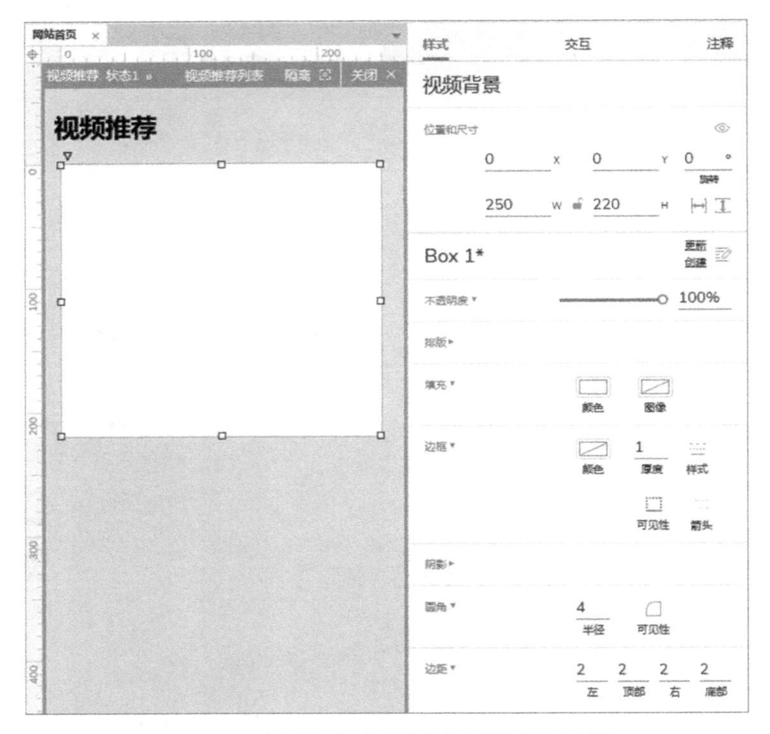

图 5-80　对当前矩形元件进行设置后的效果 1

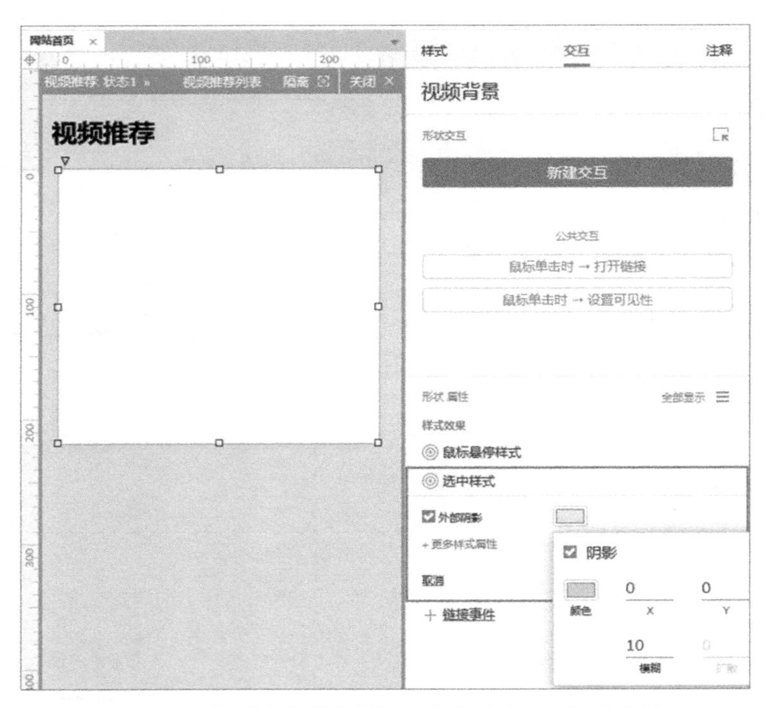

图 5-81　设置“视频背景”矩形元件的交互样式效果

步骤 5：在“视频推荐列表”中继器元件中拖入内联框架元件，将该元件命名为“video”，设置其坐标为 X10:Y10，尺寸为 W230:H120，勾选“隐藏边框”复选框，选择“从不滚动”和“视频”，效果如图 5-82 所示。

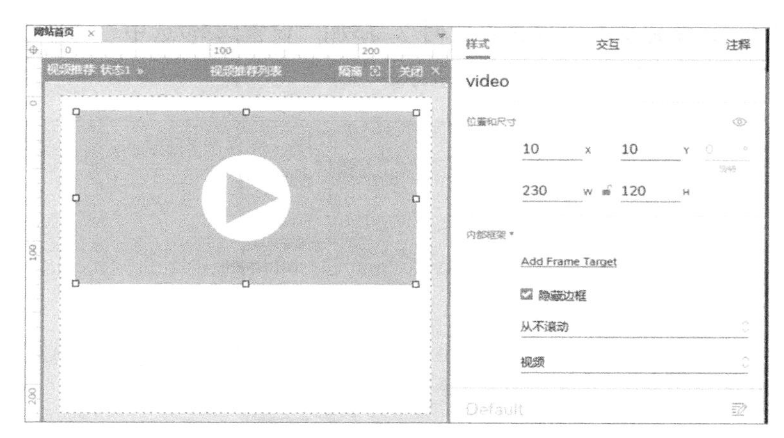

图 5-82　添加“video”内联框架元件并进行设置后的效果

步骤 6：双击“video”内联框架元件，在弹出的“链接属性”对话框内选中“链接到外部 URL 或本地文件”单选按钮并输入超链接地址，如图 5-83 所示。

步骤 7：在“视频推荐列表”中继器元件中拖入矩形元件，将该矩形元件放在“video”内联框架元件的下方，并将其命名为“视频标题”，设置其坐标为 X10:Y130，尺寸为 W230:H60，无边框，无填充，输入文本内容“4 年亏没 150 亿善恶终有报，天道好轮回”，设置字体为微软雅黑，字体样式为 Bold，字号为 16，字体颜色为#666666，文本的对齐方式为左对齐、上下居中，效果如图 5-84 所示。

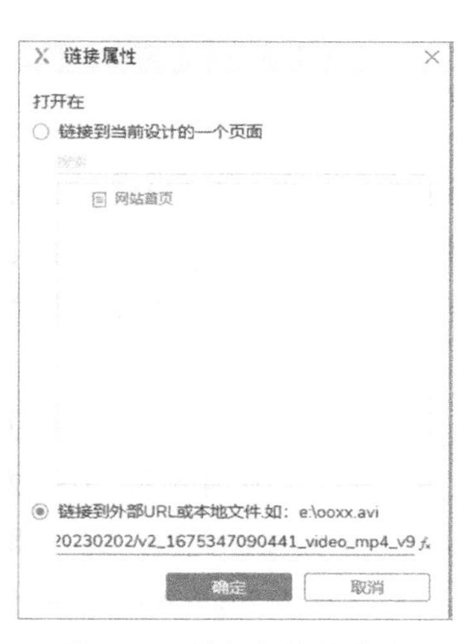

图 5-83　输入超链接地址

图 5-84　添加“视频标题”矩形元件并进行设置后的效果

步骤 8：选择“视频标题”矩形元件，设置交互用例。设置鼠标悬停时字体颜色为#409EFF；新建交互“鼠标进入时”，添加“设置选择/选中”动作，设置目标元件为“视频背景”，值为“真”；新建交互“鼠标移出时”，添加“设置选择/选中”动作，设置目标元件为“视频背景”，值为“假”，如图 5-85 所示。

图 5-85　设置“视频标题”矩形元件的交互用例

步骤 9：复制“视频标题”矩形元件，将其重命名为“视频作者”，设置其坐标为 X10:Y186，尺寸为 W100:H30，修改文本内容为“浪哥财经”，设置字体为微软雅黑，字体样式为 Regular，字号为 12，字体颜色为#999999，效果如图 5-86 所示。删除该元件鼠标悬停时的交互样式效果。

步骤 10：复制“视频作者”矩形元件，将其重命名为“视频发布时间”，设置其坐标为 X110:Y186，尺寸为 W130:H30，修改文本的对齐方式为右对齐，修改文本内容为“05-22 10:49”，选择字体图标元件库，搜索“clock”，选择“时钟 Clock”字体图标元件，将其插入发布时间文本内容的前面，设置“时钟 Clock”字体图标元件的字体为 Font Awesome 5 Pro，字体样式为 Light，字号为 12，字体颜色为#999999，效果如图 5-87 所示。

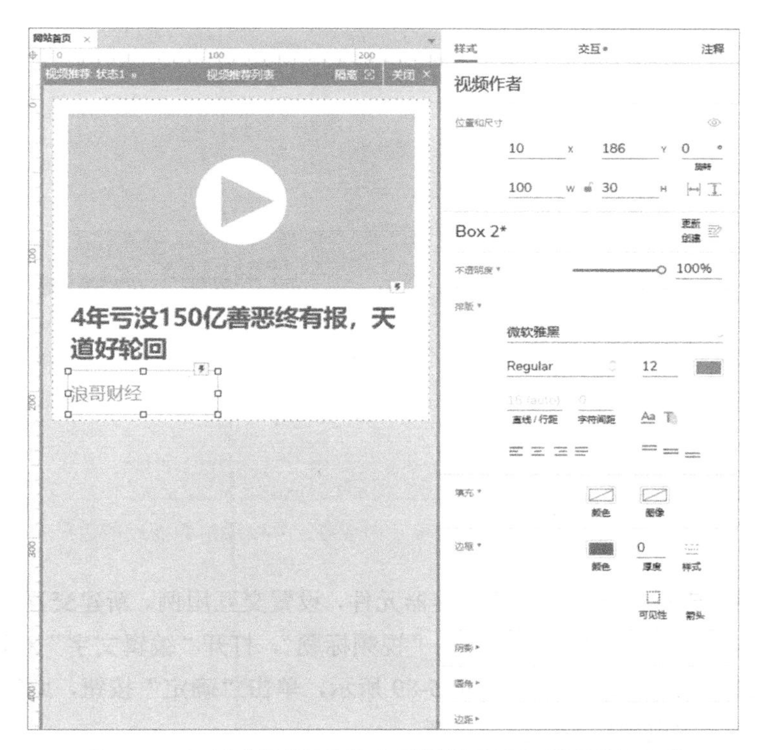

图 5-86 复制“视频标题”矩形元件并进行设置后的效果

图 5-87 复制“视频作者”矩形元件并进行设置后的效果

步骤 11：回到“视频推荐”动态面板元件，选择“视频推荐列表”中继器元件，在数据中添加“url”、“title”、“author”和“time”等列，并输入相应的数据，效果如图 5-88 所示。

图 5-88　在“视频推荐列表”中继器元件中添加数据后的效果

步骤 12：选择“视频推荐列表”中继器元件，设置交互用例。新建交互“项目加载时”，添加“设置文本”动作，设置目标元件为“视频标题”，打开“编辑文字”对话框插入变量，选择中继器数据中的“Item.title”，如图 5-89 所示，单击“确定”按钮，此时“视频推荐列表”中继器元件中的视频标题数据已更新。

图 5-89　绑定“视频推荐列表”中继器元件中的视频标题数据

步骤 13：使用与步骤 12 相同的方法设置交互用例。添加“设置文本”动作，设置目标元件为“视频作者”，打开“编辑文字”对话框插入变量，选择中继器数据中的“Item.author”，如图 5-90 所示，单击“确定”按钮，此时“视频推荐列表”中继器元件中的视频作者数据已更新。

图 5-90 绑定“视频推荐列表”中继器元件中的视频作者数据

步骤 14：使用与步骤 12 相同的方法设置交互用例。添加“设置文本”动作，设置目标元件为“视频发布时间”，打开“编辑文字”对话框插入变量，选择中继器数据中的“Item.time”，如图 5-91 所示，单击“确定”按钮，此时“视频推荐列表”中继器元件中的视频发布时间数据已更新。

步骤 15：使用与步骤 12 相同的方法设置交互用例。添加“在内联框架打开链接”动作，设置目标元件为“video”，链接到为“链接外部网址”，打开“编辑文字”对话框插入变量，选择中继器数据中的“Item.url”，如图 5-92 所示，单击“确定”按钮，此时“视频推荐列表”中继器元件中的视频链接地址数据已更新。

图 5-91　绑定“视频推荐列表”中继器元件中的视频发布时间数据

图 5-92　绑定“视频推荐列表”中继器元件中的视频链接地址数据

5.4.7　24 小时热榜

网站首页 07_24 小时热榜

步骤 1：回到初始页面，拖入动态面板元件，将该元件命名为“24 小时热榜”，设置其坐标为 X860:Y1220，尺寸为 W370:H710，效果如图 5-93 所示。

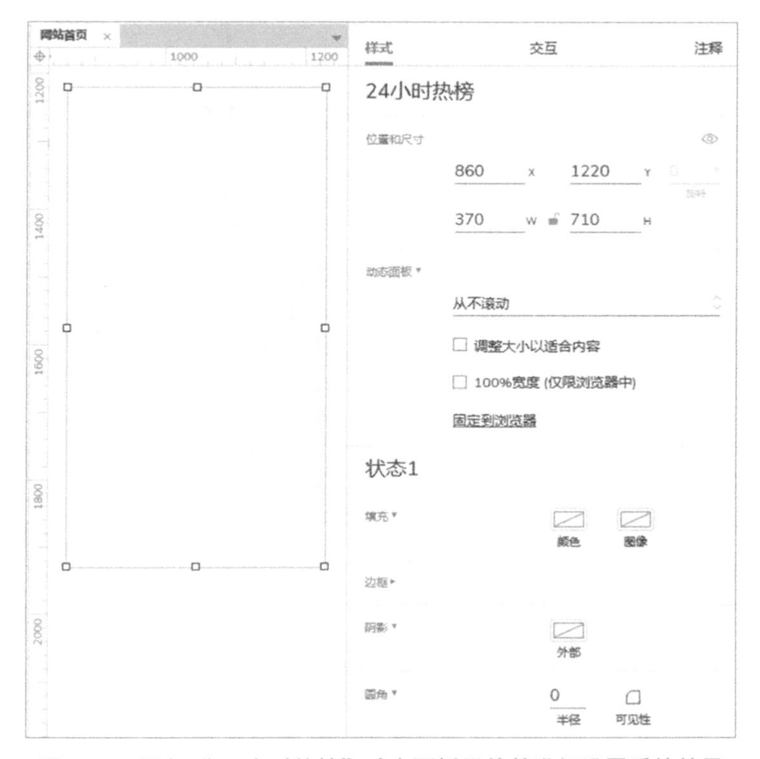

图 5-93　添加“24 小时热榜”动态面板元件并进行设置后的效果

步骤 2：双击“24 小时热榜”动态面板元件，拖入矩形元件，设置其坐标为 X0:Y0，尺寸为 W370:H60，无填充，无边框，边距为 20、0、0、0，输入文本内容“24 小时热榜”，设置字体为微软雅黑，字体样式为 Bold，字号为 20，字体颜色为黑色，文本的对齐方式为左对齐、上下居中，效果如图 5-94 所示。

步骤 3：在“24 小时热榜”动态面板元件中拖入矩形元件，设置其坐标为 X250:Y0，尺寸为 W120:H60，无填充，无边框，边距为 0、0、20、15，输入文本内容“查看更多”，设置字体为微软雅黑，字体样式为 Regular，字号为 14，字体颜色为#999999，文本的对齐方式为右对齐、底部对齐，效果如图 5-95 所示。

步骤 4：在“24 小时热榜”动态面板元件中拖入动态面板元件，将该元件命名为“TOP 榜”，设置其坐标为 X0:Y60，尺寸为 W370:H180，效果如图 5-96 所示。

步骤 5：在“TOP 榜”动态面板元件中拖入动态面板元件，将该元件命名为“top 图片”，设置其坐标为 X20:Y10，尺寸为 W330:H160，效果如图 5-97 所示。

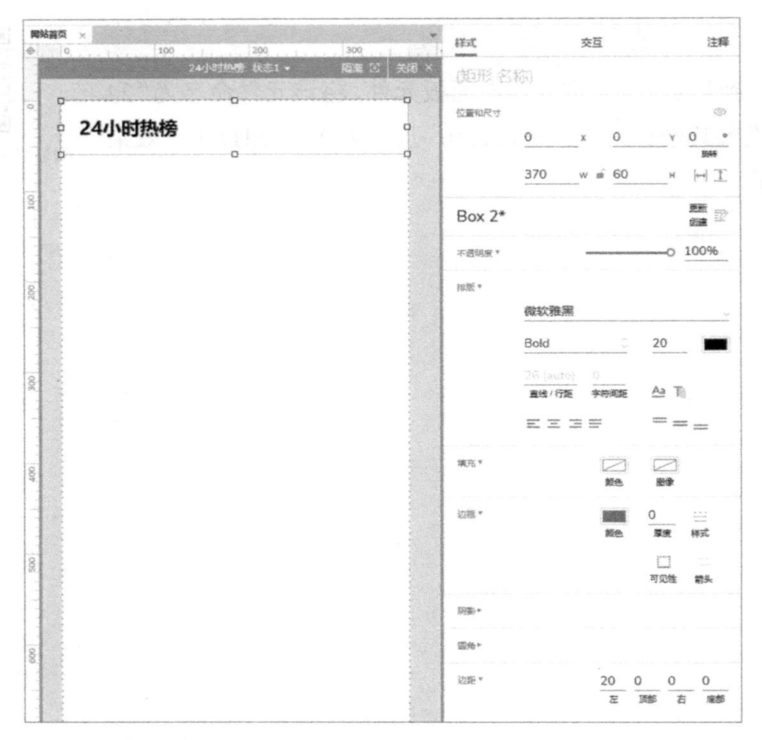

图 5-94　添加“24 小时热榜”矩形元件并进行设置后的效果

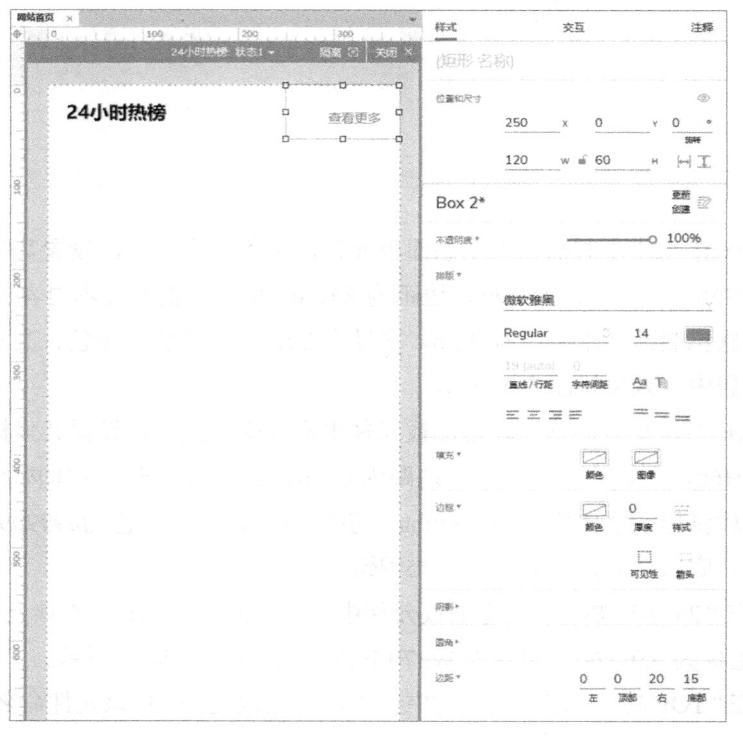

图 5-95　添加“查看更多”矩形元件并进行设置后的效果

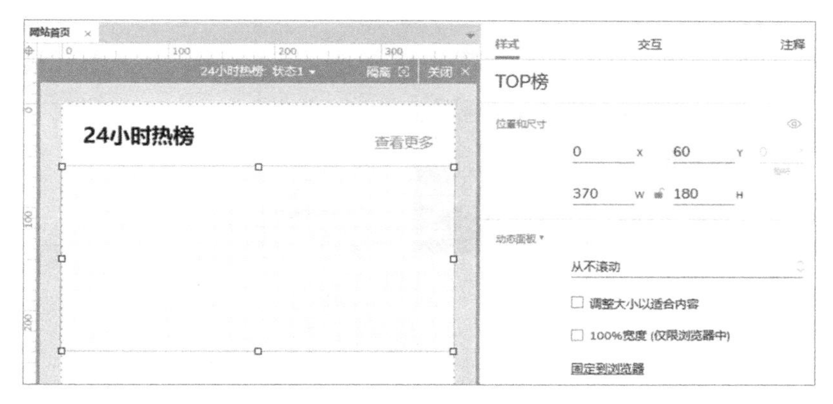

图 5-96　添加“TOP 榜”动态面板元件并进行设置后的效果

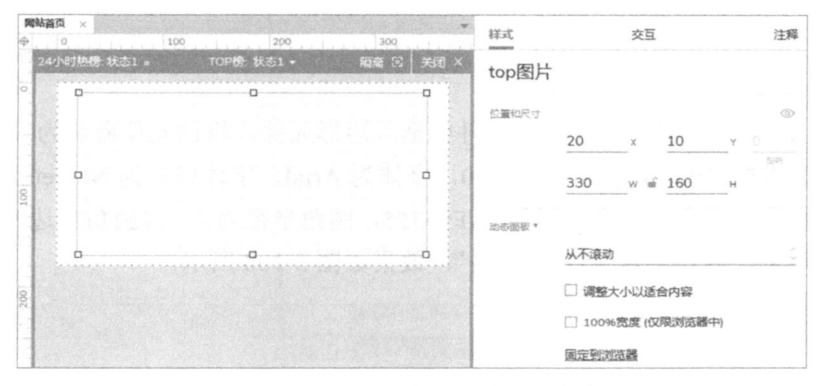

图 5-97　添加“top 图片”动态面板元件并进行设置后的效果

步骤 6：双击“top 图片”动态面板元件，拖入图像元件，设置其坐标为 X0:Y0，尺寸为 W330:H160，并插入网站首页素材文件夹中的“12”图片素材，效果如图 5-98 所示。

图 5-98　拖入图像元件并进行设置后的效果

步骤 7：选择“top 图片”动态面板元件，设置交互用例。新建交互“鼠标进入时”，添加“设置大小”动作，设置目标元件为“图像”，大小为 W363:H176，锚点为中心点，动画为“线性 500 毫秒”；新建交互“鼠标移出时”，添加“设置大小”动作，设置目标元件为“图像”，大小为 W330:H160，锚点为中心点，动画为“线性 500 毫秒”，效果如图 5-99 所示。

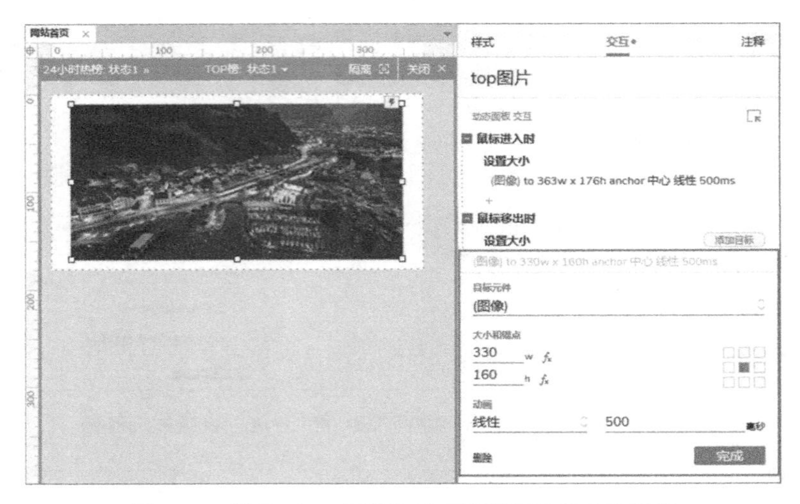

图 5-99　设置“top 图片”动态面板元件的交互用例

步骤 8：在“TOP 榜”动态面板元件中拖入矩形元件，将该元件命名为“top 排名 1”，设置其坐标为 X5:Y10，尺寸为 W60:H30，字体为 Arial，字体样式为 Negreta，字号为 18，字体颜色为白色，无边框，填充颜色为#F95355，圆角半径为 4，将圆角左边两个角的可见性设置为不可见，输入文本内容“TOP1”，效果如图 5-100 所示。

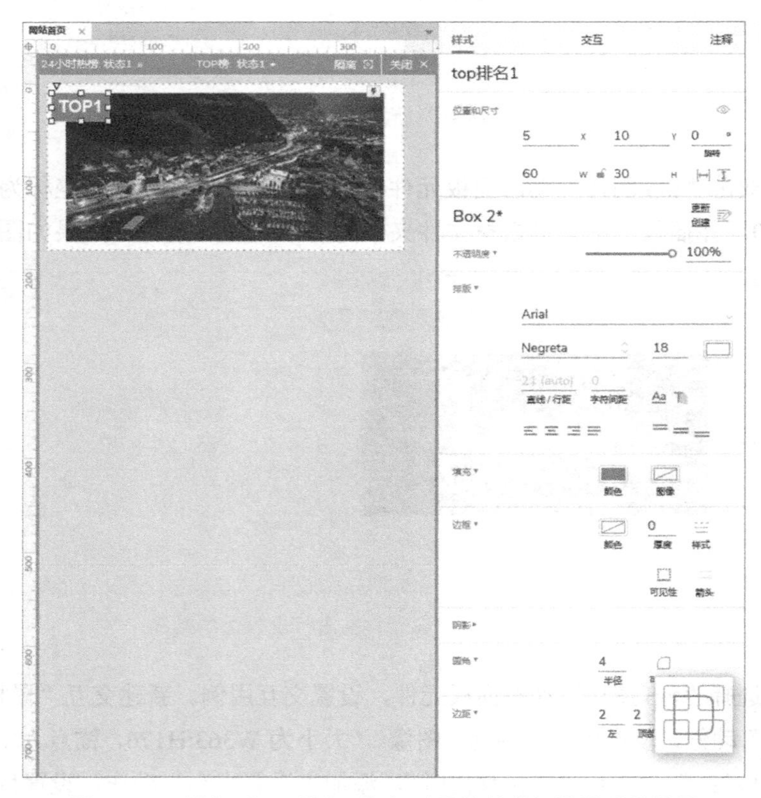

图 5-100　添加“top 排名 1”矩形元件并进行设置后的效果

步骤 9：在“TOP 榜”动态面板元件中拖入矩形元件，将该元件命名为“top 排名 2”，右击该矩形元件，在弹出的快捷菜单中选择“选择形状”命令，在弹出的列表中选择“直角三角形”选项，设置其旋转角度为 180°，坐标为 X5:Y40，尺寸为 W15:H10，无边框，填充颜色为#C03C3E，效果如图 5-101 所示。

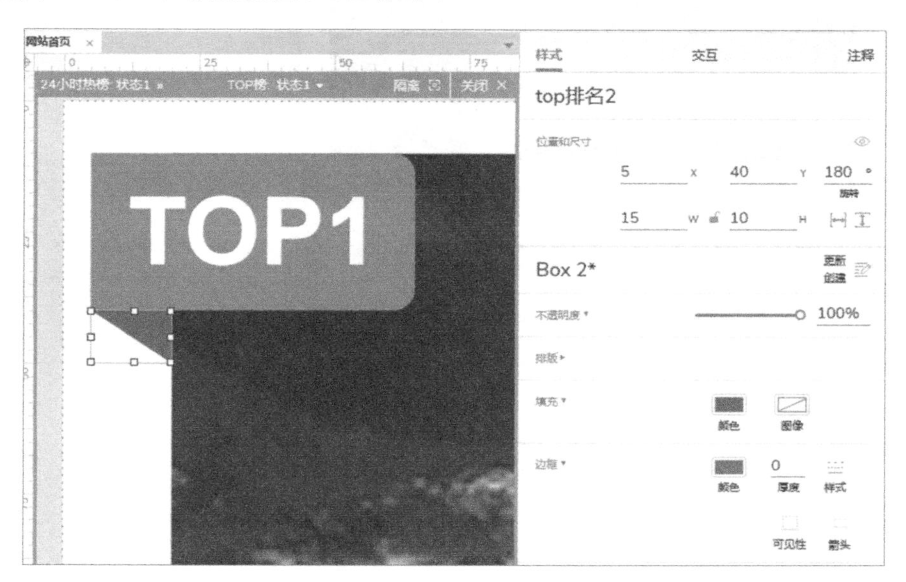

图 5-101 添加“top 排名 2”矩形元件并进行设置后的效果

步骤 10：在“TOP 榜”动态面板元件中拖入矩形元件，将该元件命名为“top 热榜标题”，设置其坐标为 X20:Y110，尺寸为 W330:H60，设置字体为微软雅黑，字体样式为 Regular，字号为 16，字体颜色为白色，文本的对齐方式为左对齐、上下居中，设置填充颜色选择线性填充，线性填充方向为自上向下，颜色从白色到黑色，白色的透明度为 0%，黑色的透明度为 50%，边距为 10、5、10、5，输入标题内容“焦点分析丨一年卖出 13 亿，外星人能成为元气森林的爆款‘解药’吗？”，效果如图 5-102 所示。设置鼠标悬停时的字体颜色为#409EFF。

步骤 11：回到“24 小时热榜”动态面板元件，复制“TOP 榜”动态面板元件，设置其坐标为 X0:Y240，修改该动态面板元件中“top 排名 1”矩形元件的填充颜色为#F6A623，修改文本内容为“TOP2”，修改“top 排名 2”矩形元件的填充颜色为#CE8B1B，修改“top 热榜标题”矩形元件的文本内容为“营销观察丨《流浪地球 2》周边大卖，这家公司赢麻了”，替换“top 图片”动态面板元件中的图片为网站首页素材文件夹中的“13”图片素材，效果如图 5-103 所示。

步骤 12：在“24 小时热榜”动态面板元件中拖入动态面板元件，将该元件命名为“TOP 榜 3”，设置其坐标为 X0:Y420，尺寸为 W370:H286，效果如图 5-104 所示。

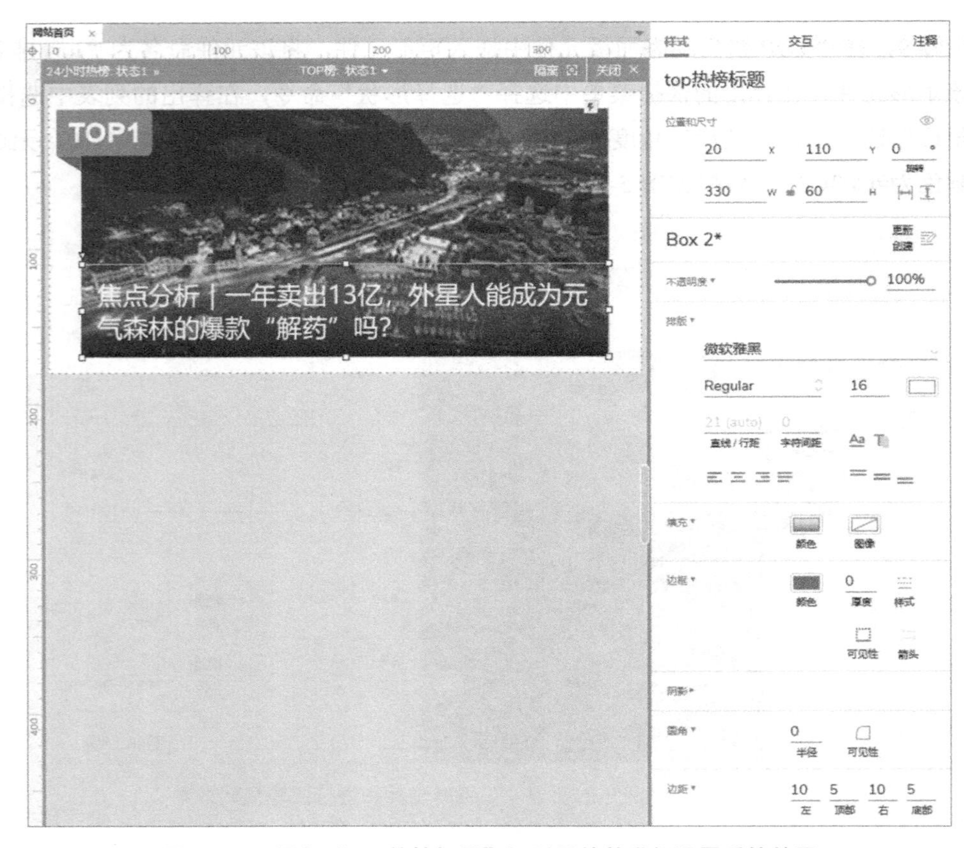

图 5-102 添加"top 热榜标题"矩形元件并进行设置后的效果

图 5-103 复制"TOP 榜"动态面板元件并进行设置后的效果

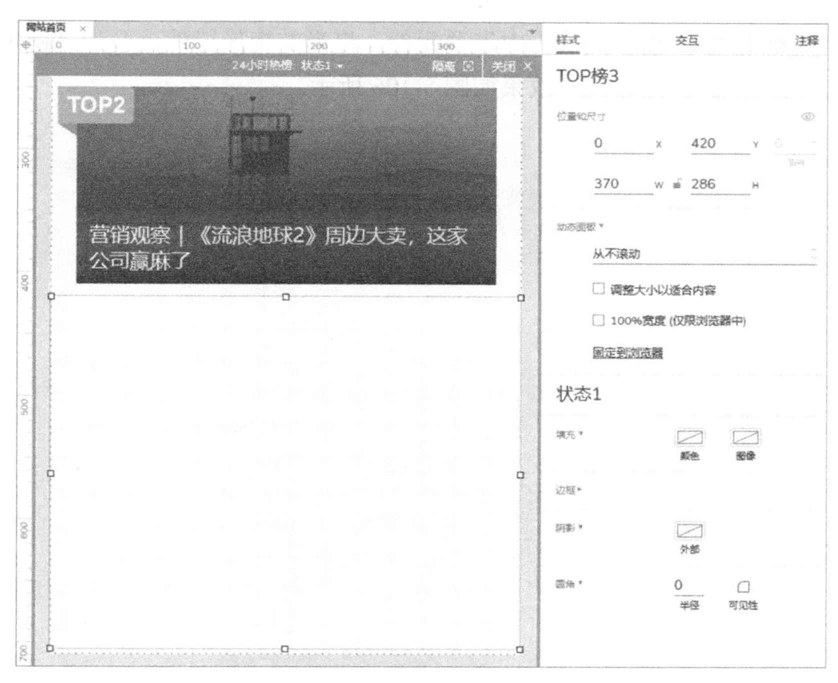

图 5-104　添加“TOP 榜 3”动态面板元件并进行设置后的效果

步骤 13：双击“TOP 榜 3”动态面板元件，拖入中继器元件，将该元件命名为“top 榜单列表”，设置其坐标为 X20:Y10，行间距为 15，列间距为 0，效果如图 5-105 所示。

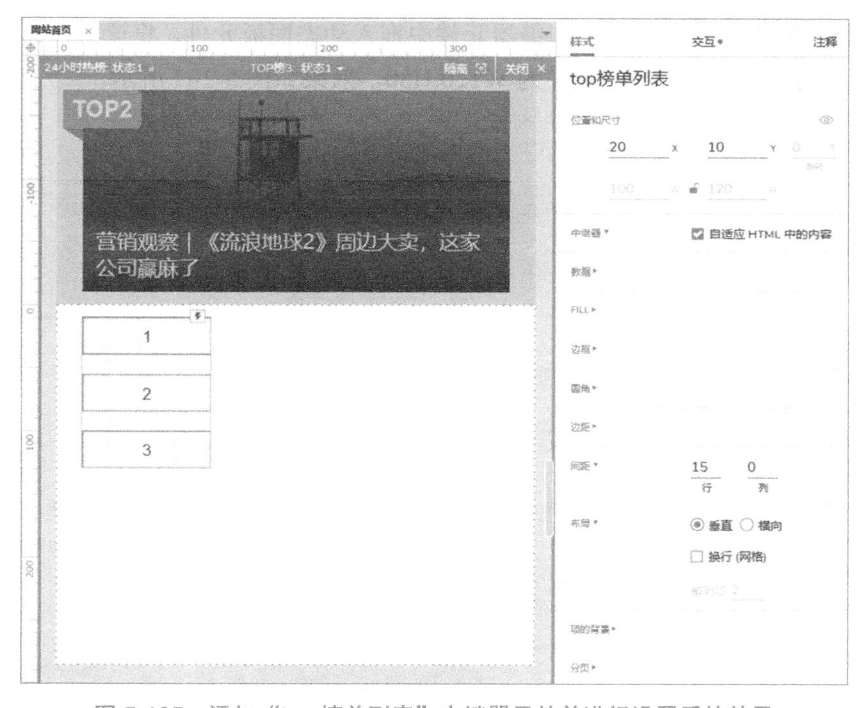

图 5-105　添加“top 榜单列表”中继器元件并进行设置后的效果

步骤 14：双击“top 榜单列表”中继器元件，将当前矩形元件命名为“榜单背景”，设置其尺寸为 W330:H80，无边框，效果如图 5-106 所示。

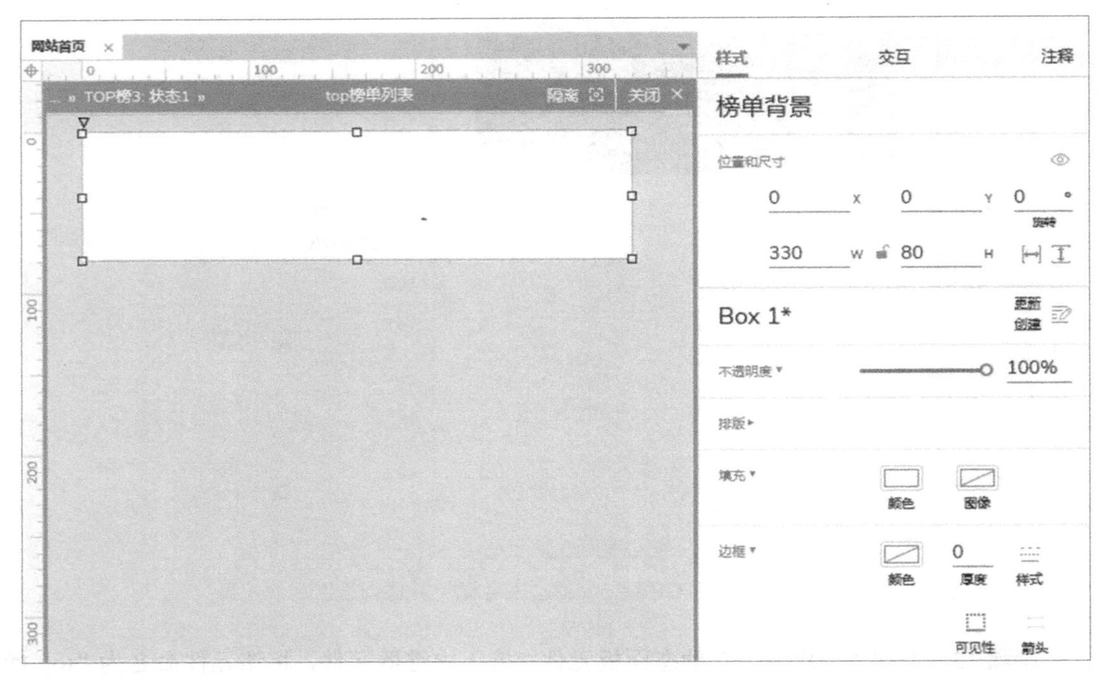

图 5-106　对当前矩形元件进行设置后的效果 2

步骤 15：在“top 榜单列表”中继器元件中拖入动态面板元件，将该元件命名为“榜单图片”，设置其坐标为 X0:Y0，尺寸为 W120:H80，效果如图 5-107 所示。

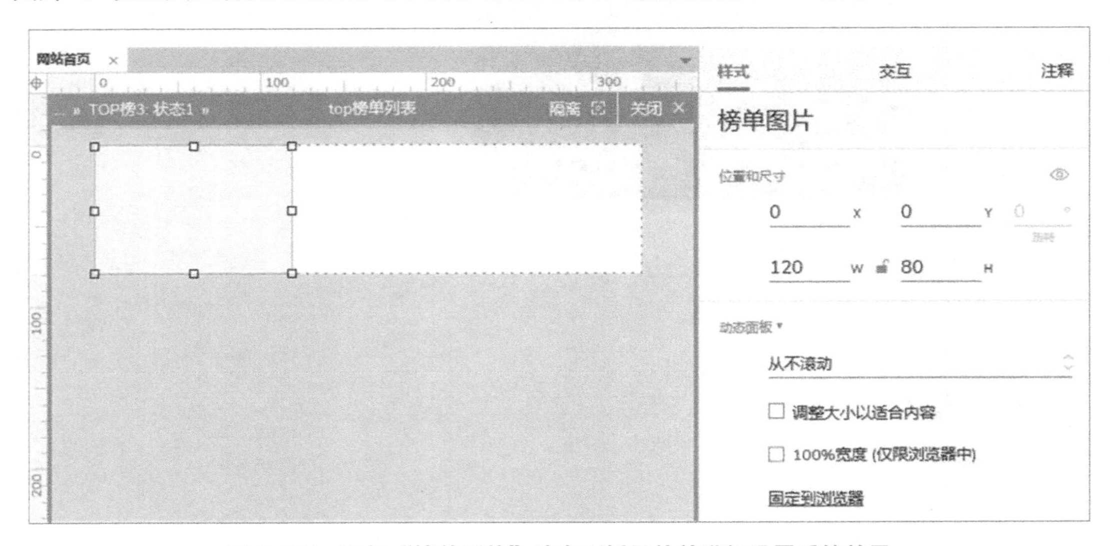

图 5-107　添加“榜单图片”动态面板元件并进行设置后的效果

步骤 16：双击“榜单图片”动态面板元件，拖入图像元件，将该元件命名为“图片更替”，设置其坐标为 X0:Y0，尺寸为 W120:H80，插入网站首页素材文件夹中的“14”图片素材。为“图片更替”图像元件设置交互用例：新建交互“鼠标进入时”，添加“设置大小”动作，设置目标元件为“图片更替”，大小为 X132:Y88，锚点为中心点，动画为“线性 500 毫秒”；新建交互“鼠标移出时”，添加“设置大小”动作，设置目标元件为“图片更替”，大小为 X120:Y80，锚点为中心点，动画为“线性 500 毫秒”，如图 5-108 所示。

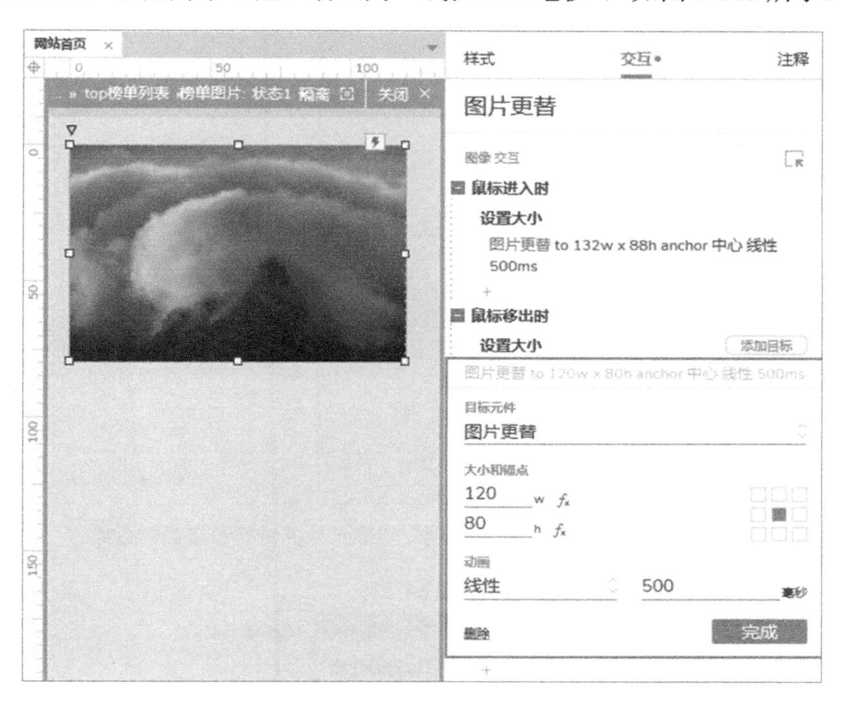

图 5-108　设置“图片更替”图像元件的交互用例

步骤 17：在“top 榜单列表”中继器元件中拖入矩形元件，将该元件命名为“top 榜单标题”，设置其坐标为 X120:Y0，尺寸为 W210:H50，无边框，无填充，设置字体为微软雅黑，字体样式为 Bold，字号为 15，字体颜色为#555555，文本的对齐方式为左对齐、上下居中，边距为 10、0、0、0，输入标题文本内容“9 点 1 氪丨微信小号功能仍在测试中；苹果公司将撤销首席...”，效果如图 5-109 所示。

步骤 18：在“top 榜单列表”中继器元件中拖入矩形元件，将该元件命名为“top 榜单时间”，设置其坐标为 X120:Y50，尺寸为 W210:H30，无边框，无填充，字体为微软雅黑，字体样式为 Regular，字号为 12，字体颜色为#999999，文本的对齐方式为左对齐、上下居中，边距为 10、0、10、0，输入文本内容“12 小时前”，效果如图 5-110 所示。

步骤 19：在“top 榜单列表”中继器元件中拖入矩形元件，将该元件命名为“排名标签”，设置其坐标为 X0:Y0，尺寸为 W25:H25，无边框，填充颜色为#AAAAAA，字体颜色为白色，输入文本内容“3”，效果如图 5-111 所示。

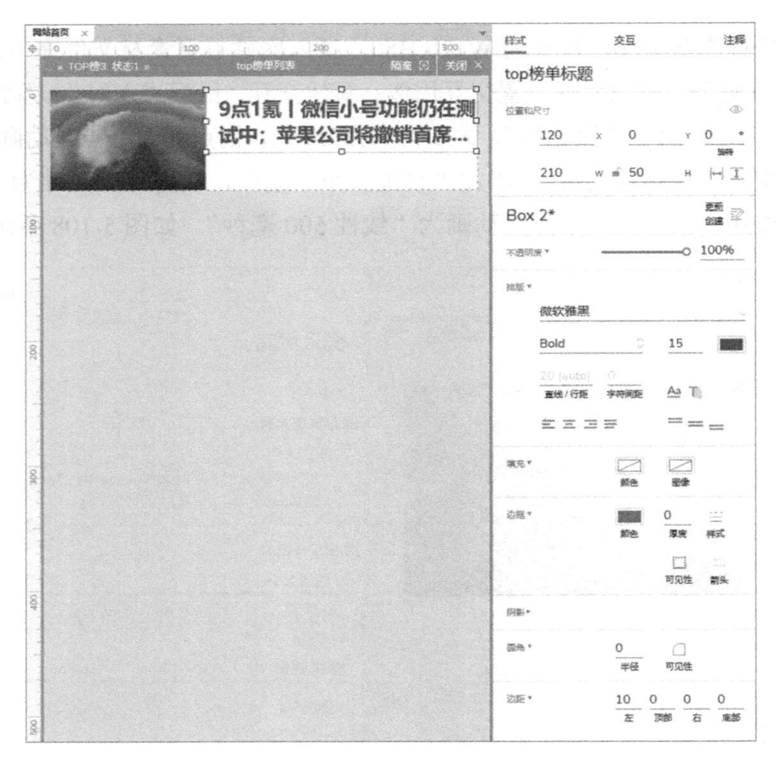

图 5-109　添加“top 榜单标题”矩形元件并进行设置后的效果

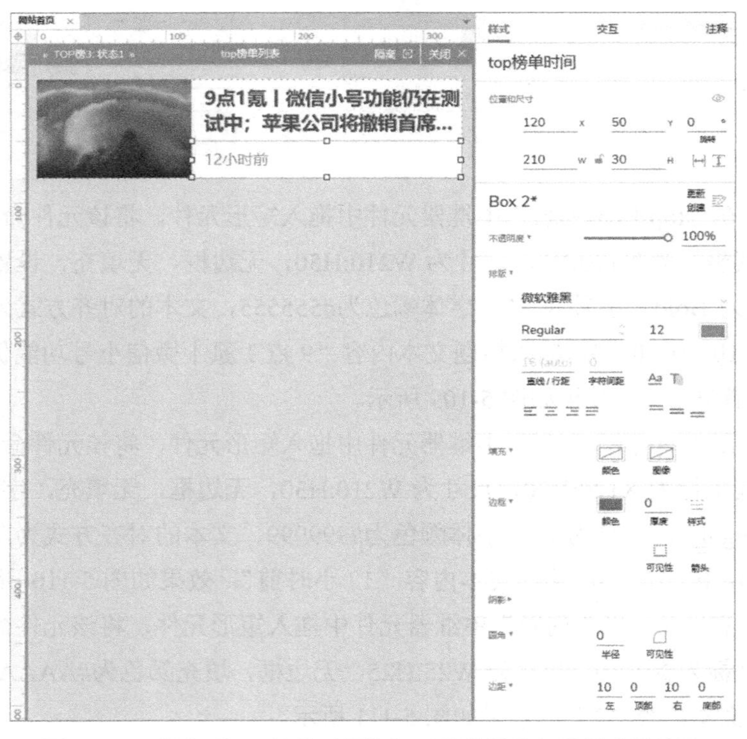

图 5-110　添加“top 榜单时间”矩形元件并进行设置后的效果

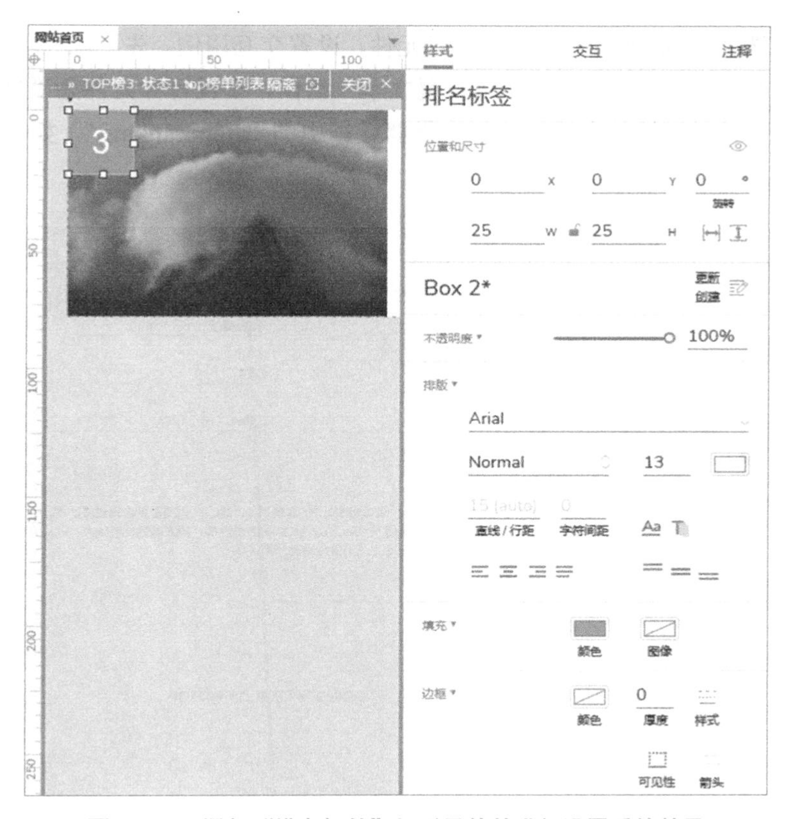

图 5-111　添加"排名标签"矩形元件并进行设置后的效果

步骤 20：回到"TOP 榜 3"动态面板元件，选择"top 榜单列表"中继器元件，在数据中添加"picture"、"ranking"、"title"和"time"等列，并输入相应的数据，选中"picture"列中单元格内的内容并右击，在弹出的快捷菜单中选择"导入图像"命令，然后选择导入的图片即可，效果如图 5-112 所示。

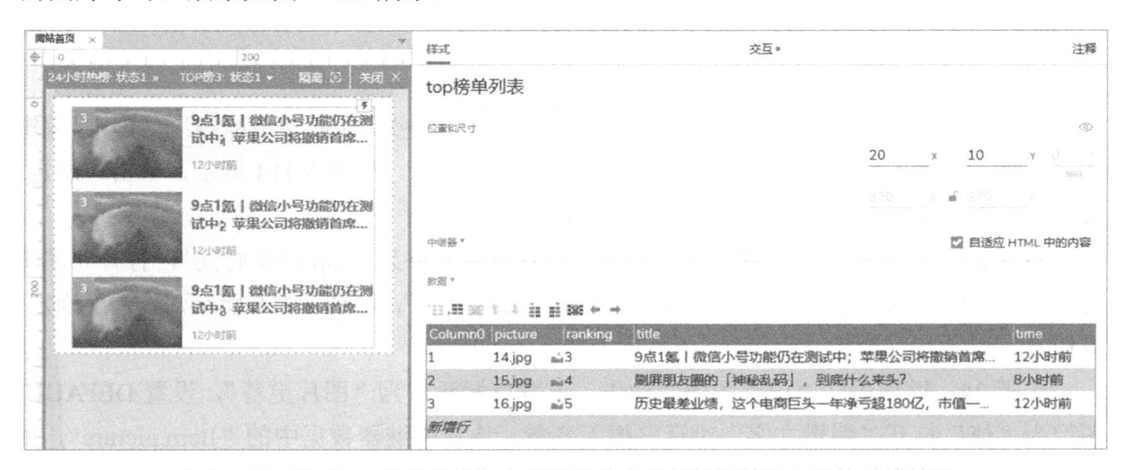

图 5-112　在"top 榜单列表"中继器元件中添加数据并导入图片后的效果

步骤 21：选择“top 榜单列表”中继器元件，设置交互用例。先删除“项目加载时”默认的“设置文本”动作，再重新添加“设置文本”动作，设置目标元件为“排名标签”，打开“编辑文字”对话框插入变量，选择中继器数据中的“Item.ranking”，如图 5-113 所示，单击“确定”按钮。

图 5-113　绑定“top 榜单列表”中继器元件中的排名标签数据

步骤 22：继续添加“设置文本”动作，设置目标元件为“top 榜单标题”，打开“编辑文字”对话框插入变量，选择中继器数据中的“Item.title”，如图 5-114 所示，单击“确定”按钮。

步骤 23：继续添加“设置文本”动作，设置目标元件为“top 榜单时间”，打开“编辑文字”对话框插入变量，选择中继器数据中的“Item.time”，如图 5-115 所示，单击“确定”按钮。

步骤 24：继续添加“设置图像”动作，设置目标元件为“图片更替”，设置 DEFAULT 图像为“值”打开“编辑文字”对话框插入变量，选择中继器数据中的“Item.picture”，如图 5-116 所示，单击“确定”按钮。

图 5-114　绑定“top 榜单列表”中继器元件中的 top 榜单标题数据

图 5-115　绑定“top 榜单列表”中继器元件中的 top 榜单时间数据

图 5-116　绑定“top 榜单列表”中继器元件中的图片更替数据

5.4.8　底部导航

网站首页 08_底部导航

步骤 1：回到初始页面，拖入动态面板元件，将该元件命名为“底部导航”，设置其坐标为 X0:Y1960，尺寸为 W1260:H100，勾选“100%宽度(仅限浏览器中)”复选框，设置填充颜色为#333333，效果如图 5-117 所示。

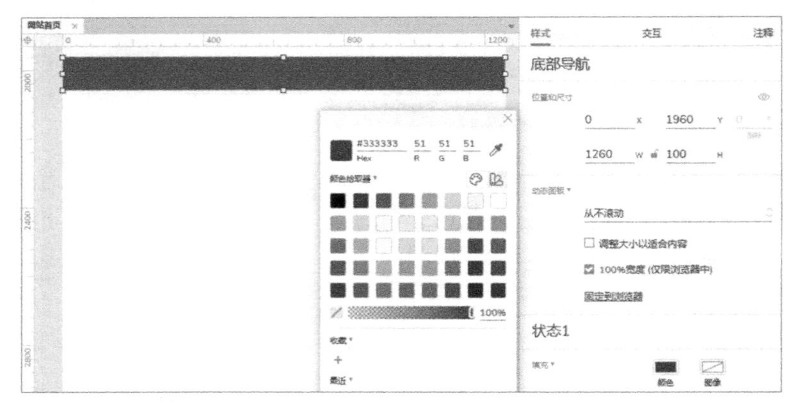

图 5-117　添加“底部导航”动态面板元件并进行设置后的效果

步骤 2：双击“底部导航”动态面板元件，拖入矩形元件，设置其坐标为 X0:Y0，尺寸为 W1260:H100，无填充，无边框，字体为微软雅黑，字体样式为 Regular，字号为 16，字

体颜色为#999999，行距为 28，文本的对齐方式为左右居中、上下居中，输入文本内容“网站首页　|　最新资讯　|　热门活动　|　帮助中心　|　联系我们　|　隐私政策　|　关于我们　　版权归©XXX 所有”，效果如图 5-118 所示。

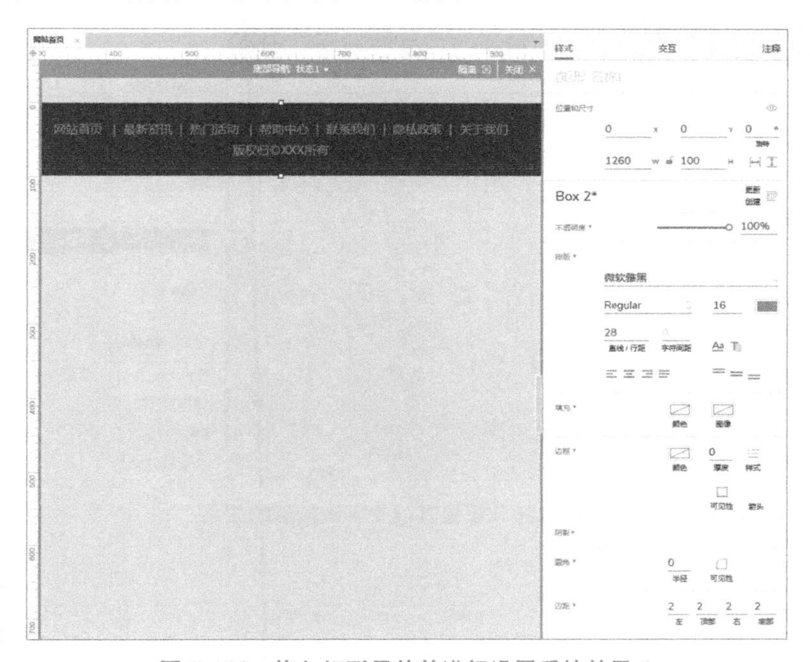

图 5-118　拖入矩形元件并进行设置后的效果 4

步骤 3：选中文本内容“网站首页”并右击，在弹出的快捷菜单中选择“插入文字链接”命令，在右侧“交互”窗格中，将链接到“选定页”修改为链接到“链接外部网址 #”；设置鼠标悬停时字体颜色为#CCCCCC；回到样式属性中，将字体颜色#0000FF 调整为#999999，效果如图 5-119 所示。使用同样的方法，设置其他文字链接，效果如图 5-120 所示。

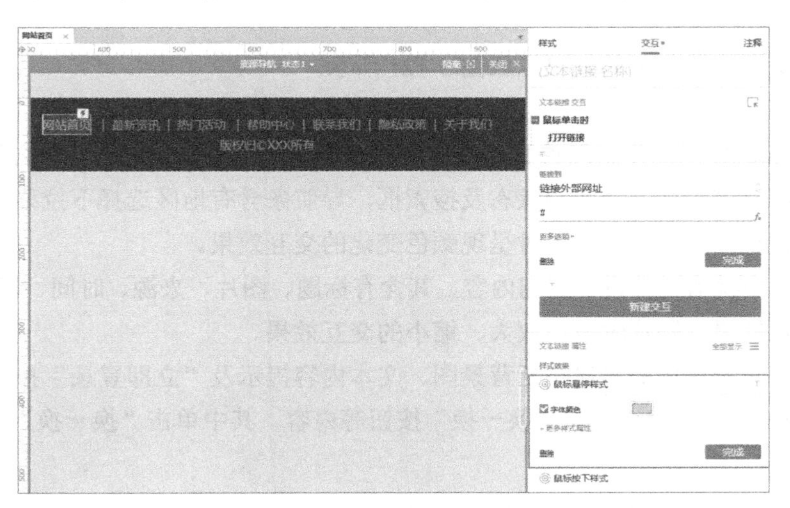

图 5-119　设置“网站首页”文字链接后的效果

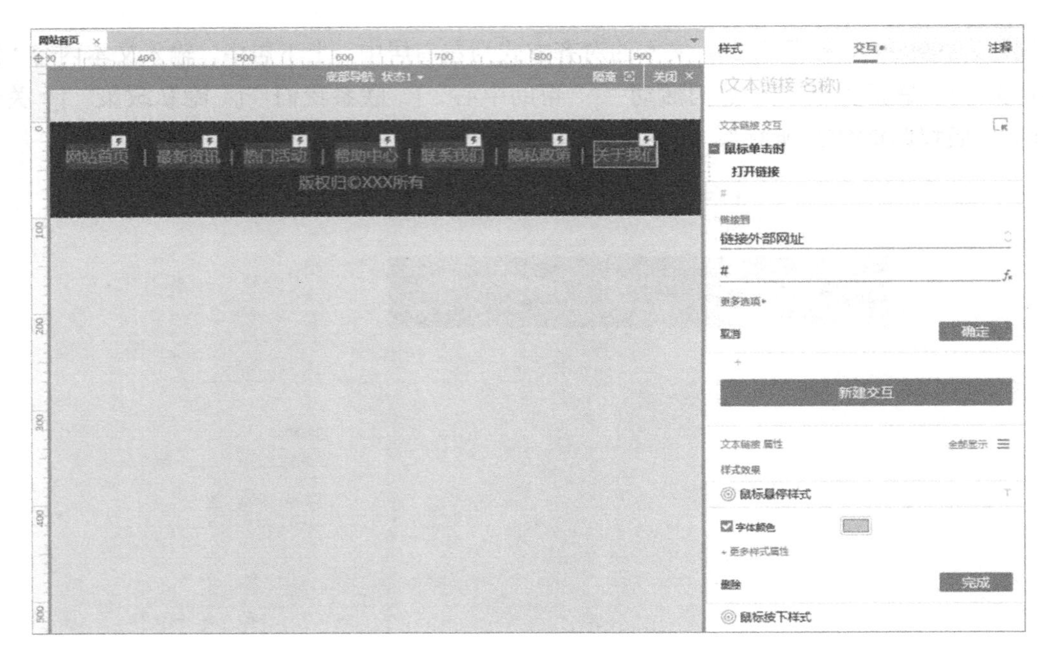

图 5-120　设置其他文字链接后的效果

5.5　小结

本章介绍了网站首页界面的制作方法。通过对本章内容的学习，读者能够对母版的创建和使用有一定的了解，并熟练掌握界面原型设计的基本操作。同时，本章通过在案例中应用中继器元件和函数，让读者了解了中继器元件的使用方法和技巧，以及中继器元件/数据集函数的部分知识点。

网站首页效果预览

5.6　加深练习

网站首页练习题效果预览

新闻首页界面练习题的效果图如图 5-121 所示。

要求如下：

利用 Axure RP 9 制作新闻首页界面的高保真原型，主要包括以下几个方面。

（1）顶部导航布局含有两种状态及搜索框，导航条含有地区选择下拉菜单。

（2）当鼠标指针滑过导航条时呈现颜色变化的交互效果。

（3）利用中继器元件设计新闻内容，其含有标题、图片、来源、时间、评论数等内容，另外当鼠标指针滑过图片时呈现放大、缩小的交互效果。

（4）立即登录模块的布局包括背景图、文本内容提示及“立即登录”按钮。

（5）热榜含有图标、标题、“换一换”按钮等内容，其中单击“换一换”按钮可以更新热榜标题。

（6）利用中继器元件完成热门视频的设计。

图 5-121　新闻首页界面练习题的效果图

第 6 章　网站子页界面

6.1　界面效果图

网站子页界面效果图如图 6-1 所示。

图 6-1　网站子页界面效果图

6.2　界面分析

网站子页界面包括文章详情、评论区、作者信息等内容。用户可以关注、点赞、收藏文章、输入评论内容、查看作者信息。

6.3　使用工具分析

使用矩形、文本框、横线、中继器等元件完成网站子页界面的制作，使用动态面板元件制作页面的关注情况。通过添加事件和动作，完成点赞、收藏、评论的交互效果。利用中继器元件展示评论数据集。

6.4　实施步骤

网站子页完整版

步骤 1：新建页面，将其命名为“网站子页”，将在网站首页中创建的“网页顶部导航栏”母版拖入该页面并右击，在弹出的快捷菜单中选择“从母版脱离”命令，调整“顶部导航面板”动态面板元件的坐标为 X0:Y0，效果如图 6-2 所示。

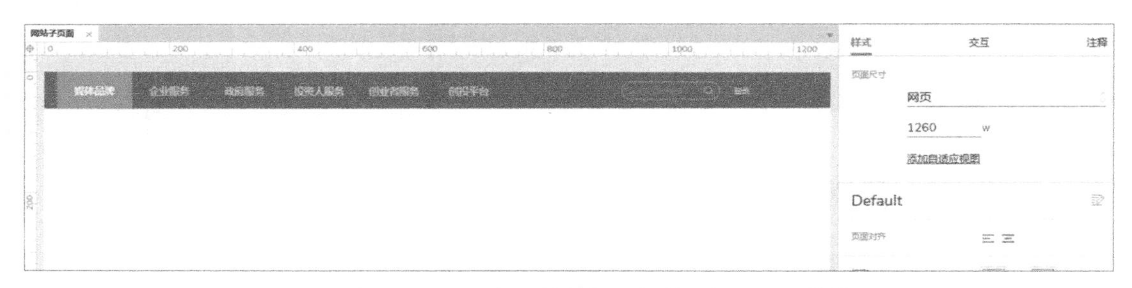

图 6-2　拖入“网页顶部导航栏”母版并进行设置后的效果

步骤 2：拖入标题 1 元件，设置其坐标为 X30:Y60，尺寸为 W800:H140，字体为微软雅黑，字体样式为 Bold，字号为 30，字体颜色为#666666，行距为 42，边距为 30、30、0、0，输入文本内容“XXX 首发丨蓝深新材料获近 2 亿元 D 轮融资，计划于 2023 年申报创业板 IPO”，效果如图 6-3 所示。

步骤 3：拖入标题 3 元件，设置其坐标为 X30:Y200，尺寸为 W250:H30，输入文本内容“李安琪 · 2023-02-01 09:00”，设置字体为微软雅黑，字体样式为 Regular，字号为 14，字体颜色为#999999，边距为 30、0、0、0，效果如图 6-4 所示。选中文本内容“李安琪”并右击，在弹出的快捷菜单中选择“插入文字链接”命令，在右侧“交互”窗格中，设置链接到为“链接外部网址 #”，效果如图 6-5 所示。

步骤 4：拖入动态面板元件，将该元件命名为“关注按钮”，设置其坐标为 X280:Y200，尺寸为 W70:H30，并新增两个状态，分别命名为“已关注”和“未关注”，效果如图 6-6 所示。

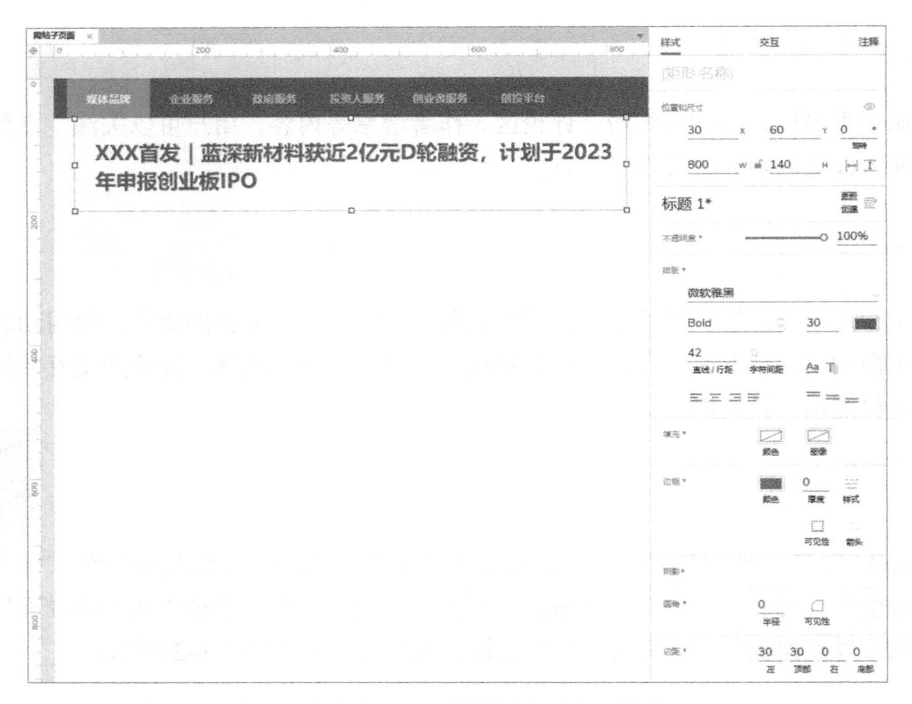

图 6-3　添加标题 1 元件并进行设置后的效果

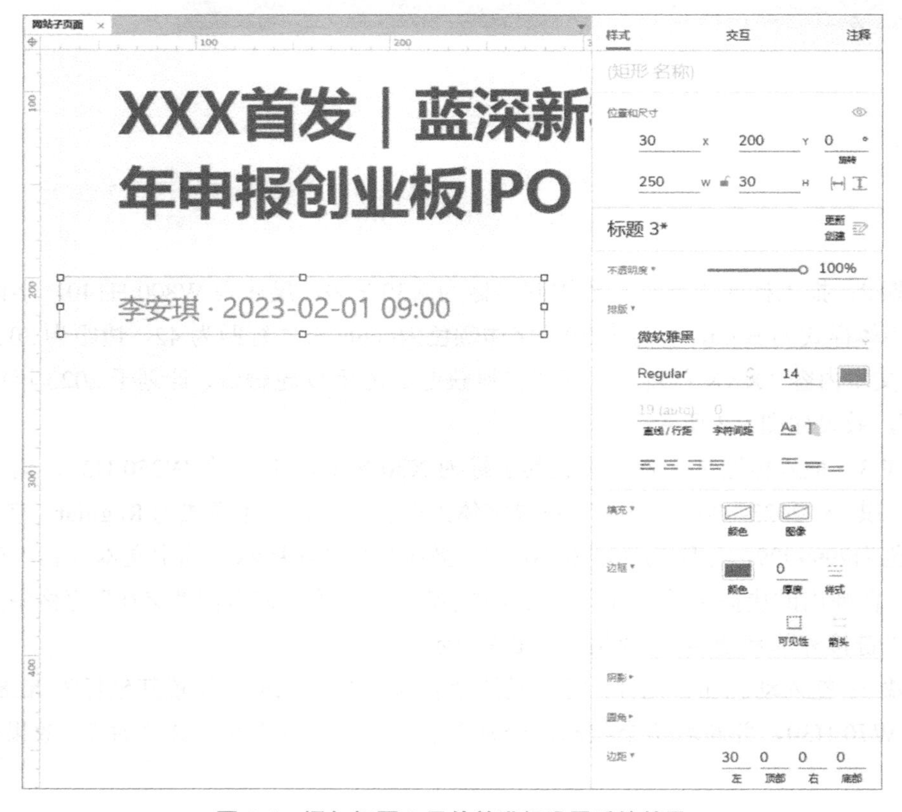

图 6-4　添加标题 3 元件并进行设置后的效果

图 6-5　设置“李安琪”文字链接后的效果

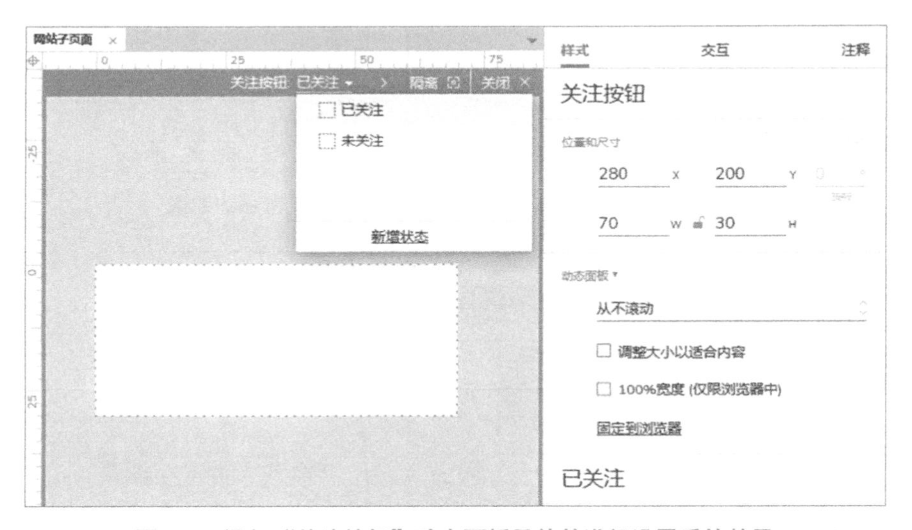

图 6-6　添加“关注按钮”动态面板元件并进行设置后的效果

步骤 5：在“关注按钮”动态面板元件的“已关注”状态中，拖入矩形元件，设置其坐标为 X0:Y0，尺寸为 W70:H30，字体为微软雅黑，字体样式为 Regular，字号为 13，字体颜色为白色，填充颜色为#409EFF，圆角半径为 5，输入文本内容“已关注”，效果如图 6-7 所示。

设置交互样式效果：鼠标悬停时填充颜色为#66B1FF，鼠标按下时填充颜色为#2B85E4，禁用时不透明度为 70%，如图 6-8 所示。

步骤 6：复制“已关注”矩形元件到“未关注”状态中，设置其坐标为 X0:Y0，将文本内容修改为“+关注”，效果如图 6-9 所示。

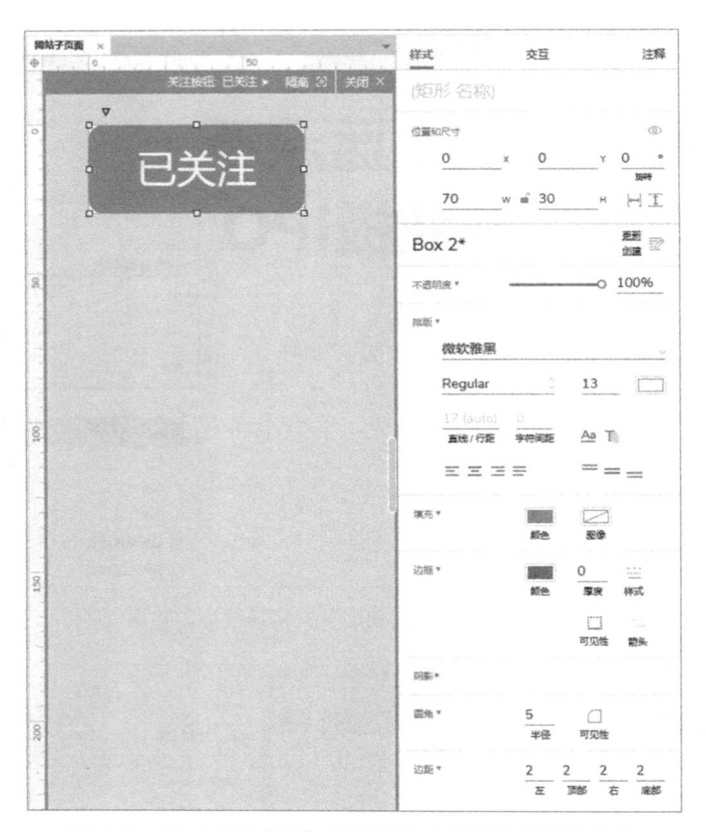

图 6-7　添加“已关注”矩形元件并进行设置后的效果

图 6-8　设置“已关注”矩形元件的交互样式效果

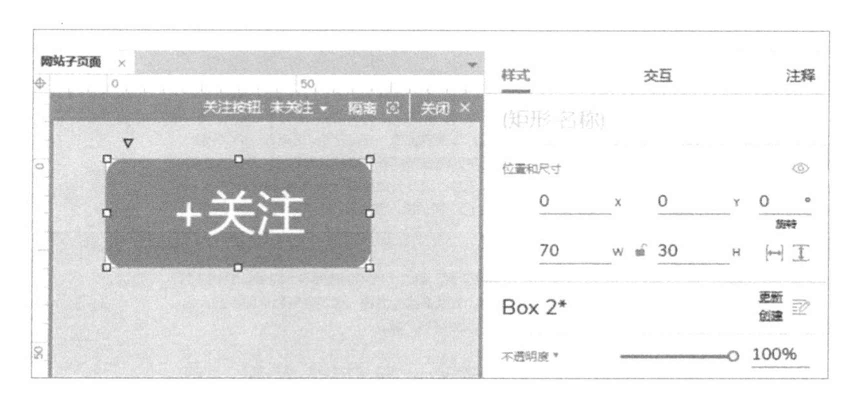

图 6-9　复制“已关注”矩形元件并进行设置后的效果

步骤 7：回到初始页面，选择“关注按钮”动态面板元件，设置交互用例。新建交互“鼠标单击时”，添加“设置面板状态”动作，设置目标元件为“关注按钮”，状态为“下一个”，勾选“从最后一个到第一个自动循环”复选框，如图 6-10 所示。

图 6-10　设置“关注按钮”动态面板元件的交互用例

步骤 8：将文本元件拖入页面并命名为“文本内容”，设置其坐标为 X30:Y230，尺寸为 W800:H620，字体为微软雅黑，字体样式为 Regular，字号为 16，字体颜色为#262626，行距为 26，边距为 30、30、5、10，输入相应的文本内容，效果如图 6-11 所示。

步骤 9：将图像元件拖入页面，设置其坐标为 X60:Y850，尺寸为 W760:H450，并插入网站子页素材文件夹中的“00”图片素材，效果如图 6-12 所示。

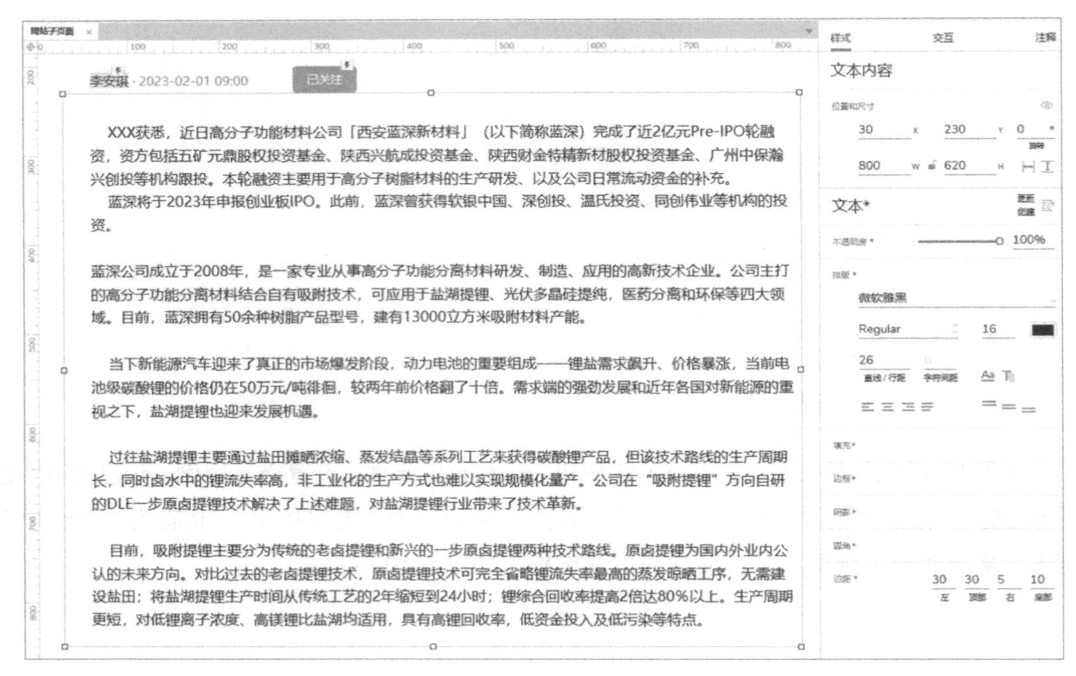

图 6-11　添加“文本内容”文本元件并进行设置后的效果

图 6-12　拖入图像元件并进行设置后的效果 1

步骤 10：将标签元件拖入页面，设置其坐标为 X60:Y1300，尺寸为 W760:H30，字体为微软雅黑，字体样式为 Regular，字号为 14，字体颜色为#999999，文本的对齐方式为左右居中、上下居中，输入文本内容“蓝深新材料的原卤提锂装置”，效果如图 6-13 所示。

步骤 11：复制“文本内容”文本元件，设置其坐标为 X30:Y1330，尺寸为 W800:H730，并修改文本内容，效果如图 6-14 所示。

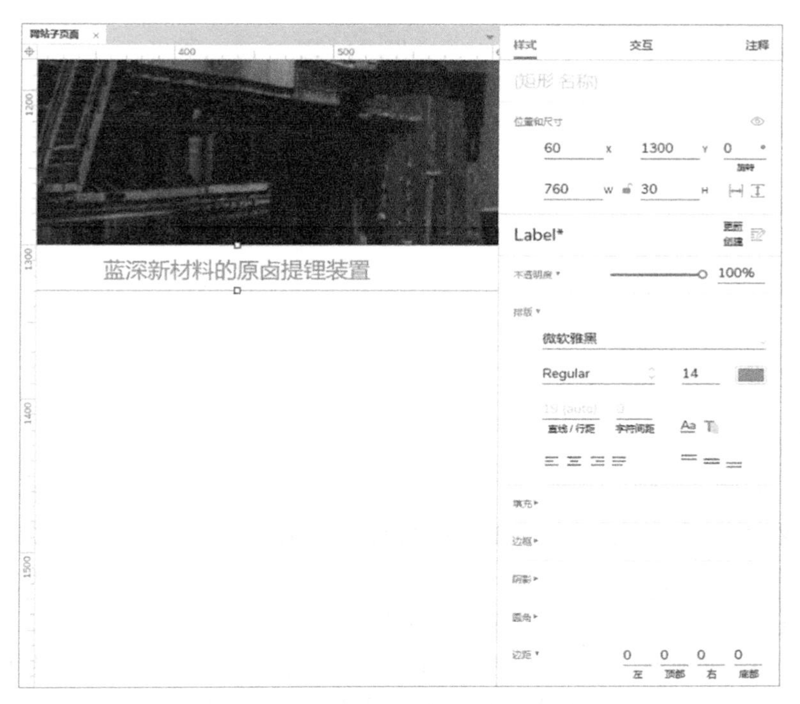

图 6-13　添加标签元件并进行设置后的效果

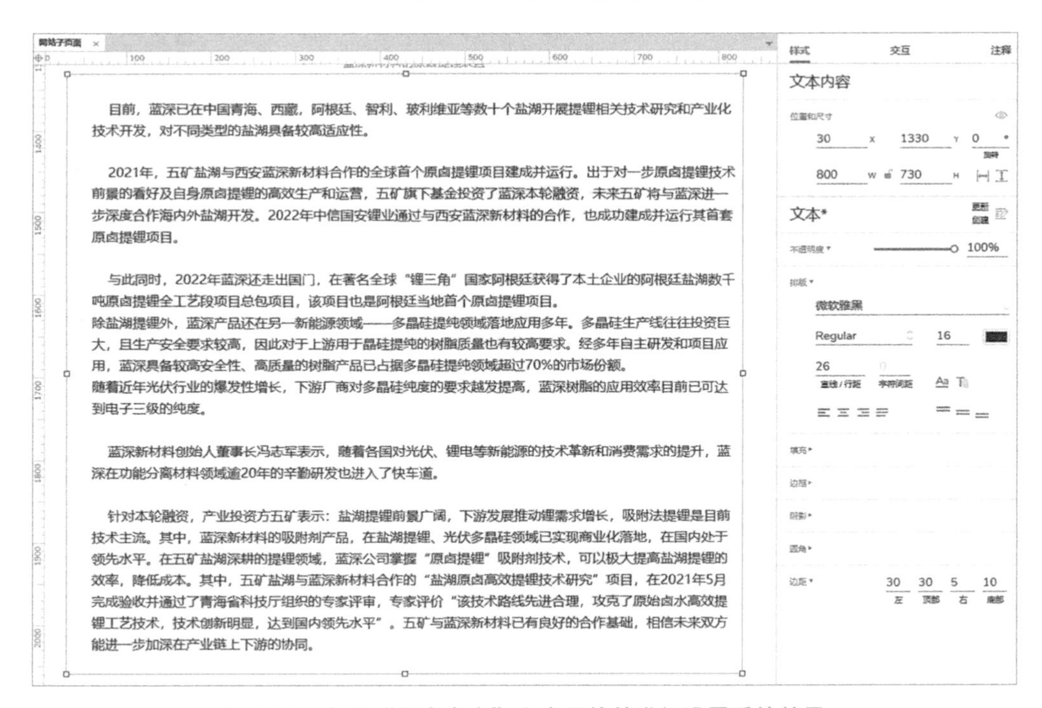

图 6-14　复制“文本内容”文本元件并进行设置后的效果

步骤 12：将动态面板元件拖入页面，并将该元件命名为“点赞”，设置其坐标为 X280:Y2060，尺寸为 W120:H40，效果如图 6-15 所示。

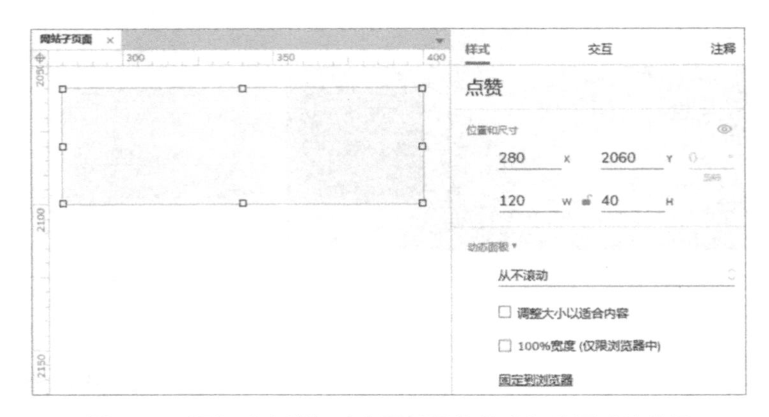

图 6-15　添加“点赞”动态面板元件并进行设置后的效果

步骤 13：双击“点赞”动态面板元件，拖入矩形元件，将该元件命名为“点赞数”，设置其坐标为 X0:Y0，尺寸为 W120:H40，填充颜色为#409EFF，圆角半径为 20，字体为微软雅黑，字体样式为 Regular，字号为 14，字体颜色为白色，输入文本内容“点赞 100”；选择字体图标元件库，搜索“点赞”，找到“点赞 Thumbs-up”字体图标元件，将其插入文本内容“点赞 100”的前面，设置“点赞 Thumbs-up”字体图标元件的字体为 Font Awesome 5 Pro，字体样式为 Regular，字号为 16，字体颜色为白色，效果如图 6-16 所示。

图 6-16　添加“点赞数”矩形元件并进行设置后的效果

步骤 14：为“点赞数”矩形元件设置交互样式效果。设置鼠标悬停时填充颜色为#66B1FF，鼠标按下时填充颜色为#2B85E4，禁用时不透明度为 70%，如图 6-17 所示。

图 6-17　设置“点赞数”矩形元件的交互样式效果

步骤 15：为“点赞数”矩形元件设置交互用例。新建交互“鼠标单击时”，添加“设置选择/选中”动作，设置目标元件为“当前元件”，设置值到“切换”，如图 6-18 所示。

图 6-18　设置“点赞数”矩形元件鼠标单击时交互用例

新建交互“选中”，添加“设置文本”动作，设置目标元件为“当前元件”，复制“点赞数”矩形元件的文本内容到富文本值中，将文本内容“点赞 100”修改为“点赞 101”，如图 6-19 所示。

图 6-19　设置“点赞数”矩形元件选中时交互用例

新建交互“未选中”，添加“设置文本”动作，设置目标元件为“当前元件”，复制“点赞数”矩形元件的文本内容到富文本值中，如图 6-20 所示。

步骤 16：拖入动态面板元件，将该元件命名为“收藏按钮”，设置其坐标为 X480:Y2060，尺寸为 W120:H40，并新增两个状态，分别命名为“未收藏”和“已收藏”，效果如图 6-21 所示。

步骤 17：在“未收藏”状态中拖入矩形元件，设置其坐标为 X0:Y0，尺寸为 W120:H40，填充颜色为白色，边框颜色为#E4E4E4，边框厚度为 1，圆角半径为 20，无边距，字体为微软雅黑，字体样式为 Regular，字号为 16，字体颜色为#999999，输入文本内容“收藏”；选择字体图标元件库，搜索“星星”，选择“星星 Star”字体图标元件，将其插入文本内容“收藏”的前面，设置“星星 Star”字体图标元件的字体为 Font Awesome 5 Pro，字体样式为 Regular，字号为 16，字体颜色为#999999，效果如图 6-22 所示。

图 6-20　设置“点赞数”矩形元件未选中时交互用例

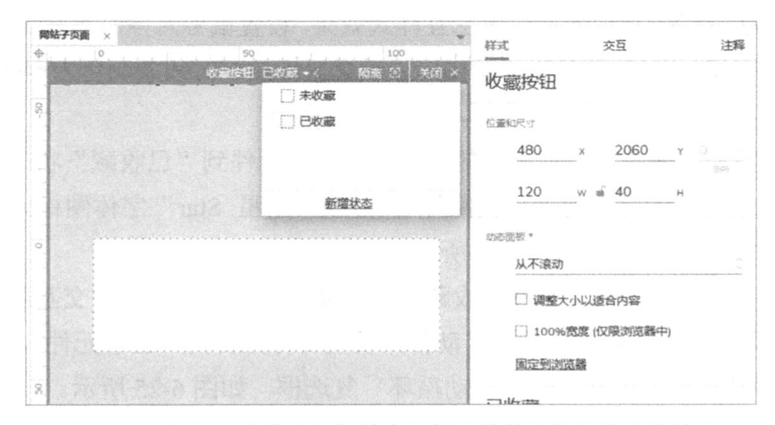

图 6-21　添加“收藏按钮”动态面板元件并进行设置后的效果

图 6-22　添加“收藏”矩形元件并进行设置后的效果

步骤 18：为“收藏”矩形元件设置交互样式效果。设置鼠标悬停时填充颜色为#F0F7FF，字体颜色为#409EFF，线条颜色为#7ABBFF；设置鼠标按下时线条颜色为#409EFF；设置禁用时不透明度为 70%，如图 6-23 所示。

步骤 19：复制“未收藏”状态中的“收藏”矩形元件到“已收藏”状态中，设置其坐标为 X0:Y0，修改文本内容为“已收藏”，并修改“星星 Star”字体图标元件的字体样式“Regular”为“Solid”，效果如图 6-24 所示。

步骤 20：回到初始页面，选择“收藏按钮”动态面板元件，设置交互用例。新建交互“鼠标单击时”，添加“设置面板状态”动作，设置目标元件为“当前元件”，状态为“下一个”，并勾选“从最后一个到第一个自动循环”复选框，如图 6-25 所示。

图 6-23　设置“收藏”矩形元件的交互样式效果

图 6-24　复制“收藏”矩形元件并进行设置后的效果

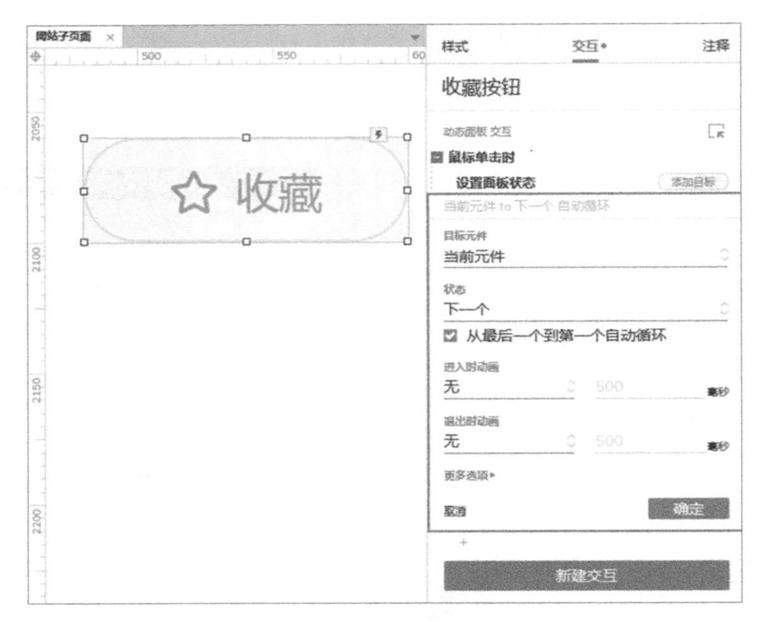

图 6-25　设置“收藏按钮”动态面板元件的交互用例

步骤 21：将横线元件拖入页面，设置其坐标为 X30:Y2130，宽度为 800，边框颜色为#D7D7D7，效果如图 6-26 所示。

图 6-26　拖入横线元件并进行设置后的效果 1

步骤 22：将标题 3 元件拖入页面，并将该元件命名为“说明”，设置其坐标为 X30:Y2160，尺寸为 W400:H40，字体为微软雅黑，字体样式为 Regular，字号为 12，字体颜色为#999999，文本的对齐方式为左对齐、上下居中，边距为 30、0、0、0，输入文本内容“本文由「李安琪」原创出品，违规转载必究。”，效果如图 6-27 所示。

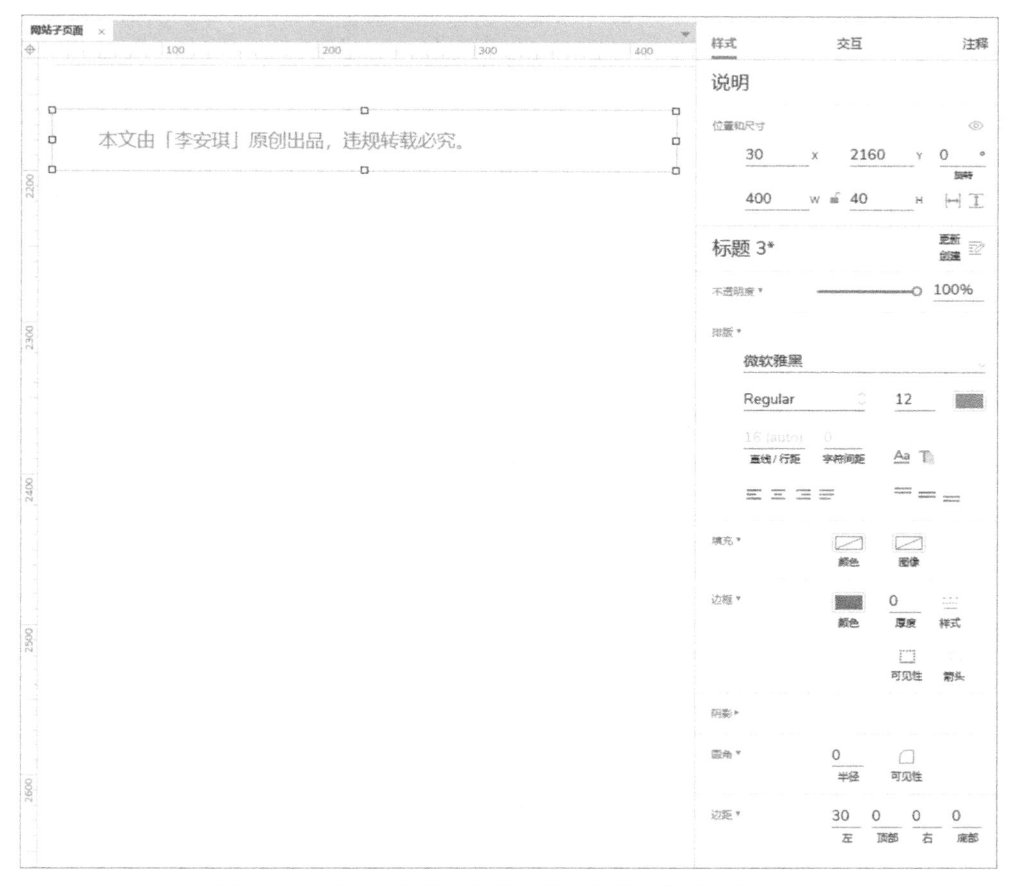

图 6-27　添加“说明”标题 3 元件并进行设置后的效果

步骤 23：复制“说明”标题 3 元件，设置其坐标为 X420:Y2160，尺寸为 W250:H40，修改文本内容为“分享到”，将文本的对齐方式修改为右对齐、上下居中，设置边距为 30、0、30、0，效果如图 6-28 所示。

步骤 24：选择字体图标元件库，搜索“QQ”，选择“QQ”字体图标元件并将其拖入页面，设置“QQ”字体图标元件的字体为 Font Awesome 5 Brands，字体样式为 Regular，字号为 20，字体颜色为#999999，坐标为 X670:Y2160，尺寸为 W40:H40，效果如图 6-29 所示。设置交互样式效果：鼠标悬停时字体颜色为#409EFF。

步骤 25：选择字体图标元件库，搜索“微信”，选择“微信”字体图标元件并将其拖入页面，设置“微信”字体图标元件的字体为 Font Awesome 5 Brands，字体样式为 Regular，字号为 20，字体颜色为#999999，坐标为 X720:Y2160，尺寸为 W40:H40，效果如图 6-30 所示。设置交互样式效果：鼠标悬停时字体颜色为#409EFF。

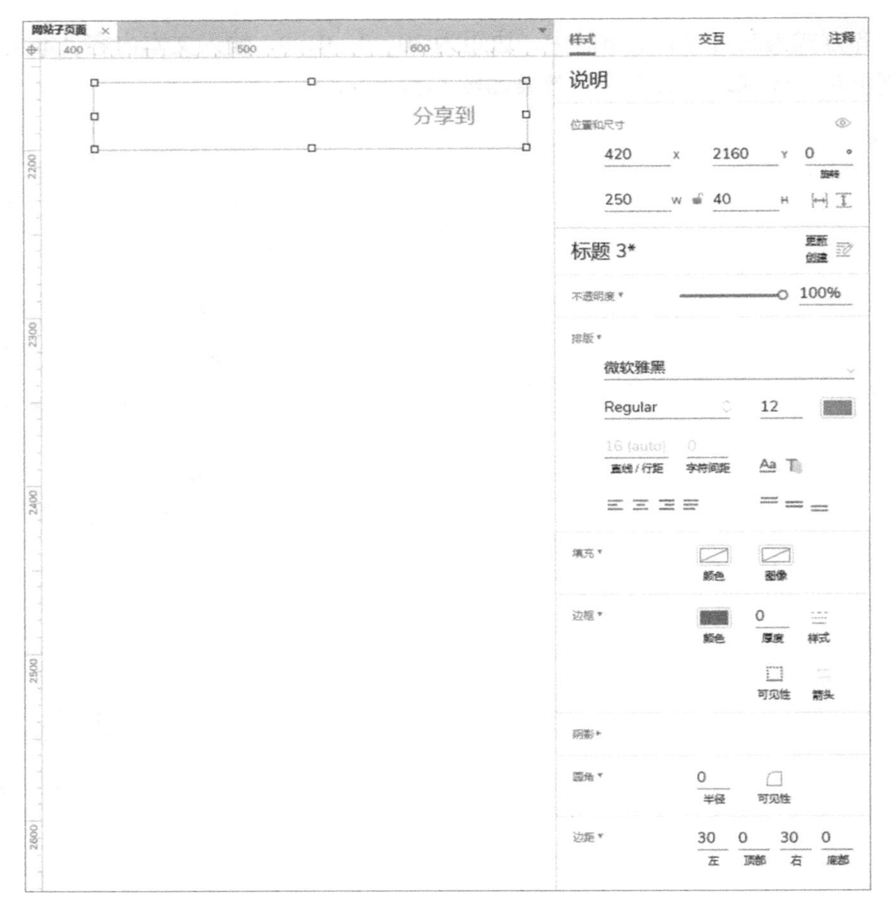

图 6-28　复制“说明”标题 3 元件并进行设置后的效果

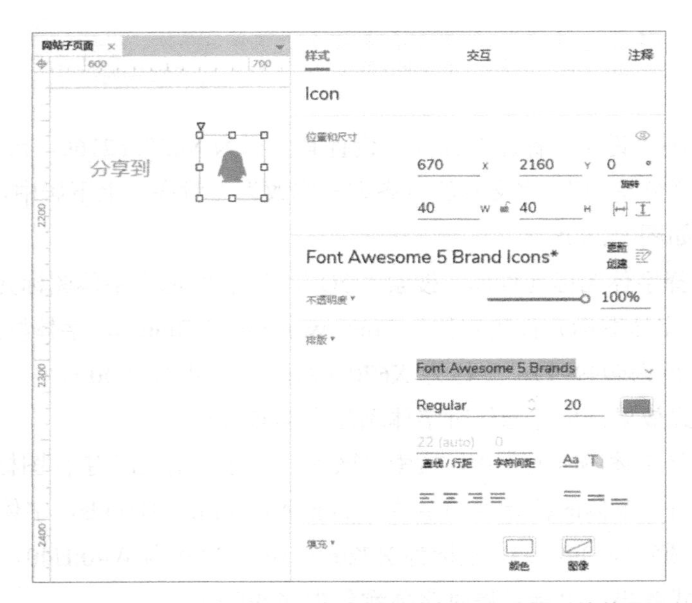

图 6-29　添加“QQ”字体图标元件并进行设置后的效果

图 6-30　添加“微信”字体图标元件并进行设置后的效果

步骤 26：选择字体图标元件库，搜索“新浪微博”，选择“新浪微博”字体图标元件并将其拖入页面，设置“新浪微博”字体图标元件的字体为 Font Awesome 5 Brands，字体样式为 Regular，字号为 20，字体颜色为#999999，坐标为 X770:Y2160，尺寸为 W40:H40，效果如图 6-31 所示。设置交互样式效果：鼠标悬停时字体颜色为#409EFF。

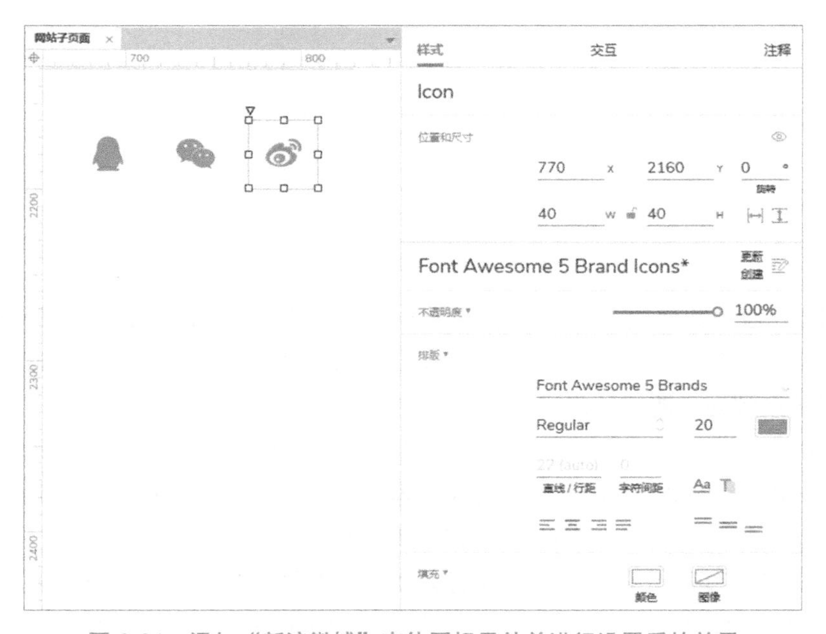

图 6-31　添加“新浪微博”字体图标元件并进行设置后的效果

步骤 27：拖入矩形元件，并将该元件命名为“其他文”，设置其坐标为 X60:Y2230，尺寸为 W360:H100，填充颜色为#F5F5F5，边框颜色为#E4E4E4，边框厚度为 3，设置左边框可见，边距为 20、0、20、0，字体颜色为微软雅黑，行距为 28，文本的对齐方式为左对齐、上下居中；输入文本内容“上一篇”，设置该文本内容的字体颜色为#999999，字号为 14；输入文本内容“最前线丨理想汽车全员信：2023 年底落地...”，设置该文本内容的字体样式为 Bold，字体颜色为#666666，字号为 16，效果如图 6-32 所示。

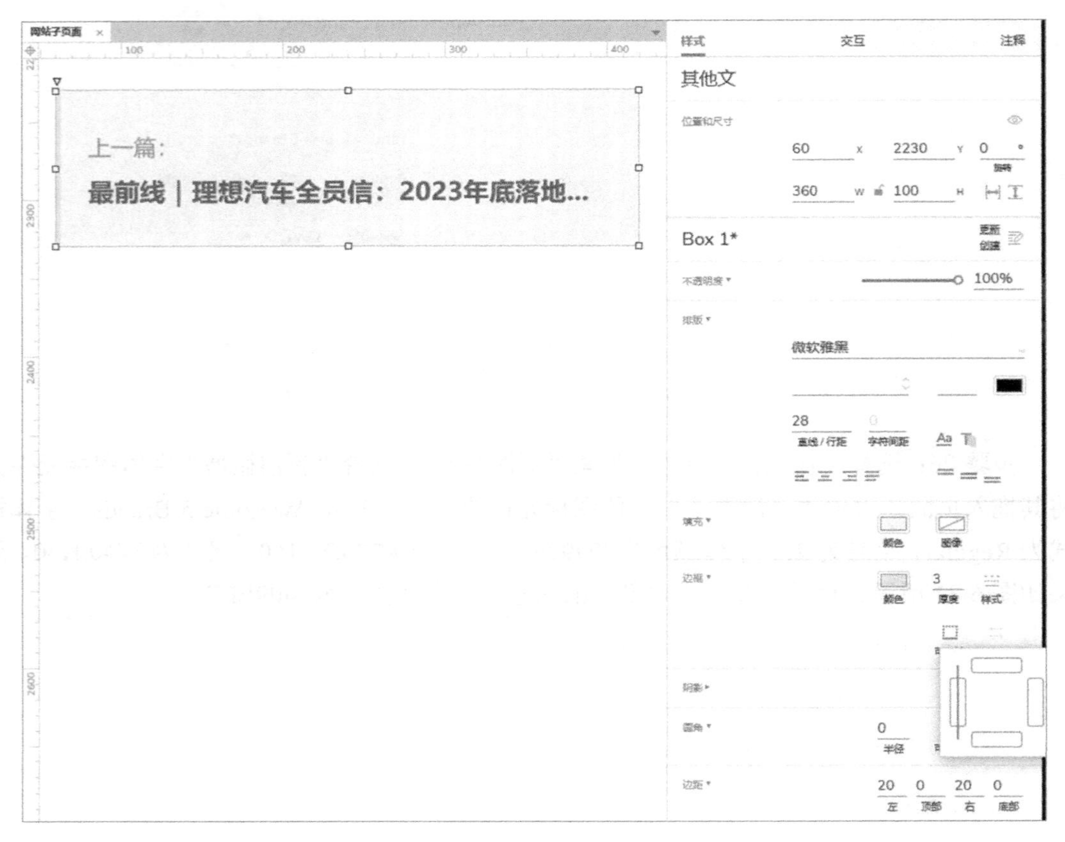

图 6-32　添加“其他文”矩形元件并进行设置后的效果

步骤 28：为“其他文”矩形元件设置交互样式效果。设置鼠标悬停时填充颜色为#409EFF，字体颜色为白色；设置交互用例，新建交互“鼠标单击时”，添加“打开链接”动作，设置链接到为“链接外部网址 #”，如图 6-33 所示。

步骤 29：复制“其他文”矩形元件，设置其坐标为 X450:Y2230，修改文本内容“上一篇”为“下一篇”，修改文本内容“最前线丨理想汽车全员信：2023 年底落地...”为“焦点分析丨围攻特斯拉，小鹏华为化身‘价...”，效果如图 6-34 所示。

步骤 30：拖入矩形元件，设置其坐标为 X60:Y2360，尺寸为 W750:H50，无填充，无边框，边距为 2、2、2、2，字体为微软雅黑，文本的对齐方式为左对齐、上下居中；输入文本内容“发布评论”，设置该文本内容的字体样式为 Regular，字号为 14，字体颜色为#666666；输入文本内容“文明上网理性发言，请遵守评论服务协议”，设置该文本内容的字体样式为 Regular，字号为 12，字体颜色为#cccccc，效果如图 6-35 所示。

图 6-33 设置“其他文”矩形元件的交互样式效果

图 6-34 复制“其他文”矩形元件并进行设置后的效果

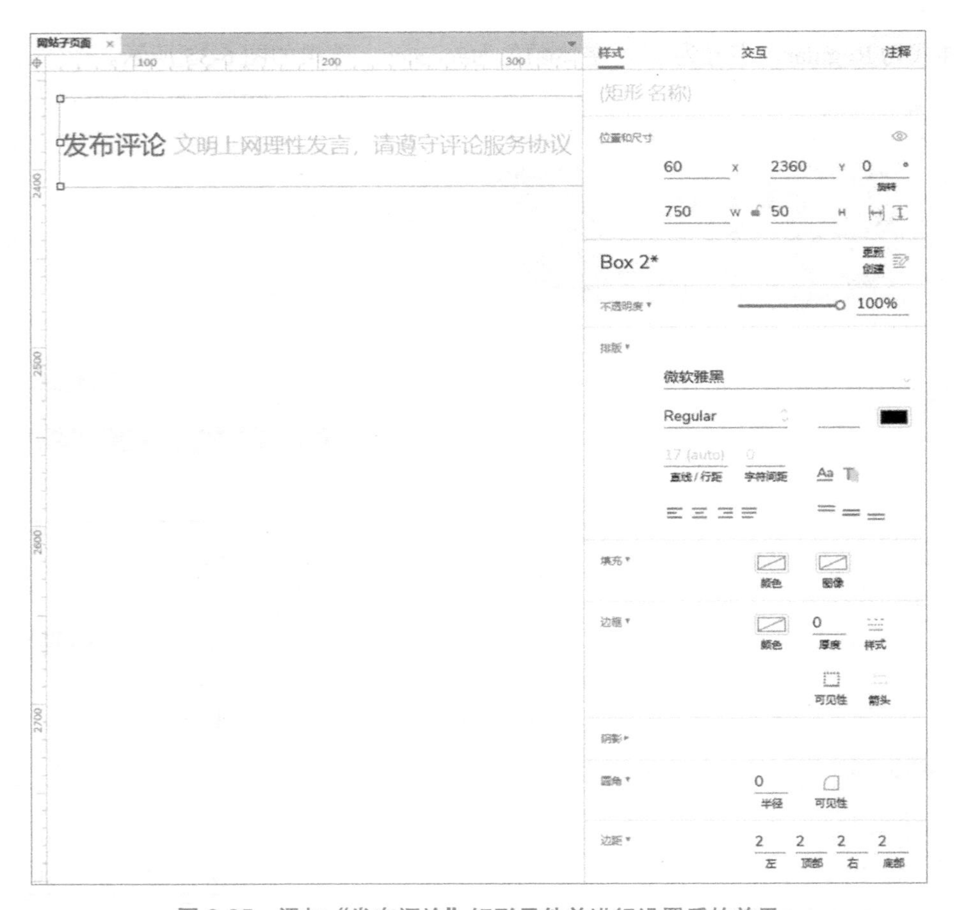

图 6-35　添加“发布评论”矩形元件并进行设置后的效果

步骤 31：拖入动态面板元件，将该元件命名为“评论”，设置其坐标为 X60:Y2420，尺寸为 W750:H160，效果如图 6-36 所示。

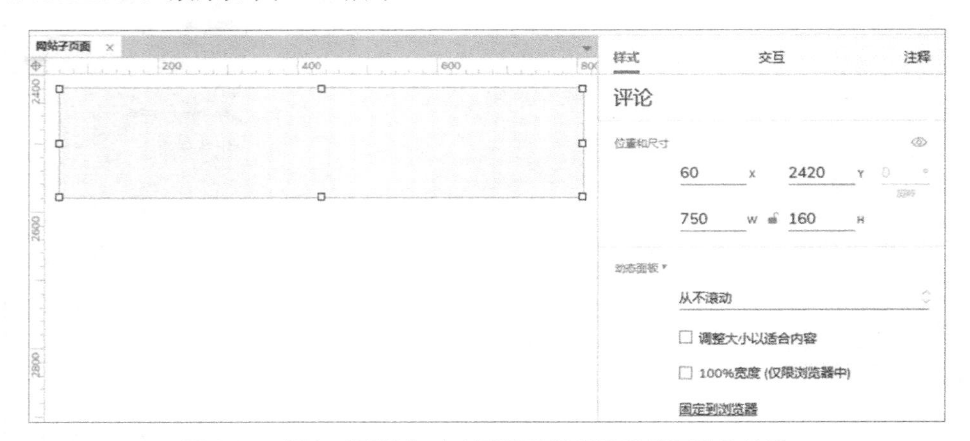

图 6-36　添加“评论”动态面板元件并进行设置后的效果

步骤 32：双击“评论”动态面板元件，拖入图像元件，设置其坐标为 X0:Y0，尺寸为

W50:H50，圆角半径为 25，插入网站子页素材文件夹中的“01”图片素材，效果如图 6-37 所示。

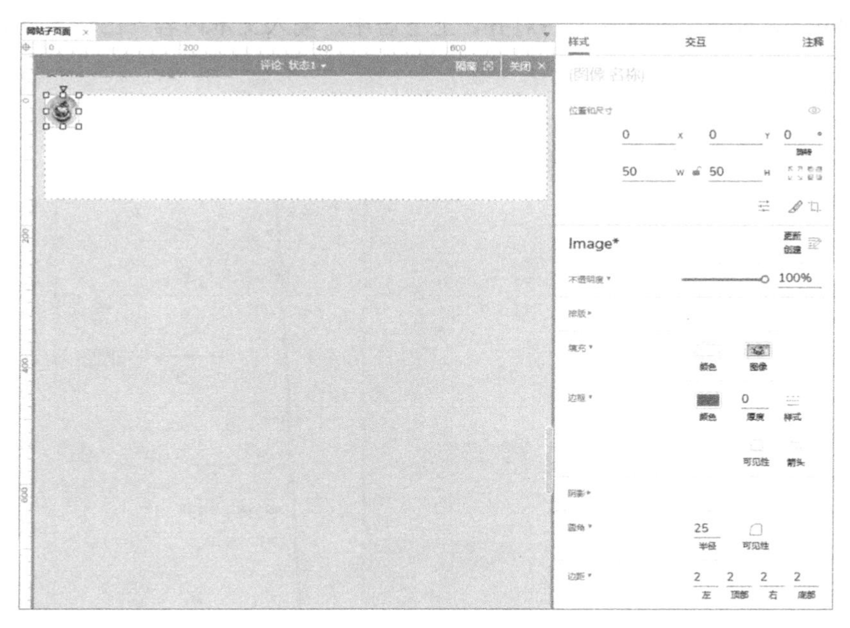

图 6-37　拖入图像元件并进行设置后的效果 2

步骤 33：将多行文本框元件拖入“评论”动态面板元件并命名为“文本域”，设置其坐标为 X70:Y0，尺寸为 W680:H100，边框颜色为#E4E4E4，圆角半径为 5，边距为 10、10、10、10，效果如图 6-38 所示。

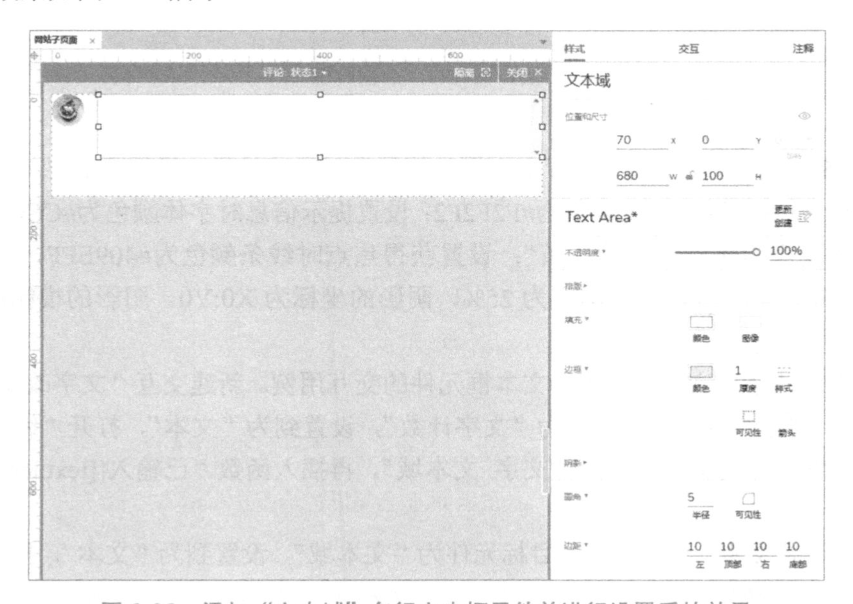

图 6-38　添加“文本域”多行文本框元件并进行设置后的效果

步骤 34：将矩形元件拖入“评论”动态面板元件并命名为“文本计数”，设置其坐标为X625:Y60，尺寸为 W125:H40，无填充，无边框，边距为 2、2、10、2，字号为 12，字体颜色为#999999，文本的对齐方式为右对齐、上下居中，输入文本内容“已输入 0/100”，效果如图 6-39 所示。

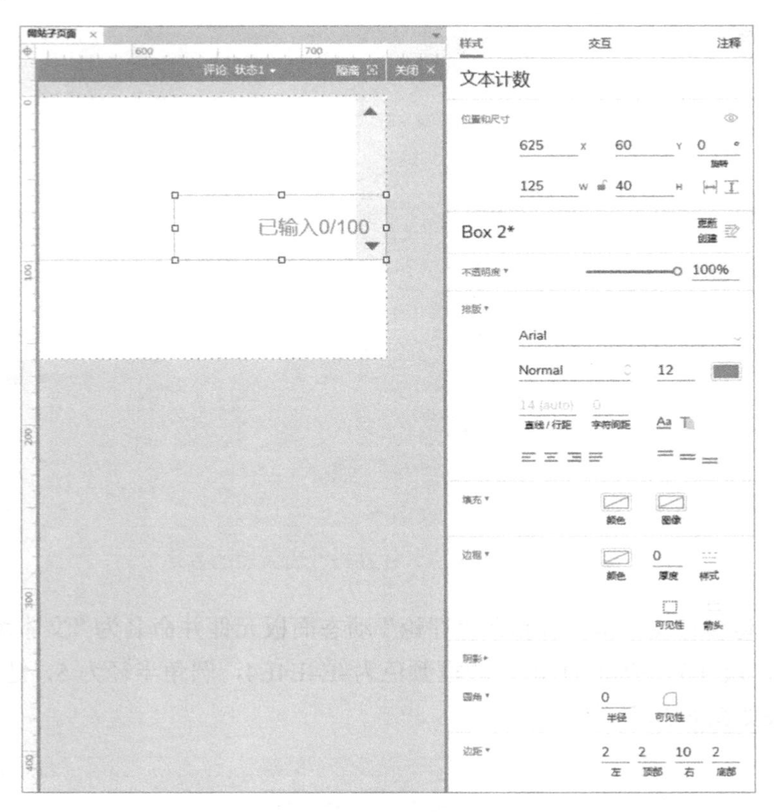

图 6-39　添加“文本计数”矩形元件并进行设置后的效果

步骤 35：设置“文本域”多行文本框元件的交互样式效果。设置鼠标悬停时线条颜色为#409EFF；设置禁用时填充颜色为#F2F2F2；设置提示信息时字体颜色为#CCCCCC，提示文字为“评论千万条，友善第一条”；设置获得焦点时线条颜色为#409EFF，外部阴影颜色为#409EFF，阴影颜色的透明度为 25%，阴影的坐标为 X0:Y0，阴影的模糊度为 5，如图 6-40 所示。

步骤 36：设置“文本域”多行文本框元件的交互用例。新建交互“文字改变时”，添加“设置文本”动作，设置目标元件为“文字计数”，设置到为“文本”，打开“编辑文字”对话框，先新增局部变量“text=元件文字 文本域”，再插入函数“已输入[[text.length]]/100”，如图 6-41 所示。

添加“设置文本”动作，设置目标元件为“文本域”，设置到为“文本”，打开“编辑文字”对话框，先新增局部变量“text=元件文字 文本域”，再插入函数“[[text.substr(0,100)]]”，如图 6-42 所示。

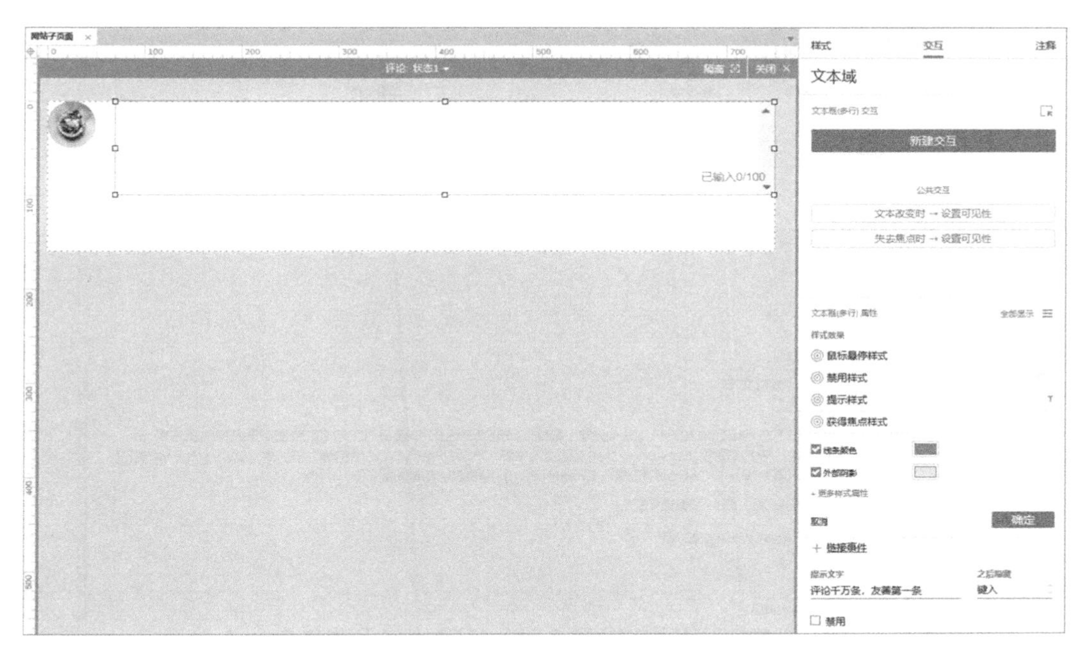

图 6-40　设置“文本域”多行文本框元件的交互样式效果

图 6-41　设置“文本域”多行文本框元件的交互用例 1

图 6-42　设置“文本域”多行文本框元件的交互用例 2

步骤 37：将矩形元件拖入“评论”动态面板元件，设置其坐标为 X660:Y115，尺寸为 W90:H35，无边框，填充颜色为#409EFF，圆角半径为 0，字体为微软雅黑，字体样式为 Regular，字号为 13，字体颜色为白色，输入文本内容“发布”，效果如图 6-43 所示。

设置交互样式效果：鼠标悬停时填充颜色为#66B1FF，鼠标按下时填充颜色为#2B85E4，禁用时不透明度为 70%，效果如图 6-44 所示。

步骤 38：选择字体图标元件库，搜索“笑脸”，选择“表情 Emoji”中的笑脸字体图标元件，并将其拖入“评论”动态面板元件，设置笑脸字体图标元件的字体为 Font Awesome 5 Pro，字体样式为 Light，字号为 18，字体颜色为#999999，文本的对齐方式为左对齐、上下居中，坐标为 X70:Y115，尺寸为 W70:H35。在笑脸字体图标的后面空一格后输入文本内容“表情”，设置文本内容“表情”的字体为微软雅黑，字号为 14，效果如图 6-45 所示。设置交互样式效果：鼠标悬停时字体颜色为#409EFF，如图 6-46 所示。

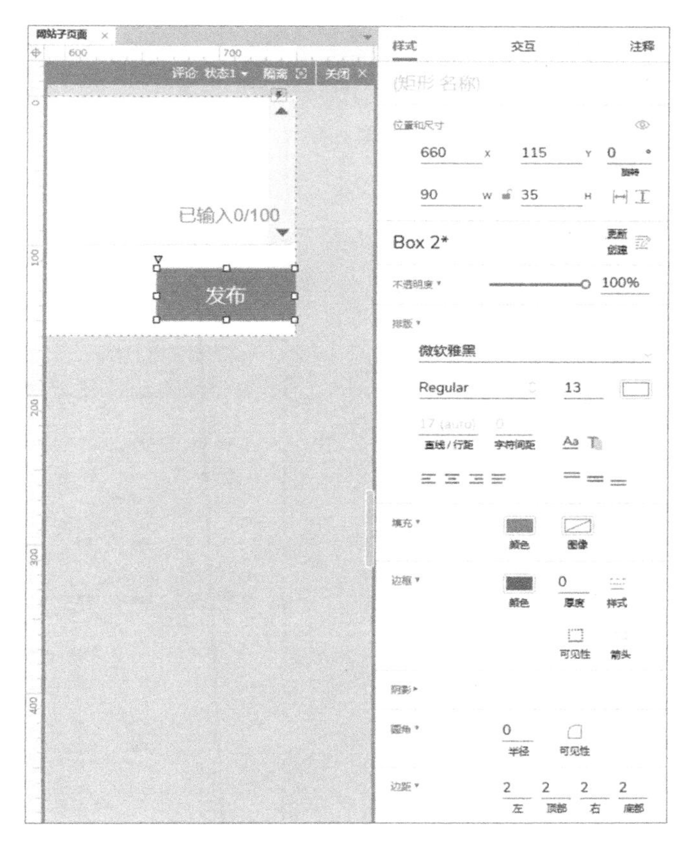

图 6-43　添加“发布”矩形元件并进行设置后的效果

图 6-44　设置“发布”矩形元件的交互样式效果

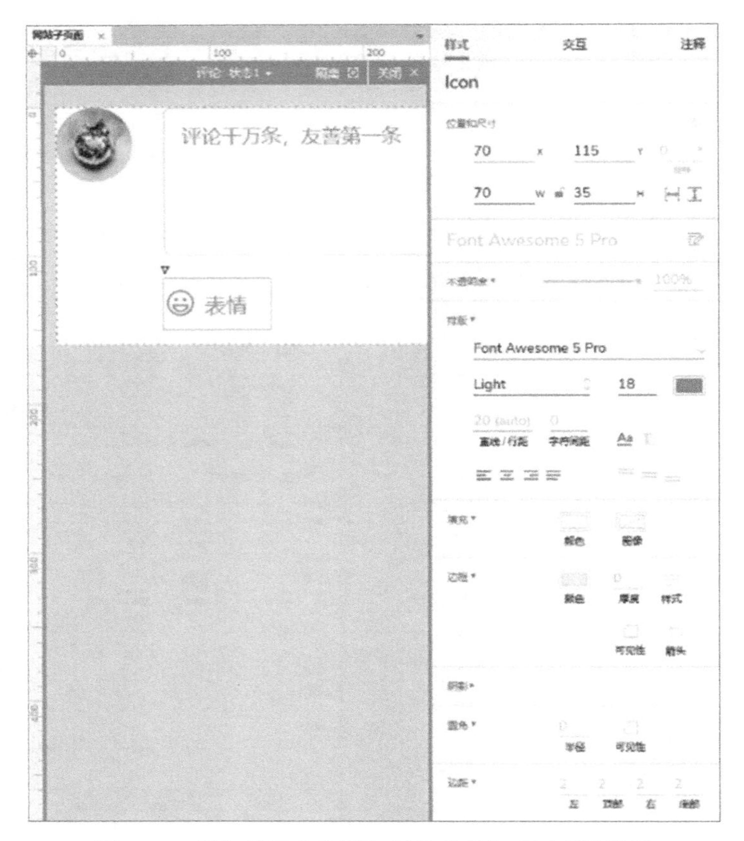

图 6-45　添加笑脸字体图标元件并进行设置后的效果

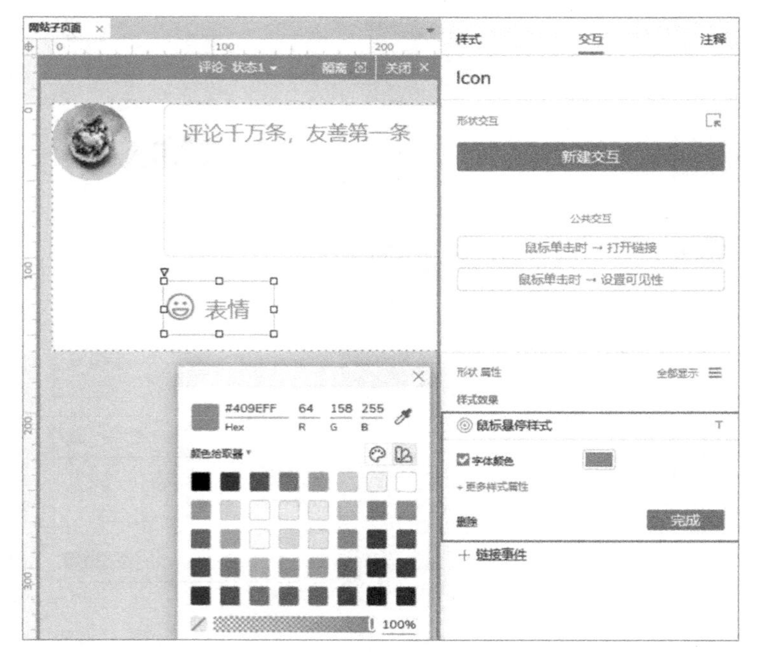

图 6-46　设置笑脸字体图标元件的交互样式效果

步骤 39：回到初始页面，拖入矩形元件，设置其坐标为 X60:Y2580，尺寸为 W750:H50，无填充，边框颜色为#E9E9E9，边框厚度为 1，设置下边框可见，字体为微软雅黑，文本的对齐方式为左对齐、上下居中，输入文本内容“全部评论”，设置该文本内容的字体样式为 Bold，字号为 14，字体颜色为#666666；输入文本内容“1000”，设置该文本内容的字体样式为 Regular，字号为 12，字体颜色为#CCCCCC，效果如图 6-47 所示。

步骤 40：回到初始页面，拖入中继器元件，将该元件命名为“评论列表”，设置其坐标为 X60:Y2630，边距为 0、10、0、30，布局选中“横向”单选按钮，勾选“换行”复选框，设置每行 1 项，效果如图 6-48 所示。

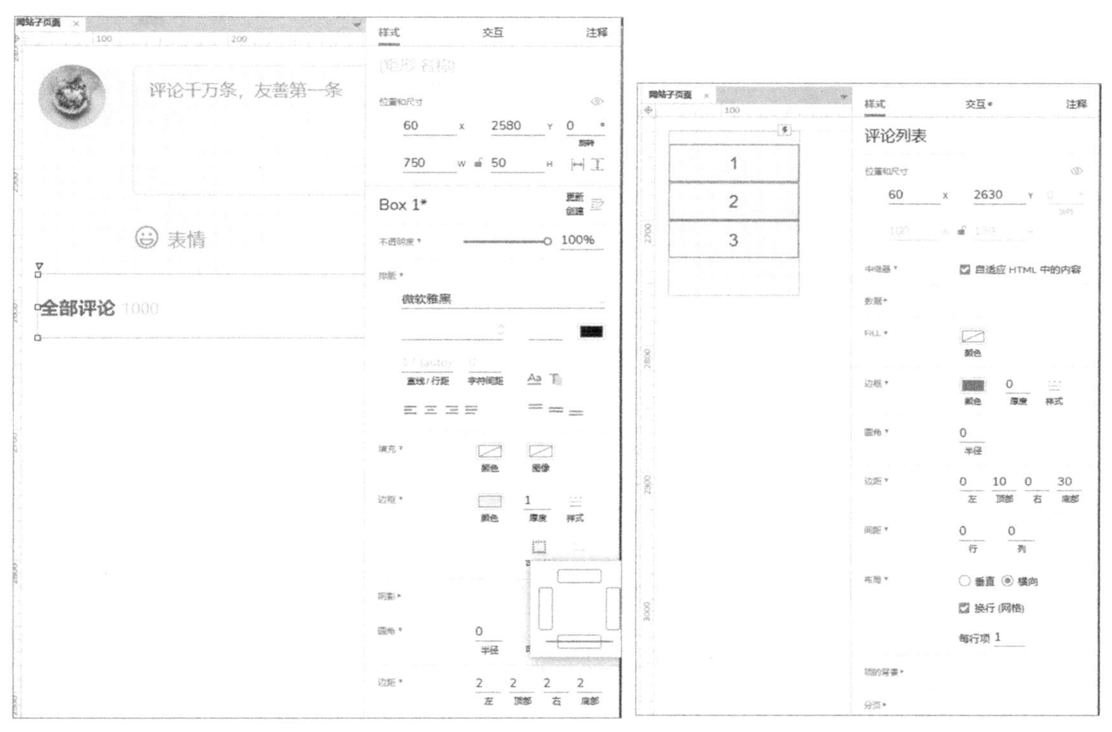

图 6-47　添加“全部评论”矩形元件并进行设置后的效果

图 6-48　添加“评论列表”中继器元件并进行设置后的效果

步骤 41：双击“评论列表”中继器元件，设置当前矩形元件的尺寸为 W750:H130，边框颜色为#F2F2F2，设置下边框可见，效果如图 6-49 所示。

步骤 42：将图像元件拖入“评论列表”中继器元件，并将其命名为“头像”，设置其坐标为 X0:Y20，尺寸为 W50:H50，圆角半径为 25，效果如图 6-50 所示。

步骤 43：将矩形元件拖入“评论列表”中继器元件，并将其命名为“用户名”，设置其坐标为 X60:Y20，尺寸为 W200:H25，无填充，无边框，字体为微软雅黑，字体样式为 Bold，字号为 13，字体颜色为#333333，文本的对齐方式为左对齐、上下居中，边距为 0、0、0、0，输入文本内容“用户名”，效果如图 6-51 所示。

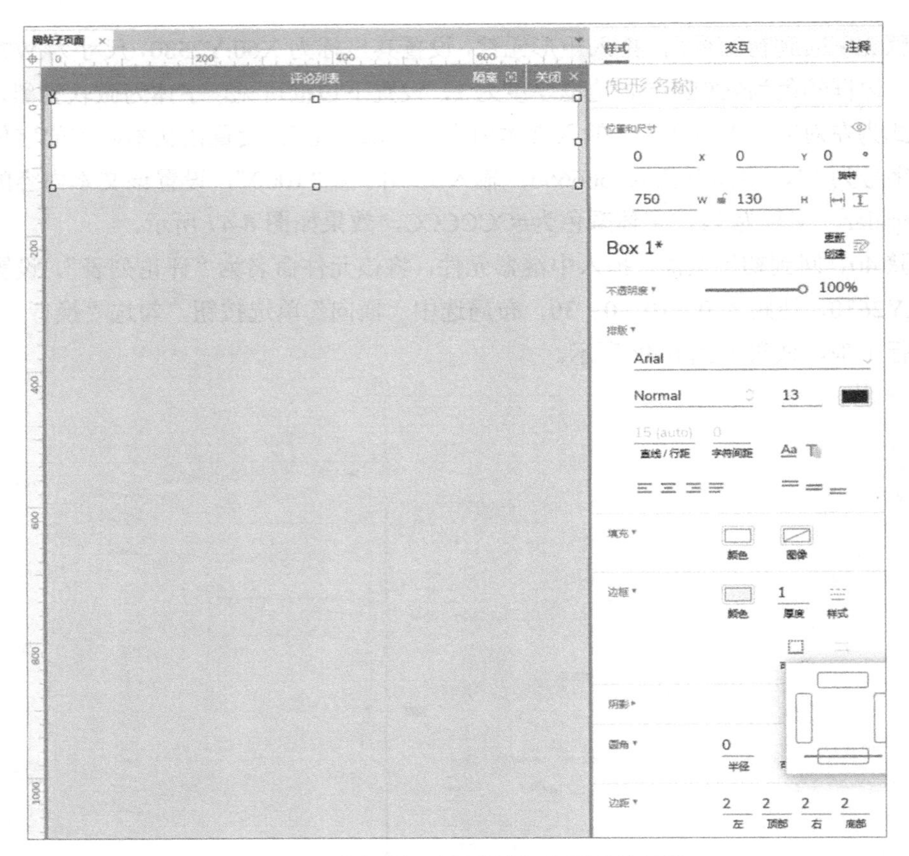

图 6-49　对当前矩形元件进行设置后的效果

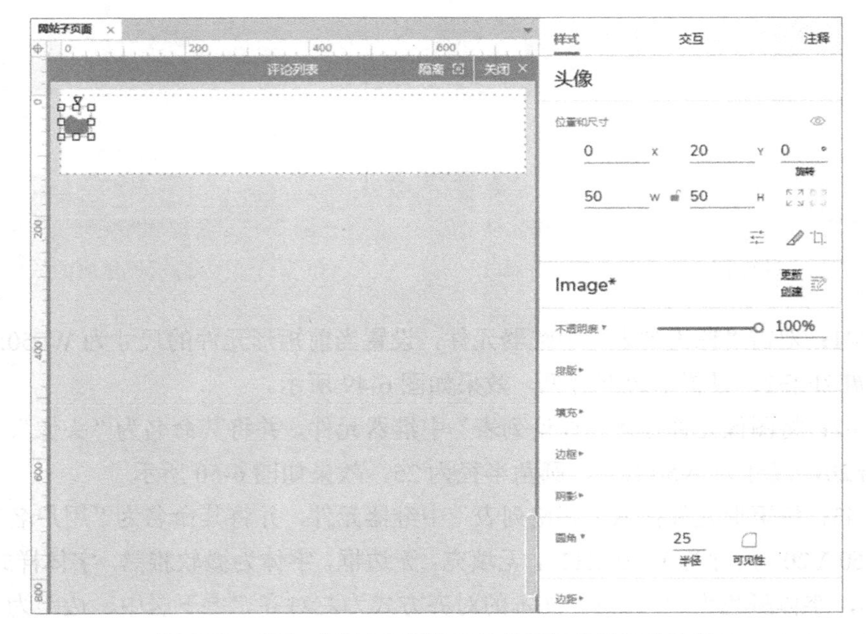

图 6-50　添加“头像”图像元件并进行设置后的效果

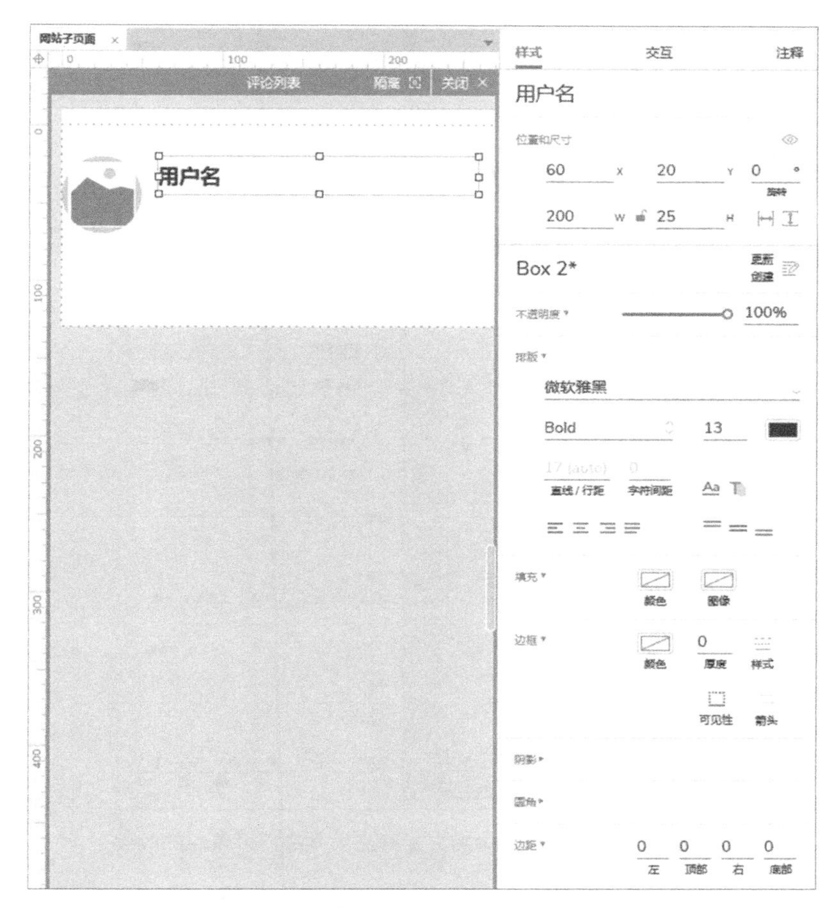

图 6-51　添加“用户名”矩形元件并进行设置后的效果

步骤 44：将矩形元件拖入“评论列表”中继器元件，并将其命名为“评论内容”，设置其坐标为 X55:Y45，尺寸为 W680:H45，无填充，无边框，字体为微软雅黑，字体样式为 Regular，字号为 13，字体颜色为#333333，行距为 24，文本的对齐方式为左对齐、顶部对齐，边距为 0、5、0、0，输入文本内容“评论内容”，效果如图 6-52 所示。

步骤 45：将矩形元件拖入“评论列表”中继器元件，并将其命名为“发布时间”，设置其坐标为 X60:Y90，尺寸为 W150:H25，无填充，无边框，字体为微软雅黑，字体样式为 Regular，字号为 12，字体颜色为#999999，文本的对齐方式为左对齐、上下居中，无边距，输入文本内容“刚刚”，效果如图 6-53 所示。

步骤 46：选择字体图标元件库，搜索“评论”，选择“评论点 Comment Dots”字体图标元件并将其拖入页面，将其命名为“复评”；设置“评论点 Comment Dots”字体图标元件的字体为 Font Awesome 5 Pro，字体样式为 Regular，字号为 13，字体颜色为#CCCCCC，文本的对齐方式为左对齐、上下居中，坐标为 X600:Y90，尺寸为 W60:H25，并在“评论点 Comment Dots”字体图标后输入文本内容“0”，效果如图 6-54 所示。

图 6-52　添加“评论内容”矩形元件并进行设置后的效果

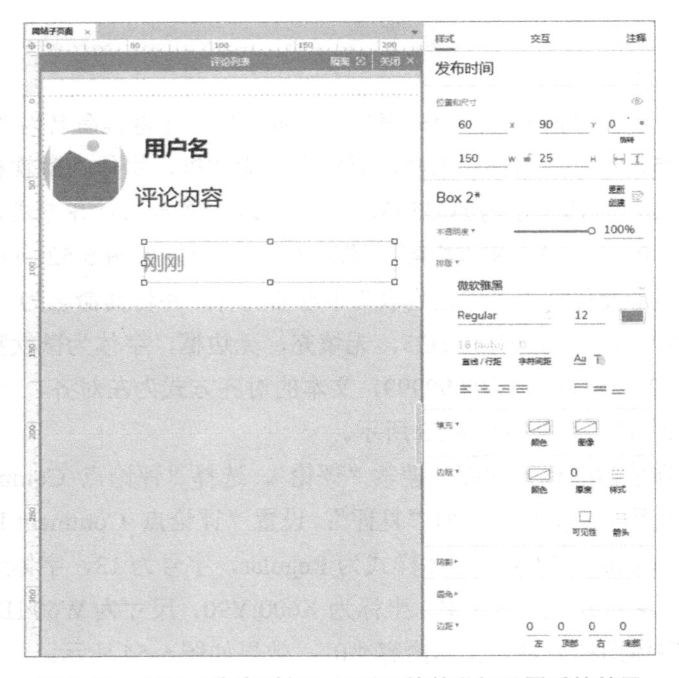

图 6-53　添加“发布时间”矩形元件并进行设置后的效果

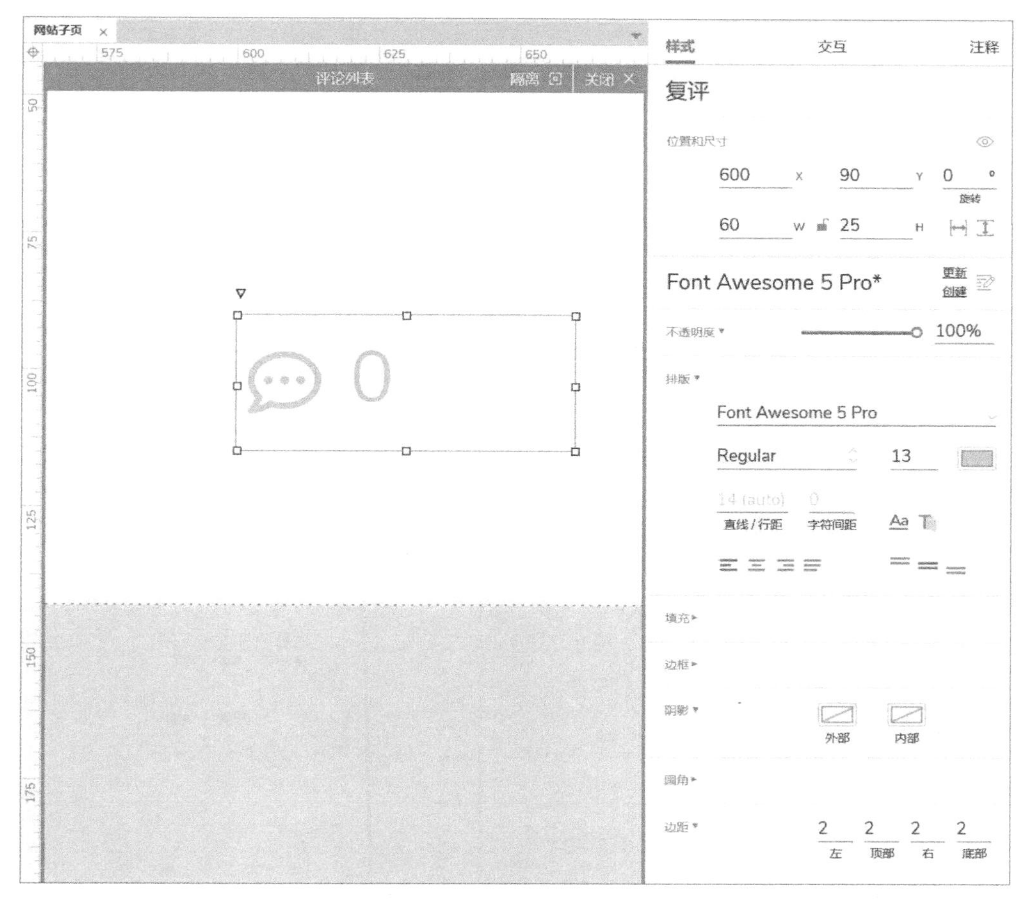

图 6-54　添加“复评”字体图标元件并进行设置后的效果

步骤 47：选择字体图标元件库，搜索“点赞”，选择“点赞 Thumbs-up”字体图标元件并拖入页面，将其命名为“点赞数”；设置“点赞 Thumbs-up”字体图标元件的字体为 Font Awesome 5 Pro，字体样式为 Regular，字号为 13，字体颜色为#CCCCCC，文本的对齐方式为左对齐、上下居中，坐标为 X660:Y90，尺寸为 W60:H25，并在“点赞 Thumbs-up”字体图标后输入文本内容“0”，效果如图 6-55 所示。

步骤 48：为“点赞数”字体图标元件设置交互用例。新建交互“鼠标单击时”，添加“设置选择/选中”动作，设置目标元件为“当前元件”，设置值到“切换”，效果如图 6-56 所示。

新建交互“选中”，添加“设置文本”动作，设置目标元件为“当前元件”，复制“点赞数”矩形元件的文本内容到富文本值中，并修改文本内容“0”为“1”，设置“点赞 Thumbs-up”字体图标元件的字体颜色为#F56C6C，如图 6-57 所示。

新建交互“未选中”，添加“设置文本”动作，设置目标元件为“当前元件”，复制“点赞数”矩形元件的文本内容到富文本值中，如图 6-58 所示。

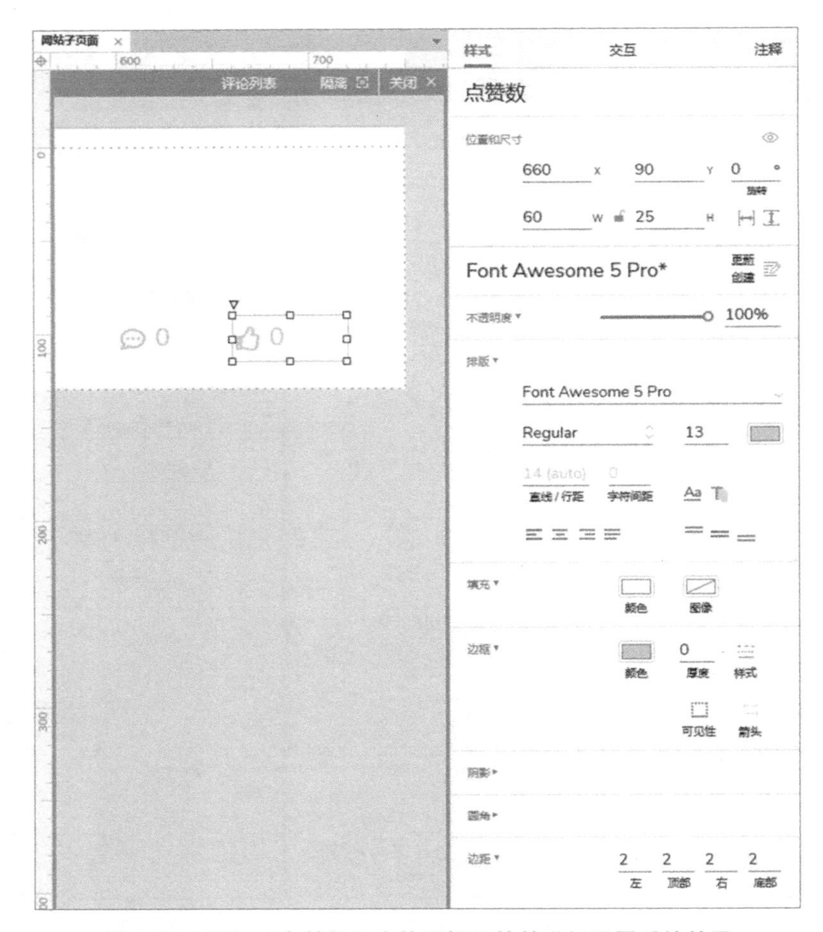

图 6-55　添加“点赞数”字体图标元件并进行设置后的效果

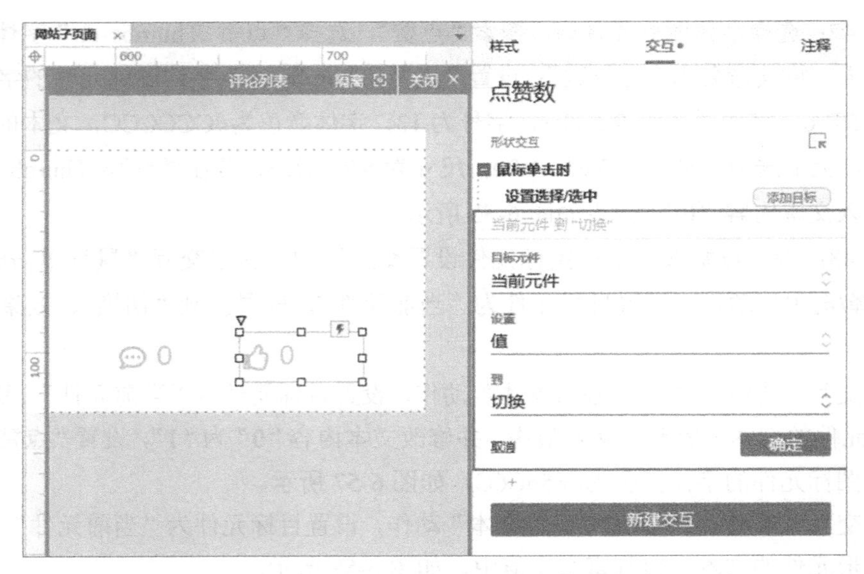

图 6-56　设置“点赞数”字体图标元件鼠标单击时交互用例

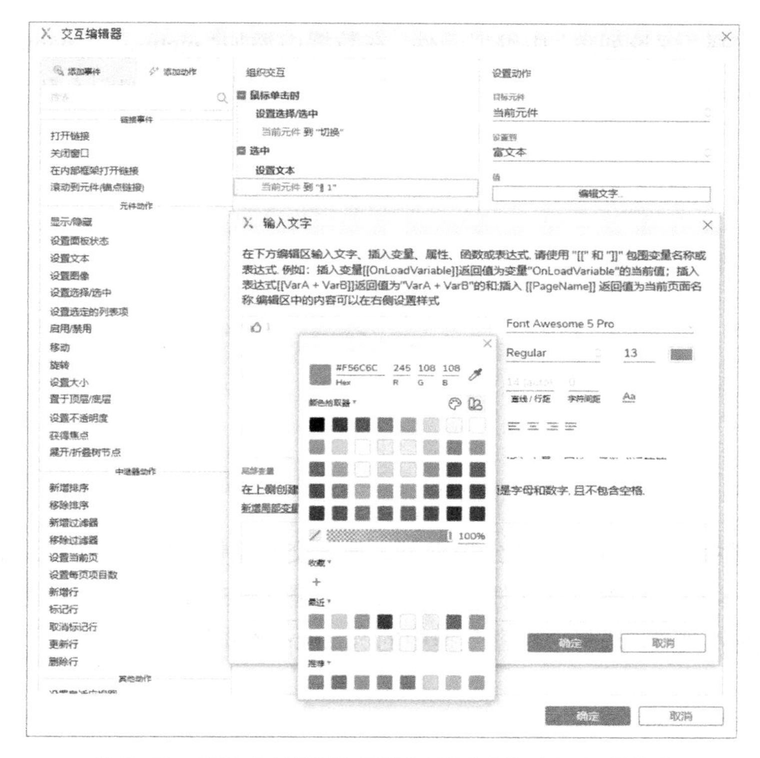

图 6-57　设置“点赞数”字体图标元件选中时交互用例

图 6-58　设置“点赞数”字体图标元件未选中时交互用例

步骤 49：选择“评论列表”中继器元件，在数据中添加“picture”、“name”、“comment”、“time”、“evaluation”和“like”等列，并输入相应的数据，效果如图 6-59 所示。

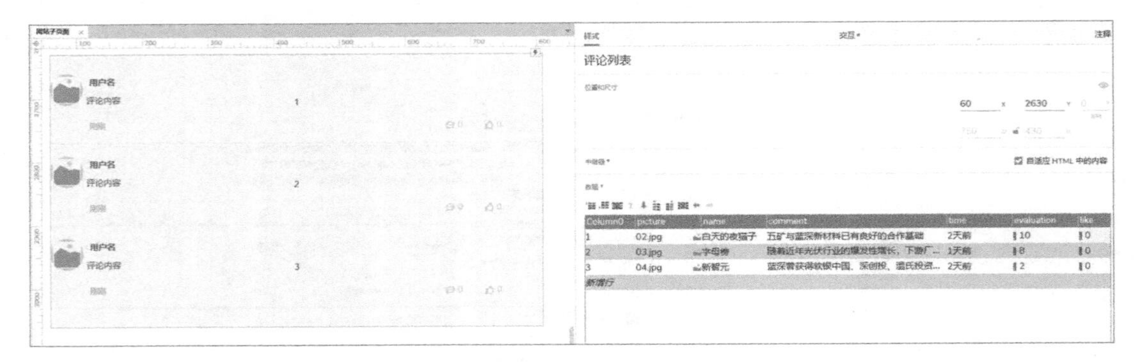

图 6-59　在“评论列表”中继器元件中添加数据后的效果

步骤 50：选择“评论列表”中继器元件，设置交互用例。新建交互“项目加载时”，添加“设置图像”动作，设置目标元件为“头像”，设置 DEFAULT 图像为“值”，打开“编辑文字”对话框插入变量，选择中继器数据中的“Item.picture”，如图 6-60 所示，单击“确定”按钮。

图 6-60　绑定“评论列表”中继器元件中的头像数据

步骤 51：在“项目加载时”交互用例中继续添加“设置文本”动作，设置目标元件为“用户名”，打开“编辑文字”对话框插入变量，选择中继器数据中的“Item.name”，如图 6-61 所示，单击“确定”按钮。

图 6-61 绑定“评论列表”中继器元件中的用户名数据

步骤 52：在“项目加载时”交互用例中继续添加“设置文本”动作，设置目标元件为“评论内容”，打开“编辑文字”对话框插入变量，选择中继器数据中的“Item.comment”，如图 6-62 所示，单击“确定”按钮。

步骤 53：在“项目加载时”交互用例中继续添加“设置文本”动作，设置目标元件为“发布时间”，打开“编辑文字”对话框插入变量，选择中继器数据中的“Item.time”，如图 6-63 所示，单击“确定”按钮。

步骤 54：在“项目加载时”交互用例中继续添加“设置文本”动作，设置目标元件为“复评”，打开“编辑文字”对话框插入变量，选择中继器数据中的“Item.evaluation”，如图 6-64 所示，单击“确定”按钮。

图 6-62　绑定“评论列表”中继器元件中的评论内容数据

图 6-63　绑定“评论列表”中继器元件中的发布时间数据

图 6-64　绑定“评论列表”中继器元件中的复评数据

步骤 55：在“项目加载时”交互用例中继续添加“设置文本”动作，设置目标元件为“点赞数”，打开“编辑文字”对话框插入变量，选择中继器数据中的“Item.like”，如图 6-65 所示。

步骤 56：回到初始页面，拖入动态面板元件，将该元件命名为“浮动”，设置其坐标为 X860:Y60，尺寸为 W370:H400；单击“固定到浏览器”文字链接，在弹出的“固定到浏览器”对话框中设置横向固定为右、边距为 30、垂直固定为顶部，如图 6-66 所示。

步骤 57：双击“浮动”动态面板元件，拖入矩形元件，设置其坐标为 X0:Y0，尺寸为 W370:H400，填充颜色为白色，边框颜色为#CCCCCC，边框厚度为 1，无上边框，效果如图 6-67 所示。

图 6-65　绑定“评论列表”中继器元件中的点赞数数据

图 6-66　添加“浮动”动态面板元件并进行设置

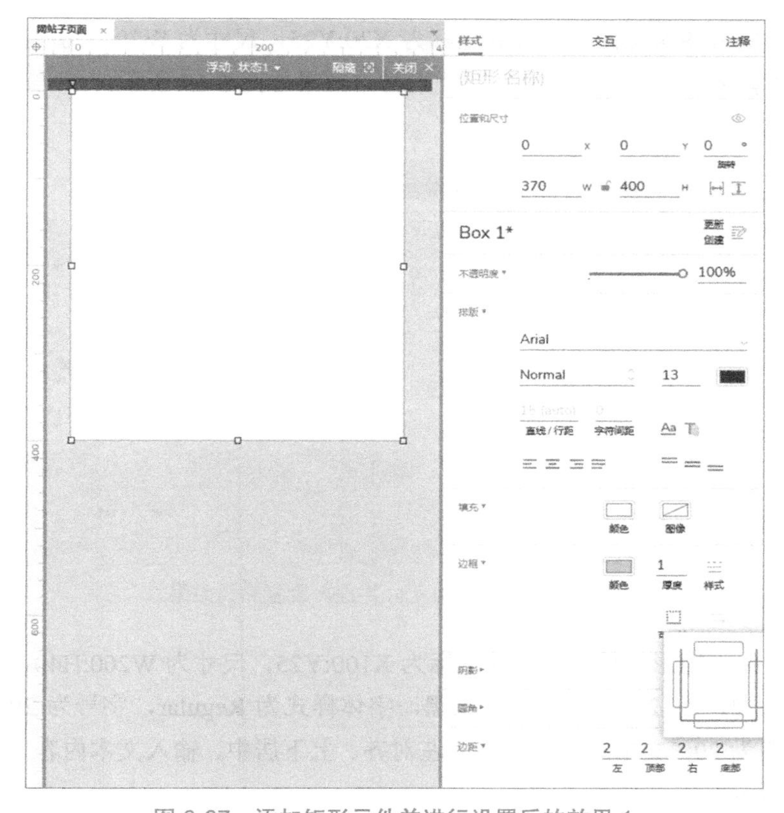

图 6-67 添加矩形元件并进行设置后的效果 1

步骤 58：将横线元件拖入“浮动”动态面板元件，设置其坐标为 X0:Y0，宽度为 370，边框颜色为#409EFF，边框厚度为 5，效果如图 6-68 所示。

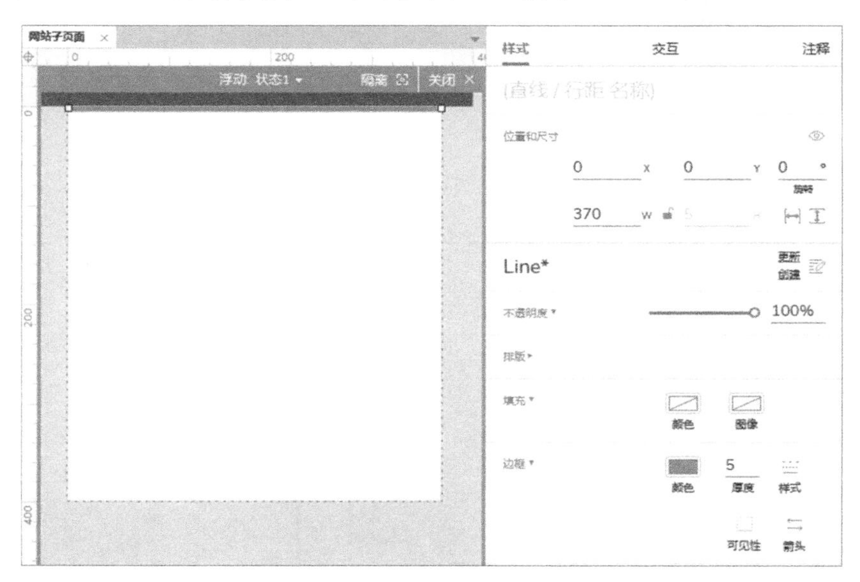

图 6-68 拖入横线元件并进行设置后的效果 2

步骤 59：拖入图像元件，设置其坐标为 X20:Y25，尺寸为 W70:H70，圆角半径为 35，插入网站子页素材文件夹中的“01”图片素材，效果如图 6-69 所示。

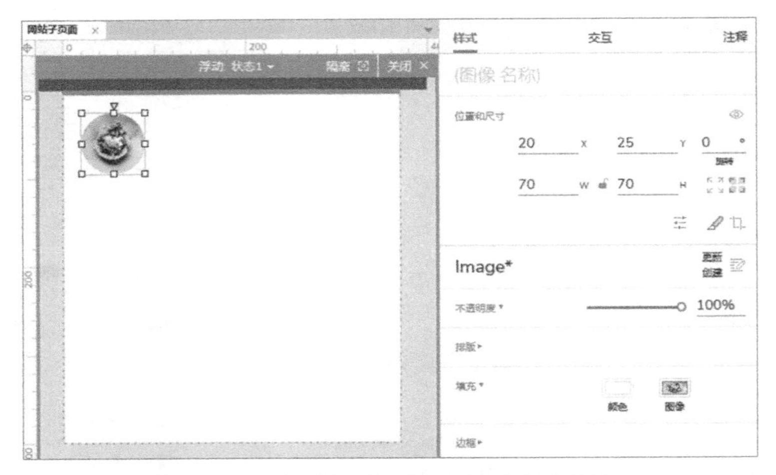

图 6-69　拖入图像元件并进行设置后的效果 3

步骤 60：拖入矩形元件，设置其坐标为 X100:Y25，尺寸为 W200:H40，无边框，无填充，边距为 2、2、2、2，字体为微软雅黑，字体样式为 Regular，字号为 20，字体颜色为 #262626，行距为 20，文本的对齐方式为左对齐、上下居中，输入文本内容“李安琪”，效果如图 6-70 所示。

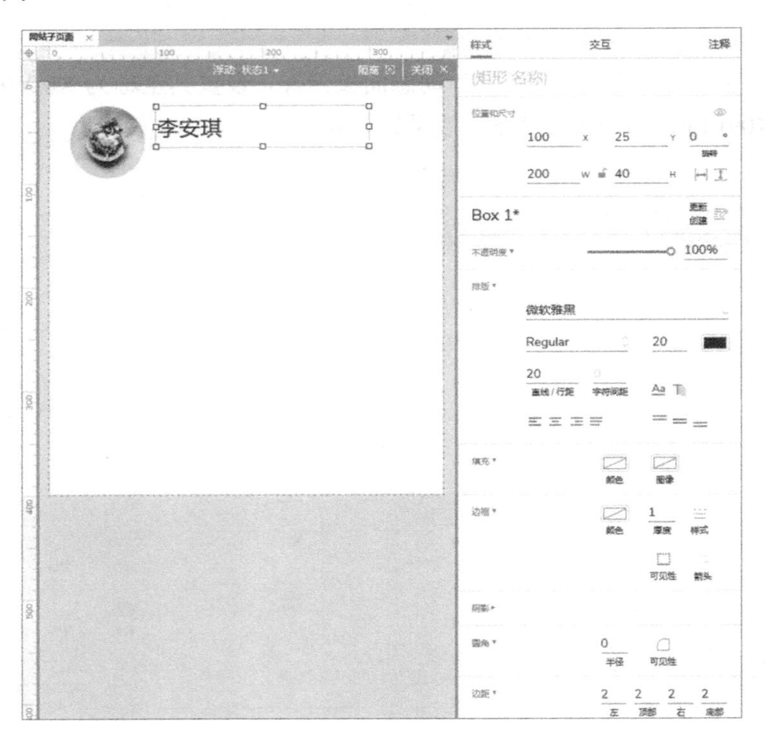

图 6-70　添加“李安琪”矩形元件并进行设置后的效果

步骤 61：拖入矩形元件，设置其坐标为 X100:Y65，尺寸为 W80:H30，无填充，边框颜色为#409EFF，边框颜色的透明度为 50%，边框厚度为 1，边距为 2、2、2、2，字体为微软雅黑，字体样式为 Regular，字号为 14，字体颜色为#409EFF，行距为 20，文本的对齐方式为左右居中、上下居中，输入文本内容“新锐作者”，效果如图 6-71 所示。

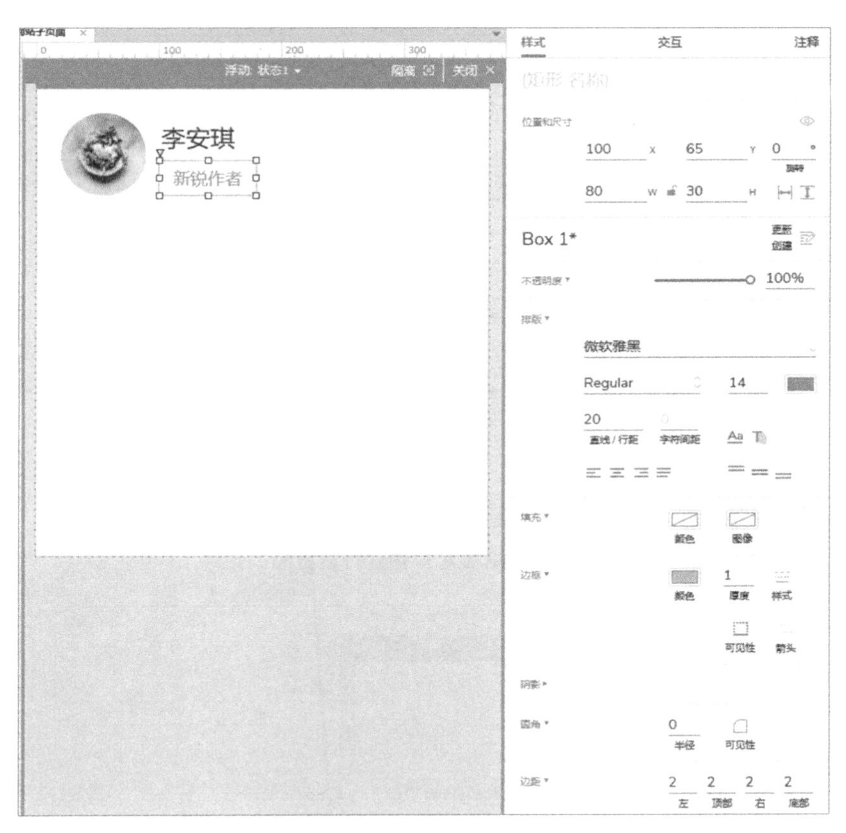

图 6-71　添加“新锐作者”矩形元件并进行设置后的效果

步骤 62：拖入矩形元件，设置其坐标为 X20:Y115，尺寸为 W330:H30，无边框，无填充，边距为 2、2、2、2，字体为微软雅黑，字体样式为 Regular，字号为 14，字体颜色为#787878，行距为 20，文本的对齐方式为左对齐、上下居中，输入文本内容“关注智能出行、自动驾驶，欢迎联系：Lamou1870”，效果如图 6-72 所示。

步骤 63：拖入矩形元件，设置其坐标为 X20:Y152，尺寸为 W330:H20，无填充，左边框颜色为#409EFF，边框厚度为 3，边距为 10、2、2、2，字体为微软雅黑，字体样式为 Regular，字号为 13，字体颜色为#A7A7A7，行距为 20，文本的对齐方式为左对齐、上下居中，输入文本内容“发表文章 170 篇”，效果如图 6-73 所示。

步骤 64：将横线元件拖入动态面板元件，设置其坐标为 X20:Y187，宽度为 330，边框颜色为#CCCCCC，边框厚度为 1，效果如图 6-74 所示。

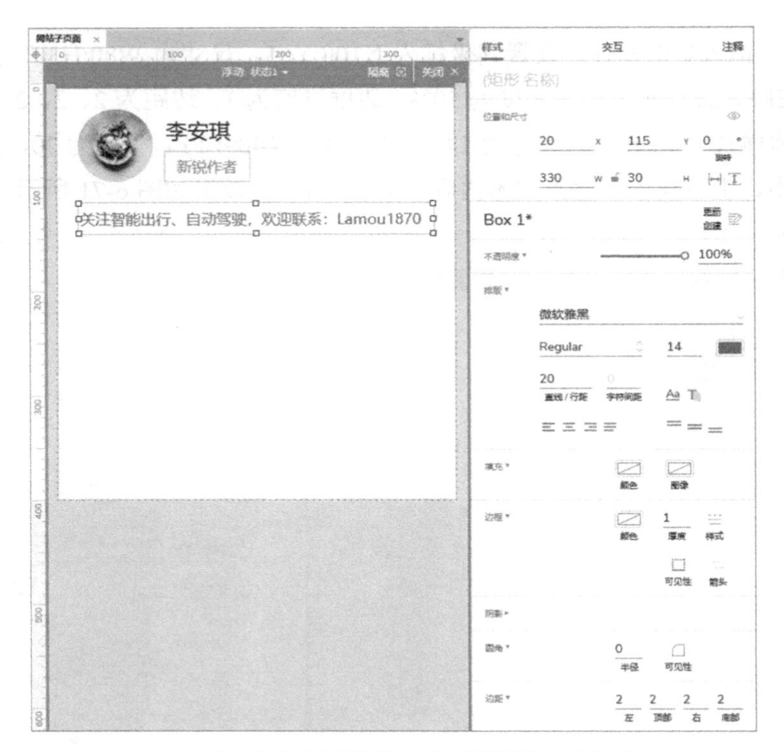

图 6-72　添加矩形元件并进行设置后的效果 2

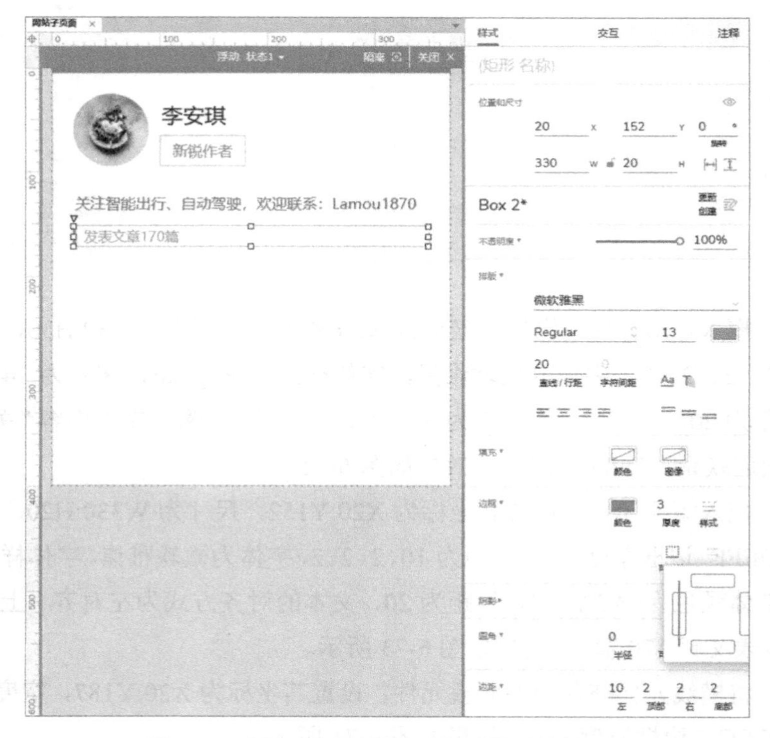

图 6-73　添加矩形元件并进行设置后的效果 3

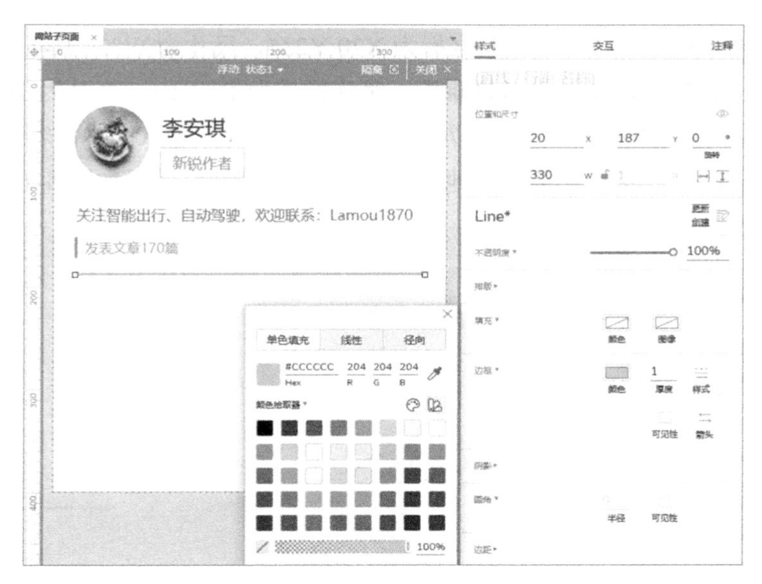

图 6-74　拖入横线元件并进行设置后的效果 3

步骤 65：拖入矩形元件，设置其坐标为 X20:Y204，尺寸为 W330:H20，无填充，左边框颜色为#409EFF，边框厚度为 3，边距为 10、2、2、2，字体为微软雅黑，字体样式为 Regular，字号为 14，字体颜色为#262626，行距为 22，文本的对齐方式为左对齐、上下居中，输入文本内容“最近内容”，效果如图 6-75 所示。

图 6-75　添加“最近内容”矩形元件并进行设置后的效果

步骤 66：拖入矩形元件，设置其坐标为 X20:Y235，尺寸为 W330:H45，无边框，无填充，边距为 2、2、2、2，字体为微软雅黑，字体样式为 Regular，字号为 14，字体颜色为 #262626，行距为 20，文本的对齐方式为左对齐、上下居中，输入文本内容“最前线丨理想汽车全员信：2023 年底落地无须高精地图的城市辅助驾驶”，效果如图 6-76 所示。

图 6-76　添加矩形元件并进行设置后的效果 4

步骤 67：拖入矩形元件，设置其坐标为 X20:Y280，尺寸为 W330:H20，无边框，无填充，边距为 2、2、2、2，字体为微软雅黑，字体样式为 Regular，字号为 12，字体颜色为 #A7A7A7，行距为 20，文本的对齐方式为左对齐、上下居中，输入文本内容“2023-01-01”，效果如图 6-77 所示。

步骤 68：复制步骤 66 和步骤 67 中的矩形元件，设置其坐标为 X20:Y315，修改文本内容为“XXX 首发丨顶皓新材获数千万 A 轮融资，加速电池集流体、隔膜材料产能扩张”，效果如图 6-78 所示。

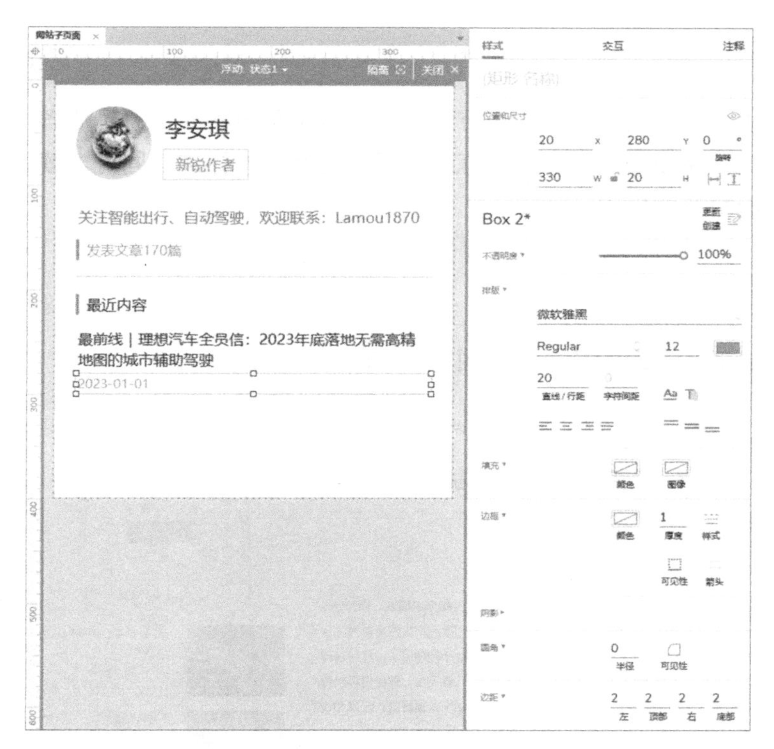

图 6-77 添加“2023-01-01”矩形元件并进行设置后的效果

图 6-78 复制矩形元件并进行设置后的效果

6.5 小结

本章介绍了网站子页界面的制作方法。通过对本章内容的学习，读者能够利用基础元件完成界面布局，熟练应用元件交互基本样式。同时，读者需要掌握页面交互的运用。

网站子页效果预览

网站子页练习题效果预览

6.6 加深练习

网站子页界面练习题的效果图如图 6-79 所示。

图 6-79　网站子页界面练习题的效果图

要求如下：

利用 Axure RP 9 制作网站子页界面的高保真原型，主要包括以下几个方面。

（1）导航栏固定在顶部，其含有主题、下拉菜单、搜索框、“登录”按钮等内容，鼠标单击时呈现交互效果。

（2）根据效果图，利用文本、图像等基础元件设计新闻内容排版。

（3）作者信息含有图标、文本介绍、标题、按钮等内容。

（4）利用中继器元件设计热门作品。

（5）完成头条热榜布局，并复制一份，设置窗口滚动时交互效果。

模块 3

手机界面原型设计

思政课堂

在进行手机界面原型设计时，使用相关图标、文字或引用来传达社会主义核心价值观。通过界面元素和内容展示，强调思政教育对个人和社会的重要性。采用引人注目的设计元素、醒目的字体或标语，以引起用户对思政教育的关注和思考。同时，在界面中倡导文明网络用语和行为，提醒用户遵守网络道德规范和礼仪。

第 7 章　手机引导页界面

7.1　界面效果图

手机引导页界面效果图如图 7-1 所示。

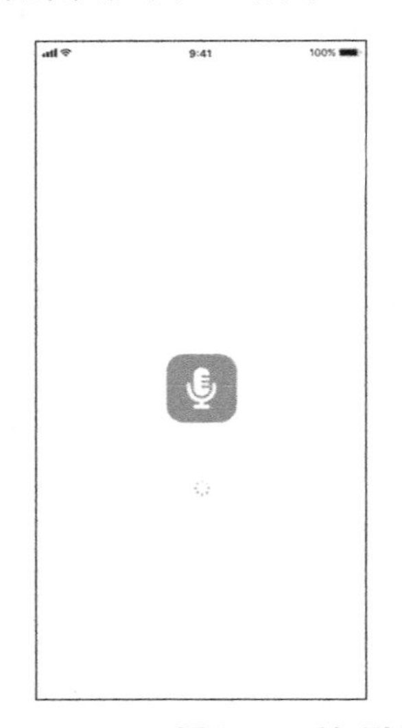

图 7-1　手机引导页界面效果图

7.2 界面分析

用户打开应用程序，会显示应用程序加载中，加载成功后，页面会跳转到广告页面，用户可以选择跳过广告或观看 5 秒的广告内容。

7.3 使用工具分析

使用矩形、文本框、图像等元件完成手机引导页界面的制作，使用动态面板元件制作页面的广告倒计时内容。通过添加事件和动作使倒计时每秒减一，实现倒计时功能。

7.4 实施步骤

手机引导页

步骤 1：新建页面，将其命名为“手机引导页”，将页面尺寸设置成设备类型为 iPhone 11 Pro；将动态面板元件拖入页面，设置其坐标为 X0:Y0，尺寸为 W375:H812，将该动态面板元件命名为“启动页”，新增两个状态，并分别命名为“启动页”和“广告页”，效果如图 7-2 所示。

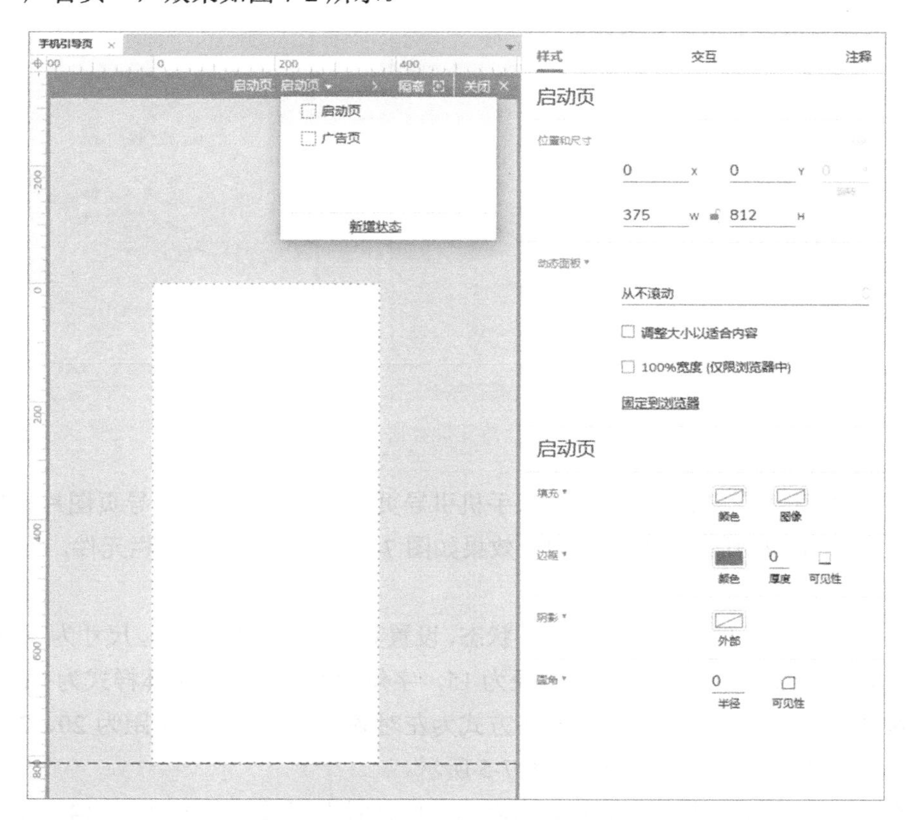

图 7-2 添加“启动页”动态面板元件并进行设置后的效果

步骤 2：双击“启动页”动态面板元件，导入状态栏图片素材到“启动页”状态中，设置其坐标为 X0:Y0；导入加载图片素材，设置其坐标为 X175:Y510，尺寸为 W25:H25；从字体图标元件库中拖入“麦克风 Alternate Microphone”字体图标元件，设置字体样式为 Solid，字号为 48，字体颜色为#FFFFFF，圆角半径为 20，填充颜色为#9689FF，坐标为 X147:Y366，尺寸为 W80:H80，效果如图 7-3 所示。

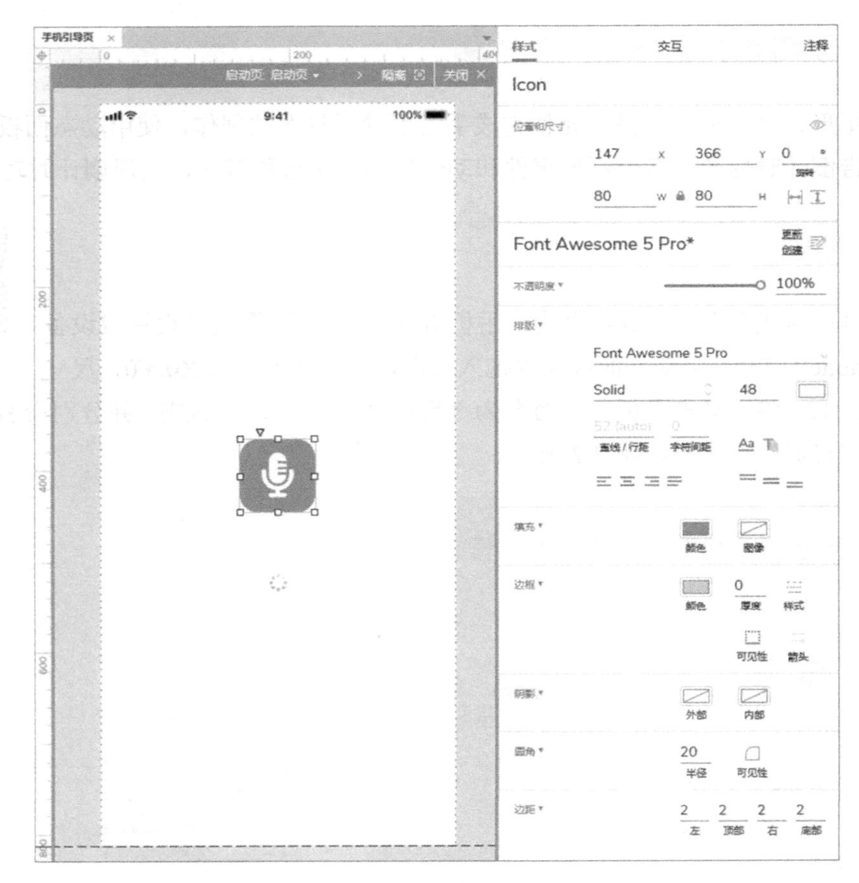

图 7-3　添加素材与元件并进行设置后的效果

步骤 3：打开“广告页”状态，导入手机引导页素材文件夹中的引导页图片素材，设置其坐标为 X0:Y0，尺寸为 W375:H812，效果如图 7-4 所示。导入状态栏元件，设置其坐标为 X0:Y0。

步骤 4：将矩形元件拖入“广告页”状态，设置其坐标为 X247:Y50，尺寸为 W103:H30，无边框，填充颜色为#333333，圆角半径为 15，字体为微软雅黑，字体样式为 Regular，字体颜色为白色，字号为 12，文本的对齐方式为左对齐、上下居中，边距为 20、2、2、2，输入文本内容“跳过广告”，效果如图 7-5 所示。

步骤 5：拖入动态面板元件，将其命名为“倒计时”，设置其坐标为 X314:Y55，尺寸为 W30:H20，效果如图 7-6 所示。

图 7-4　添加引导页图片素材并进行设置后的效果

图 7-5　添加“跳过广告”矩形元件并进行设置后的效果

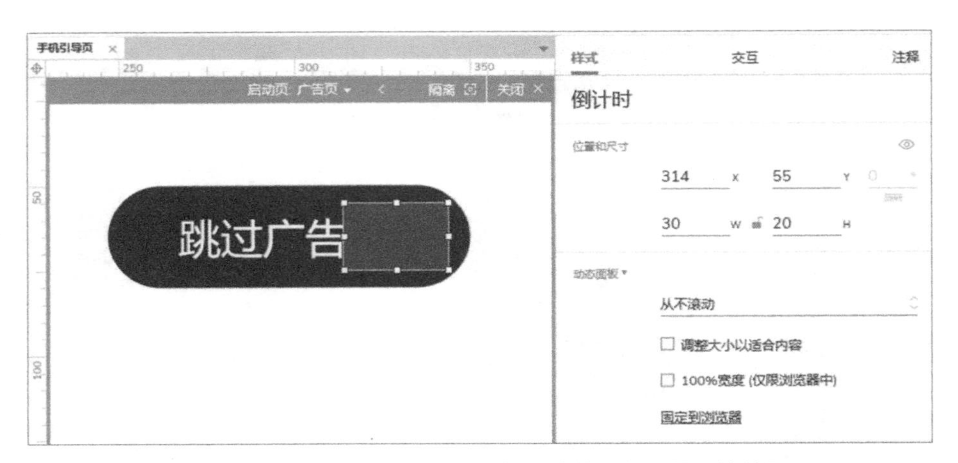

图 7-6　添加“倒计时”动态面板元件并进行设置后的效果

步骤 6：在“倒计时”动态面板元件中拖入矩形元件，将该元件命名为“提示文字”，设置其坐标为 X0:Y0，尺寸为 W38:H20，无边框，无填充，字体为微软雅黑，字体样式为 Regular，字体颜色为白色，字号为 12，文本的对齐方式为左对齐、上下居中，输入文本内容“(8)”，效果如图 7-7 所示。

图 7-7　添加“提示文字”矩形元件并进行设置后的效果

步骤 7：在“倒计时”动态面板元件中拖入动态面板元件，将该元件命名为“循环面板”，设置其坐标为 X28:Y0，尺寸为 W20:H20，并对该动态面板元件新增“状态 2”状态，效果如图 7-8 所示。

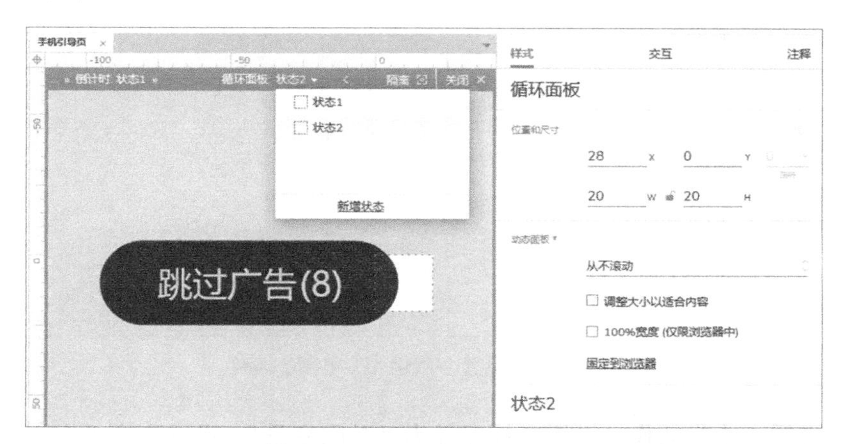

图 7-8　添加“循环面板”动态面板元件并进行设置后的效果

步骤 8：在“倒计时”动态面板元件中拖入矩形元件，将该元件命名为“时间变量”，设置其坐标为 X48:Y0，尺寸为 W20:H20，无边框，无填充，效果如图 7-9 所示。

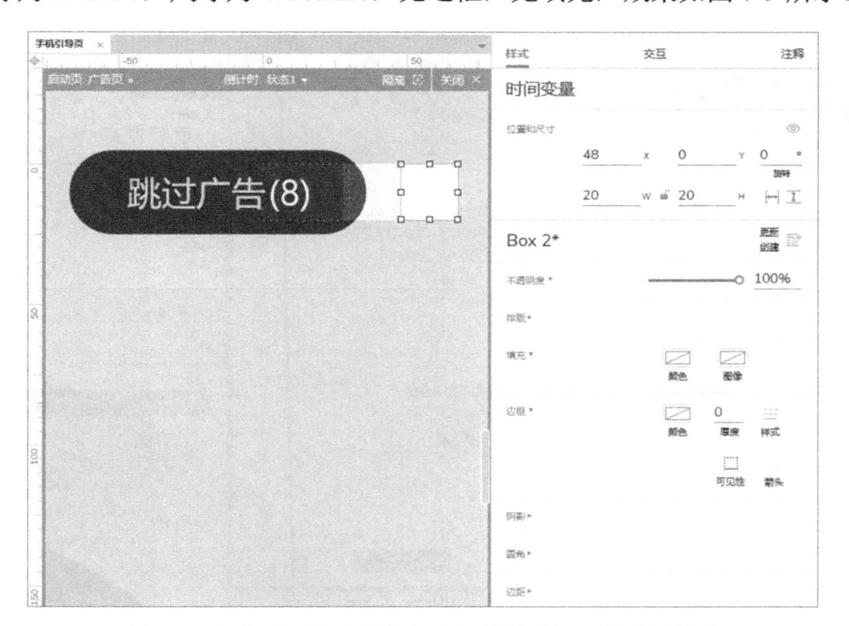

图 7-9　添加“时间变量”矩形元件并进行设置后的效果

步骤 9：选择“循环面板”动态面板元件，设置交互用例。新建交互“面板状态改变时”，设置用例名称为“用例 1”，选择“完全匹配”，设置条件为“时间变量>1”，如图 7-10 所示。

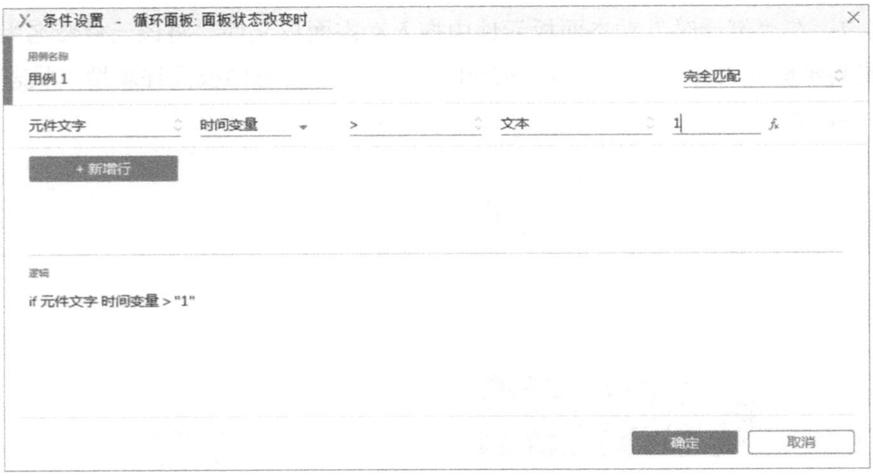

图 7-10 设置“用例 1”用例的条件

添加“设置文本”动作，设置目标元件为“时间变量”，设置到为“文本”，打开“编辑文字”对话框，先新增局部变量“time=时间变量”，再插入函数“[[time-1]]”，如图 7-11 所示。

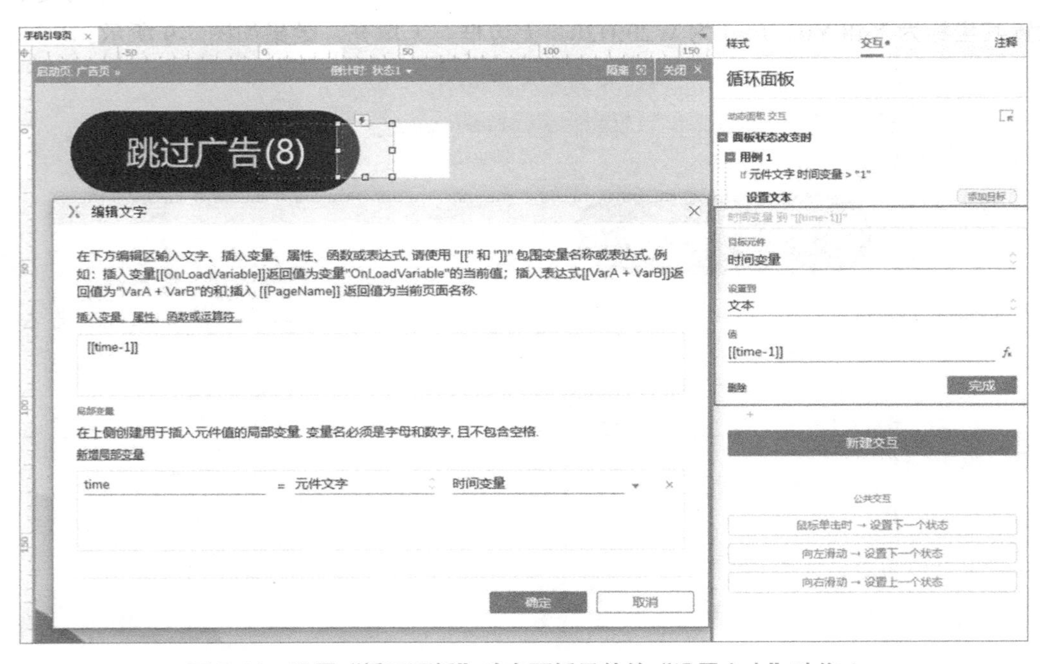

图 7-11 设置“循环面板”动态面板元件的“设置文本”动作 1

添加“设置文本”动作，设置目标元件为“提示文字”，设置到为“文本”，打开“编辑文字”对话框，先新增局部变量“time=时间变量”，再插入函数“([[time]])”，如图 7-12 所示。

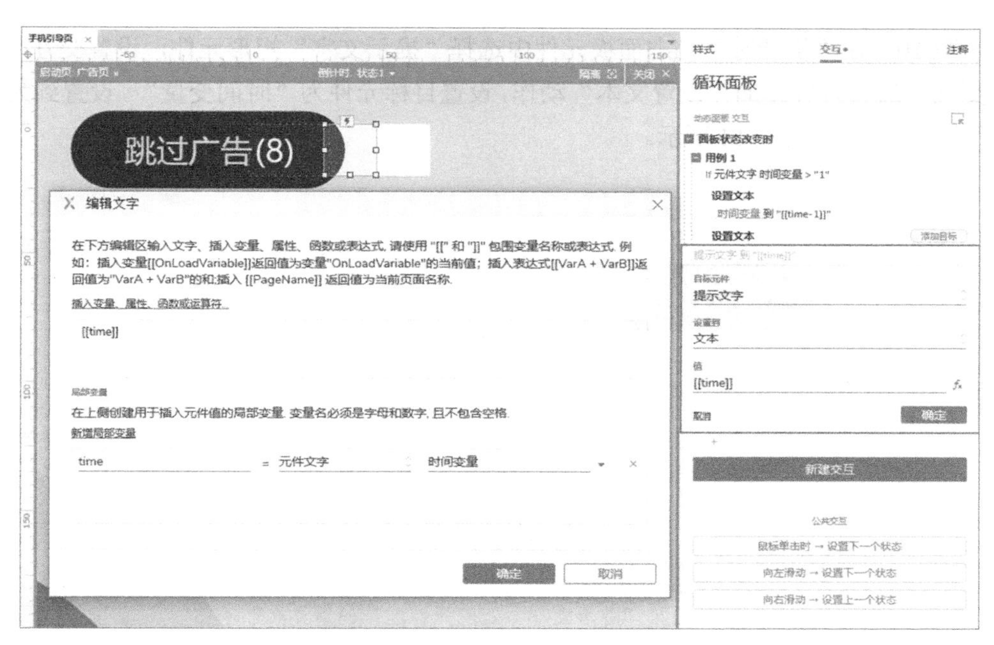

图 7-12　设置“循环面板”动态面板元件的“设置文本”动作 2

设置用例名称为“用例 2”，条件为“动态面板状态为状态 1”，添加“打开链接”动作，如图 7-13 所示。

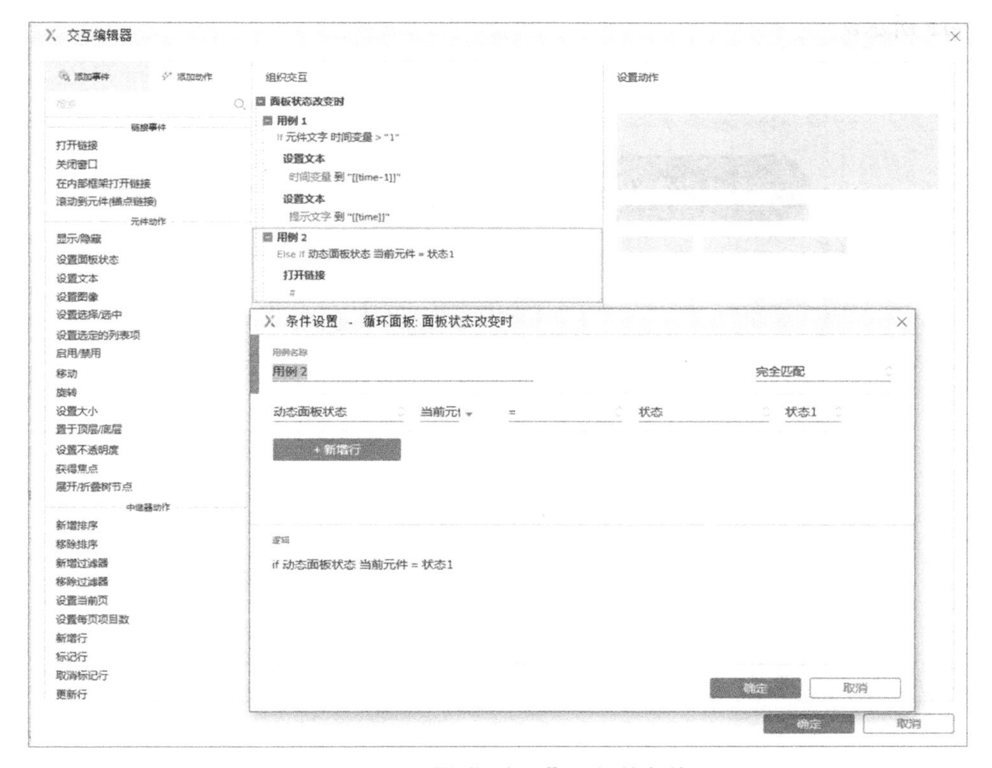

图 7-13　设置“用例 2”用例的条件

步骤 10：在“倒计时”动态面板元件中选择“提示文字”矩形元件，设置交互用例。新建交互“加载时”，添加“设置文本”动作，设置目标元件为“时间变量”，设置到为“文本”，值为“8”，如图 7-14 所示。

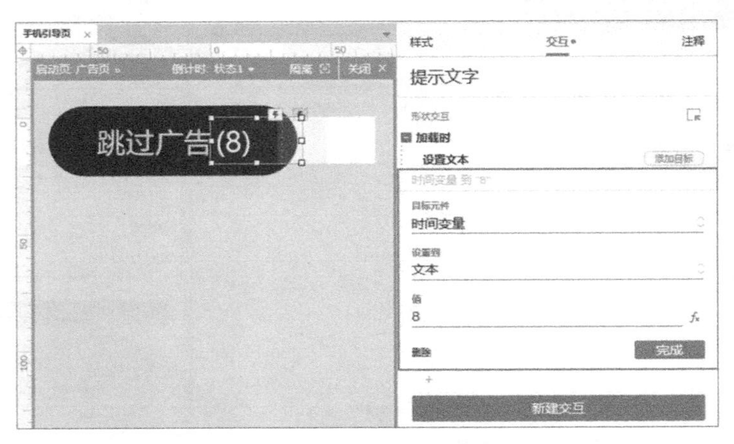

图 7-14　设置“提示文字”矩形元件的“设置文本”动作

添加“设置面板状态”动作，设置目标元件为“循环面板”，状态为“下一个”，并勾选“从最后一个到第一个自动循环”复选框，单击“更多选项”下拉按钮，在弹出的内容中，勾选“循环间隔 1000 毫秒”复选框和“首次状态更改按 1000 毫秒延时”复选框，如图 7-15 所示。

图 7-15　设置“提示文字”矩形元件的“设置面板状态”动作

步骤 11：回到“启动页”动态面板元件，设置交互用例。新建交互“加载时”，添加“等待”动作，设置等待时间为“3000 毫秒”；添加“设置面板状态”动作，设置目标元件为“当前元件”，状态为“广告页”，进入时动画为“淡入淡出 500 毫秒”，退出时动画为“淡入淡出 500 毫秒”，如图 7-16 所示。

图 7-16 设置“启动页”动态面板元件的交互用例

7.5 小结

手机引导页效果预览

本章介绍了手机引导页界面的制作方法。通过对本章内容的学习，读者能够掌握变量的使用方法、了解条件的作用，并且能够熟练掌握表达式的使用，为制作更复杂的原型产品打下基础。

7.6 加深练习

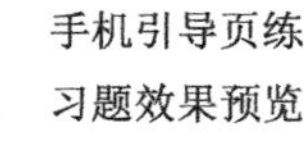

手机引导页练习题效果预览

手机引导页界面练习题的效果图如图 7-17 所示。

要求如下：

利用 Axure RP 9 制作手机引导页界面的高保真原型，主要包括以下几个方面。

（1）打开应用程序，出现加载动画。

（2）加载成功后，出现广告内容。

（3）既可以左右滑动切换广告内容，也可以点击按钮直接跳过引导页界面。

图 7-17　手机引导页界面练习题的效果图

第 8 章　手机主页界面

8.1　界面效果图

手机主页界面效果图如图 8-1 所示。

图 8-1　手机主页界面效果图

8.2　界面分析

手机主页界面由顶部状态栏、轮播图、快捷导航、推荐歌单、在民谣里听诗和远方、排行榜、底部标签栏等模块组成。其中，当页面载入时，轮播图可以自动切换，用户左右滑动也可以切换轮播图，同时，底部矩形元件表示当前轮播图的位置。推荐歌单、在民谣里听诗和远方、排行榜等模块以卡片式展示内容，向右滑动可以展示更多内容。

8.3 使用工具分析

使用矩形、文本框、图像等元件完成手机主页界面的制作，使用动态面板元件制作页面，将主页内容模块化，利用中继器数据集展示推荐歌单、在民谣里听诗和远方、排行榜等模块的数据。通过添加事件和动作实现每个模块的滑动、切换效果。

8.4 实施步骤

8.4.1 顶部状态栏

手机主页 01_顶部状态栏

步骤 1：新建页面，将其命名为“手机主页”，将页面尺寸设置成设备类型为 iPhone 11 Pro，将动态面板元件拖入页面，并将该元件命名为“顶部状态栏”，设置其坐标为 X0:Y0，尺寸为 W375:H90，单击“固定到浏览器”文字链接，在弹出的“固定到浏览器”对话框中设置横向固定为居中、垂直固定为顶部，如图 8-2 所示。

图 8-2 添加“顶部状态栏”动态面板元件并进行设置

步骤 2：双击“顶部状态栏”动态面板元件，拖入矩形元件，设置其坐标为 X0:Y0，尺寸为 W375:H90，填充颜色为#F5F6F7，无边框；插入状态栏图片素材，设置其坐标为 X0:Y3，尺寸为 W375:H29，效果如图 8-3 所示；插入听歌识曲图片素材，设置其坐标为 X333:Y52，尺寸为 W30:H30，效果如图 8-4 所示。

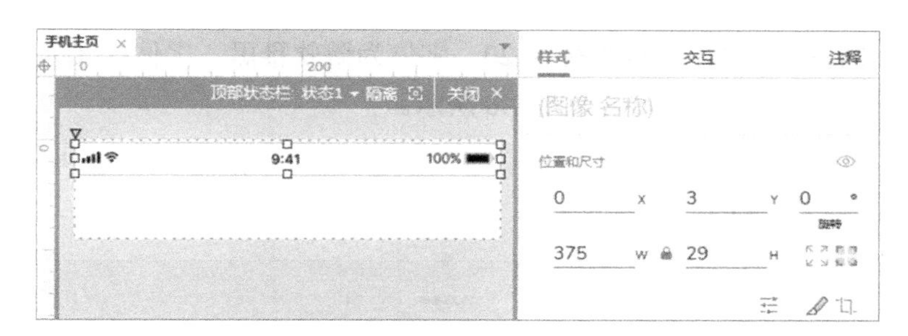

图 8-3　插入状态栏图片素材并进行设置后的效果

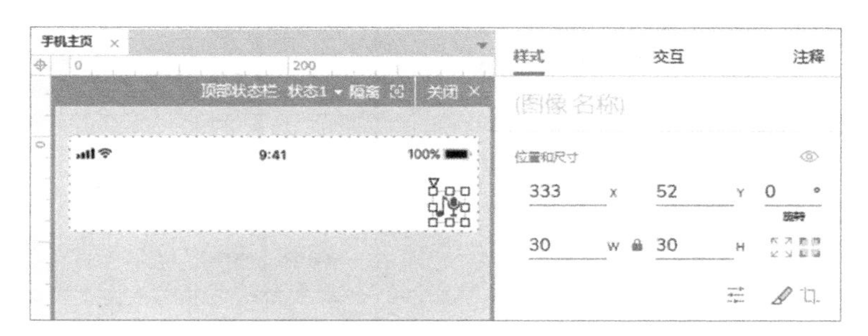

图 8-4　插入听歌识曲图片素材并进行设置后的效果

步骤 3：在字体图标元件库中找到“汉堡菜单 Bars”字体图标元件，将其拖入“顶部状态栏”动态面板元件，并设置其坐标为 X10:Y50，尺寸为 W30:H30，无填充，无边框，字体样式为 Solid，字号为 20，效果如图 8-5 所示。

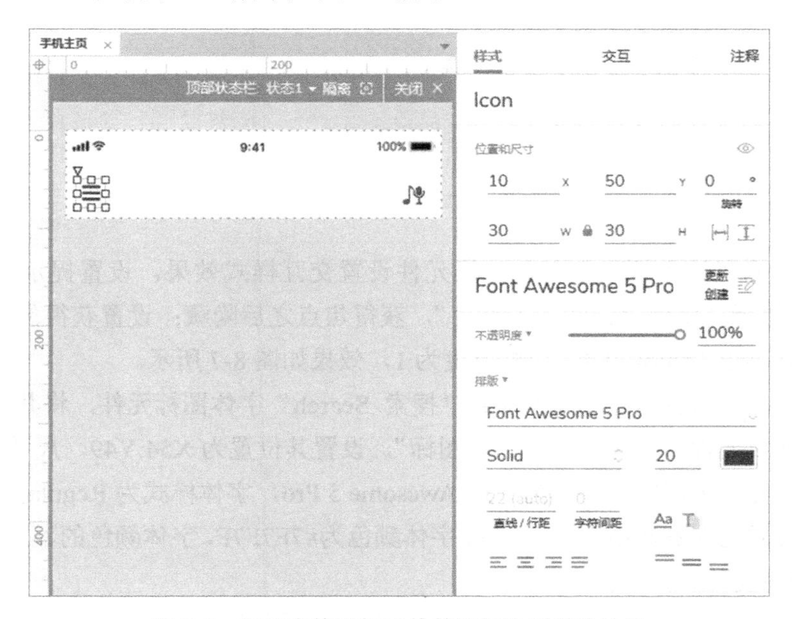

图 8-5　添加字体图标元件并进行设置后的效果

步骤 4：将单行文本框元件拖入“顶部状态栏”动态面板元件，并将其命名为“输入框”，设置其坐标为 X54:Y49，尺寸为 W225:H35，无阴影，填充颜色为#F2F2F2，边框颜色为#999999，边框厚度为 1，圆角半径为 20，字体为微软雅黑，字体样式为 Regular，字号为 13，边距为 35、2、2、2，效果如图 8-6 所示。

图 8-6　添加“输入框”单行文本框元件并进行设置后的效果

步骤 5：为“输入框”单行文本框元件设置交互样式效果。设置提示时字体颜色为#CCCCCC，提示文字为“请输入关键词”，获得焦点之后隐藏；设置获得焦点时填充颜色为白色，线条颜色为#E4E4E4，边框厚度为 1，效果如图 8-7 所示。

步骤 6：在字体图标元件库中找到“搜索 Search”字体图标元件，将其拖入“顶部状态栏”动态面板元件，并将其命名为“图标”，设置其位置为 X54:Y49，尺寸为 W35:H35，无边框，无填充，无阴影，字体为 Font Awesome 5 Pro，字体样式为 Regular，字号为 13，文本的对齐方式为左右居中、上下居中，字体颜色为#7F7F7F，字体颜色的不透明度为 50%，效果如图 8-8 所示。

步骤 7：将矩形元件拖入“顶部状态栏”动态面板元件，并设置其坐标为 X298:Y56，尺寸为 W22:H22，边框颜色为#333333，边框厚度为 2，无填充，无阴影，字体为微软雅黑，字体样式为 Bold，字号为 14，字体颜色为#333333，文本的对齐方式为左右居中、顶部对齐，输入文本内容“免”，设置圆角半径为 8，边距为 2、0、2、0，效果如图 8-9 所示。

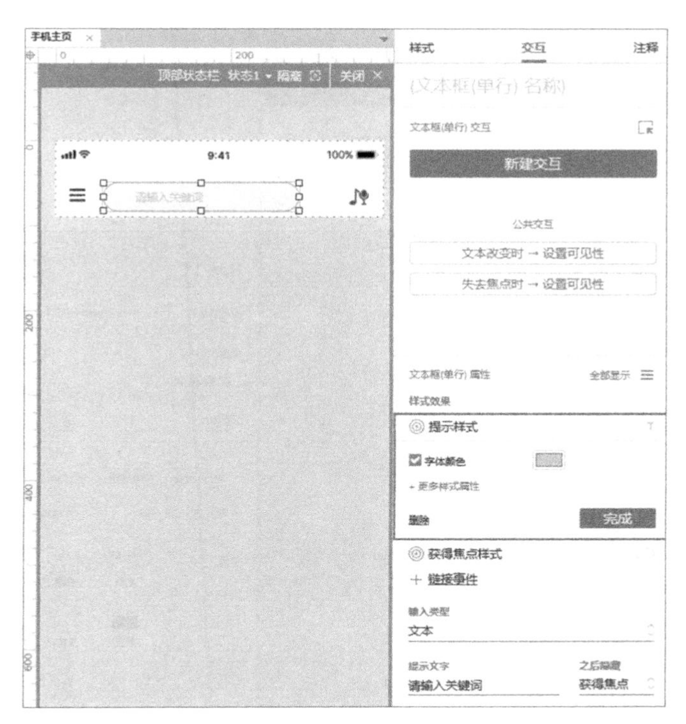

图 8-7　设置“输入框”单行文本框元件的交互样式效果

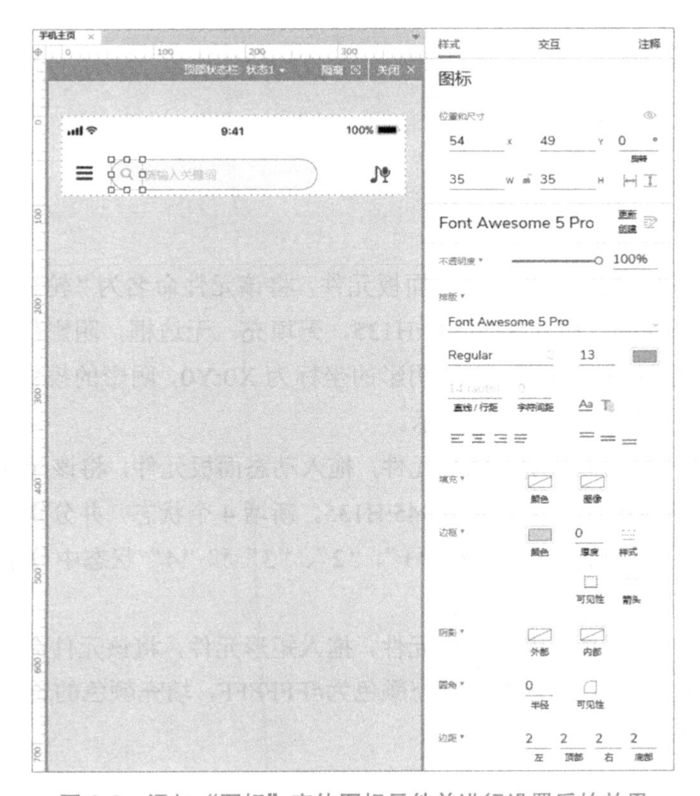

图 8-8　添加“图标”字体图标元件并进行设置后的效果

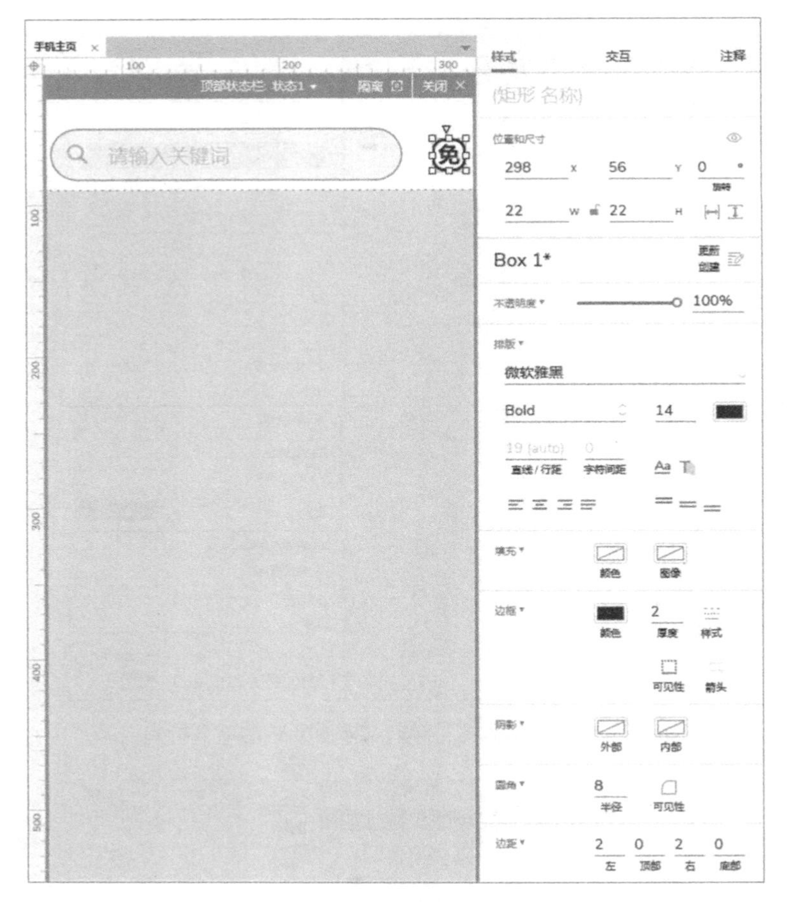

图 8-9 添加“免”矩形元件并进行设置后的效果

8.4.2 轮播图

手机主页 02_轮播图

步骤 1：回到初始页面，拖入动态面板元件，将该元件命名为“轮播图”，设置其坐标为 X15:Y99，尺寸为 W345:H135，无填充，无边框，阴影颜色为#000000，阴影颜色的透明度为 25%，阴影的坐标为 X0:Y0，阴影的模糊度为 10，圆角半径为 5，效果如图 8-10 所示。

步骤 2：双击“轮播图”动态面板元件，拖入动态面板元件，将该元件命名为“轮播区域”，设置其坐标为 X0:Y0，尺寸为 W345:H135，新增 4 个状态，并分别命名为“1”、“2”、“3”和“4”，效果如图 8-11 所示。在“1”、“2”、“3”和“4”状态中分别插入轮播图片素材，并调整大小，效果如图 8-12 所示。

步骤 3：回到“轮播图”动态面板元件，拖入矩形元件，将该元件命名为“1”，设置其坐标为 X10:Y126，尺寸为 W4:H4，填充颜色为#FFFFFF，填充颜色的透明度为 50%，无边框，圆角半径为 5，效果如图 8-13 所示。

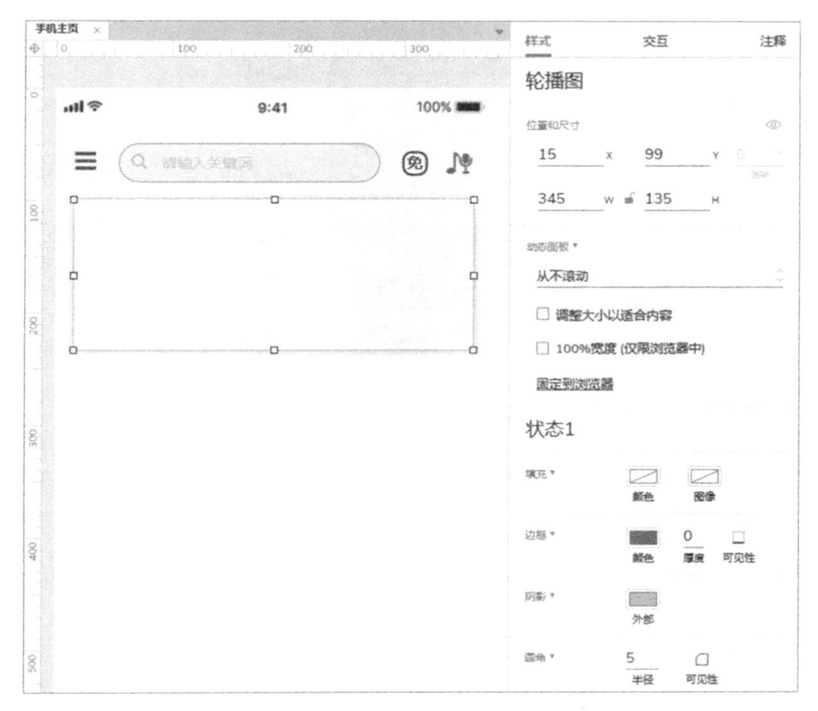

图 8-10　添加“轮播图”动态面板元件并进行设置后的效果

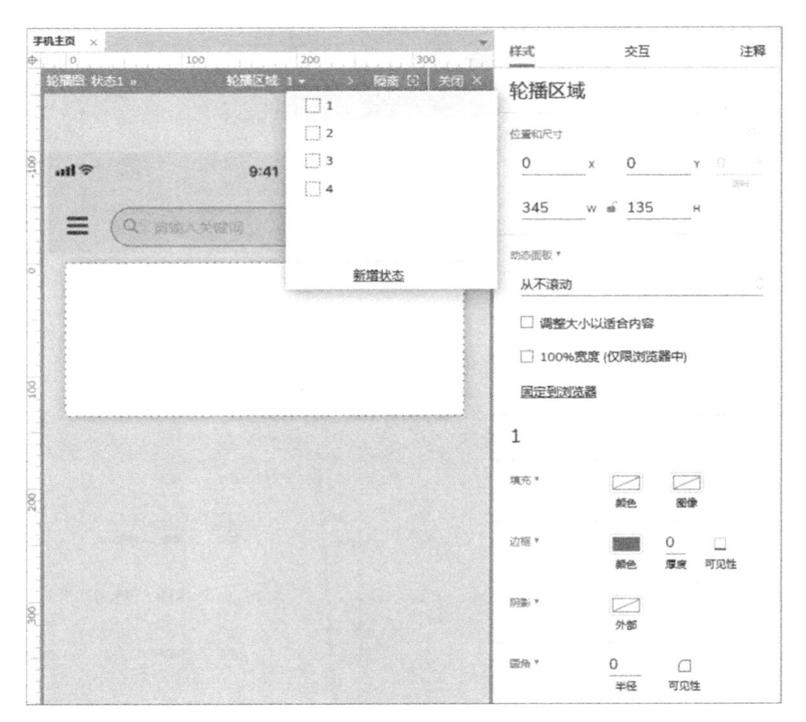

图 8-11　添加“轮播区域”动态面板元件并进行设置后的效果

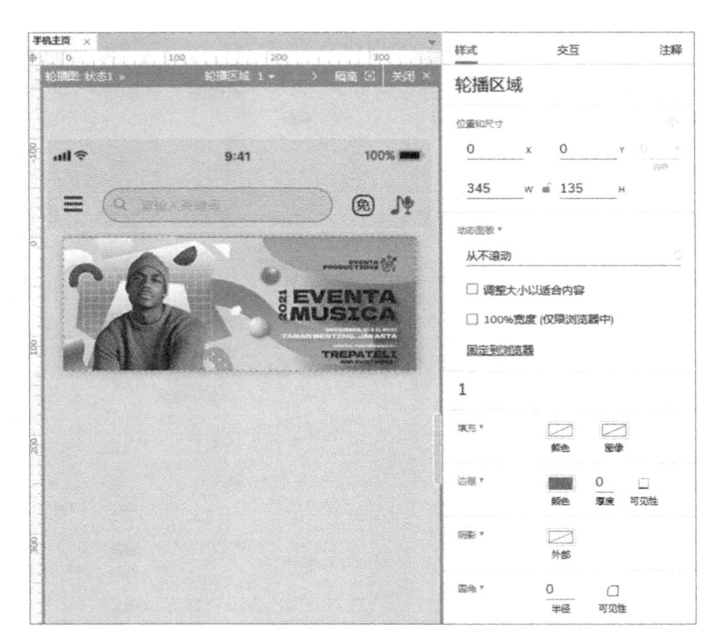

图 8-12　添加轮播图片素材并调整大小后的效果

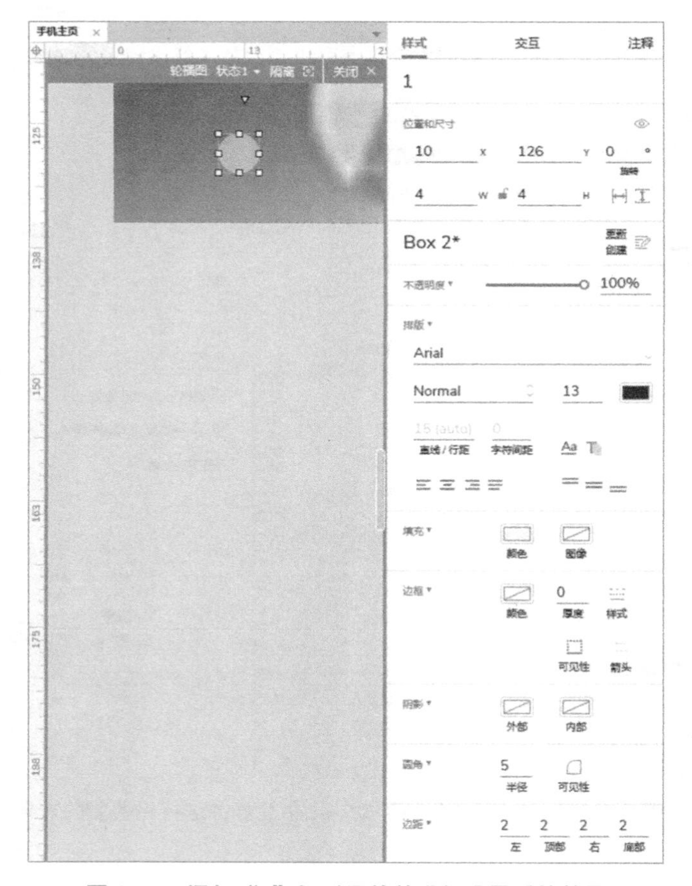

图 8-13　添加“1”矩形元件并进行设置后的效果

步骤 4：为“1”矩形元件设置交互样式效果，设置选中时填充颜色为白色。设置交互用例：新建交互“鼠标单击时”，添加“设置面板状态”动作，设置目标元件为“轮播区域”，状态为“1”，进入时动画为“向左滑动 500 毫秒缓慢进入退出”，退出时动画为“向左滑动 500 毫秒缓慢进入退出”，如图 8-14 所示。同时，为当前“1”矩形元件设置指定选择组，组名为“轮播选项”。

图 8-14　设置“1”矩形元件的交互样式效果和交互用例

步骤 5：复制“1”矩形元件，将名称“1”修改为“2”，设置其坐标为 X17:Y126，修改“鼠标单击时”交互的目标元件“轮播区域”的状态为“2”，效果如图 8-15 所示。使用同样的方法设置“3”和“4”矩形元件，效果如图 8-16 所示。将“1”、“2”、“3”和“4”矩形元件组合，设置组合的名称为“指示图标”，并在交互样式效果中设置“1”矩形元件为默认选中状态。

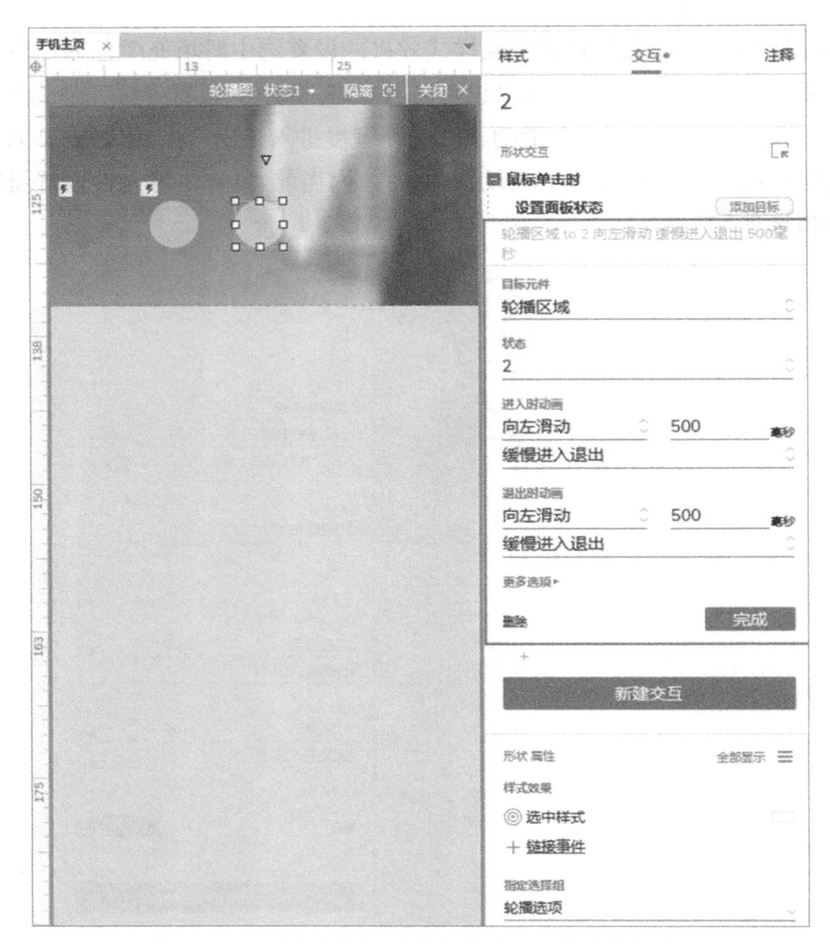

图 8-15　复制“1”矩形元件并进行设置后的效果 1

步骤 6：选择“轮播区域”动态面板元件，设置交互用例。新建交互“动态面板状态改变时”，添加“用例 1”用例，设置条件为“动态面板状态为 1”；添加“设置选择/选中”动作，设置目标元件为“指示图标”组合中的“1”矩形元件，设置值到“真”；添加“设置面板状态”动作，设置目标元件为“当前元件”，状态为“下一个”，勾选“从最后一个到第一个自动循环”复选框；设置进入时动画为“向左滑动 500 毫秒缓慢进入退出”，退出时动画为“向左滑动 500 毫秒缓慢进入退出”，单击“更多选项”下拉按钮，在弹出的内容中，勾选“循环间隔 1000 毫秒”复选框和“首次状态更改按 1000 毫秒延时”复选框，并修改循环间隔时间为 5000 毫秒，如图 8-17 所示。

步骤 7：复制“用例 1”用例，将名称修改为“用例 2”，修改条件为“动态面板状态为 2”，修改“设置选择/选中”动作，设置目标元件为“指示图标”组合中的“2”矩形元件，设置值到“真”。使用同样的方法，设置“指示图标”组合中的“3”和“4”矩形元件，如图 8-18 所示。

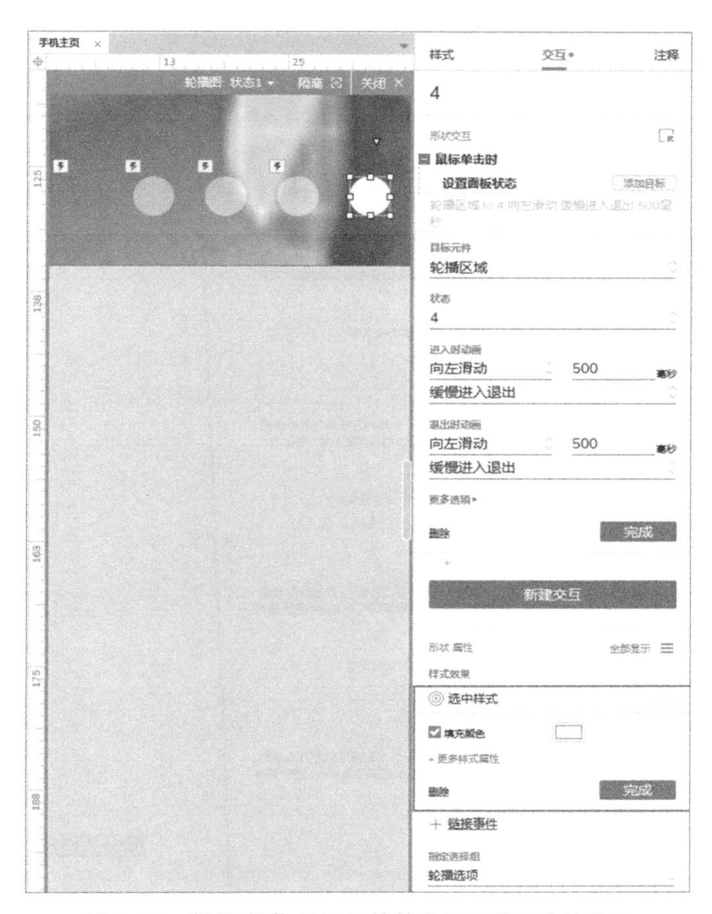

图 8-16 复制“1”矩形元件并进行设置后的效果 2

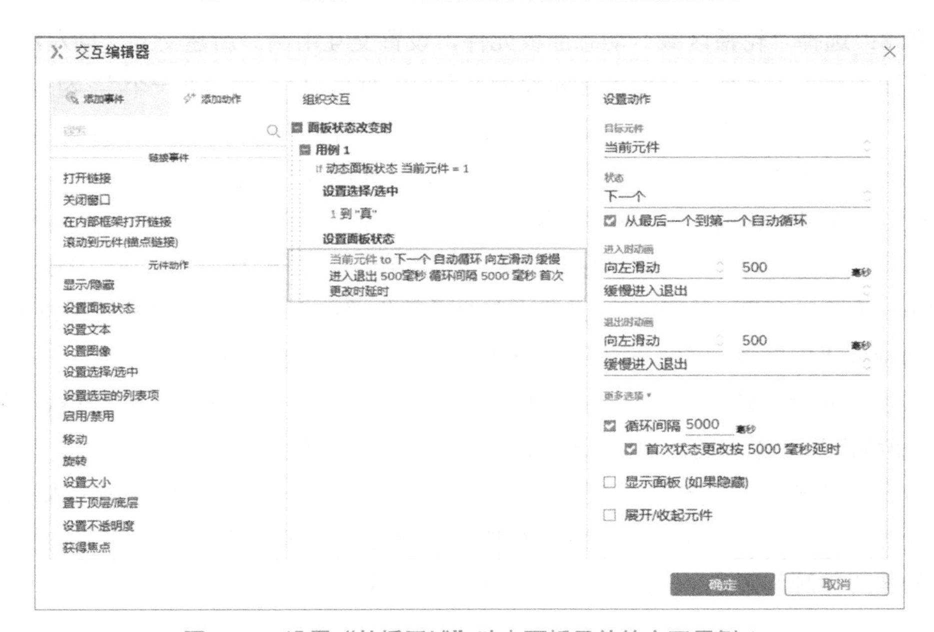

图 8-17 设置“轮播区域”动态面板元件的交互用例 1

图 8-18　设置“轮播区域”动态面板元件的交互用例 2

步骤 8：选择“轮播区域”动态面板元件，设置交互用例。新建交互“向左滑动”，添加“设置面板状态”动作，设置目标元件为“当前元件”，状态为“下一个”，勾选“从第一个到最后一个自动循环”复选框，设置进入时动画为“向左滑动 500 毫秒缓慢进入退出”，退出时动画为“向左滑动 500 毫秒缓慢进入退出”，如图 8-19 所示。

步骤 9：选择“轮播区域”动态面板元件，设置交互用例。新建交互“向右滑动”，添加“设置面板状态”动作，设置目标元件为“当前元件”，状态为“上一个”，勾选“从最后一个到第一个自动循环”复选框，设置进入时动画为“向右滑动 500 毫秒缓慢进入退出”，退出时动画为“向右滑动 500 毫秒缓慢进入退出”，如图 8-20 所示。

步骤 10：选择“轮播区域”动态面板元件，设置交互用例。新建交互“加载时”，添加“设置面板状态”动作，设置目标元件为“当前元件”，状态为“下一个”，勾选“从最后一个到第一个自动循环”复选框，设置进入时动画为“向左滑动 500 毫秒缓慢进入退出”，退出时动画为“向左滑动 500 毫秒缓慢进入退出”，单击“更多选项”下拉按钮，在弹出的内容中，勾选“循环间隔 5000 毫秒”复选框和“首次状态更改按 5000 毫秒延时”复选框，如图 8-21 所示。

图 8-19　设置“轮播区域”动态面板元件“向左滑动”交互用例

图 8-20　设置“轮播区域”动态面板元件“向右滑动”交互用例

步骤 11：回到初始页面，拖入矩形元件，设置其坐标为 X0:Y0，尺寸为 W375:H1100，无边框，无阴影，填充颜色为#F5F6F7；右击该矩形元件，在弹出的快捷菜单中选择“顺序”→“置于底层”命令，效果如图 8-22 所示。

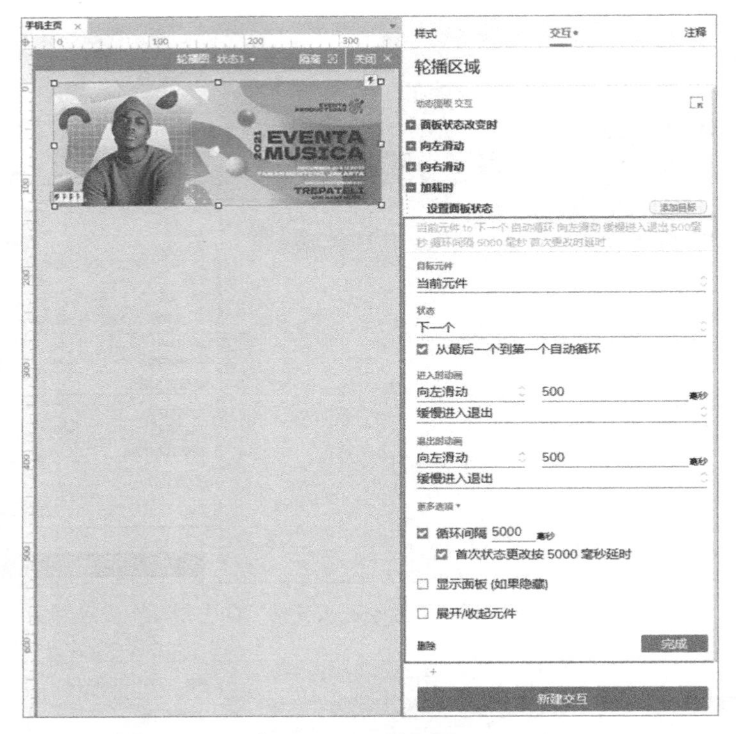

图 8-21 设置“轮播区域”动态面板元件“加载时”交互用例

图 8-22 拖入矩形元件并进行设置后的效果 1

8.4.3　快捷导航

手机主页 03_快捷导航

步骤 1：回到初始页面，插入每日推荐图标素材，设置其坐标为 X32:Y250，尺寸为 W25:H25；拖入矩形元件，设置其坐标为 X20:Y283，尺寸为 W55:H20，无边框，无阴影，无填充，边距为 2、2、2、2，字体为微软雅黑，字体样式为 Regular，字号为 11，字体颜色为#71707D，文本的对齐方式为左右居中、上下居中，输入文本内容“每日推荐”，并将图标与矩形元件组合，设置组合的名称为“推荐组合”，效果如图 8-23 所示。

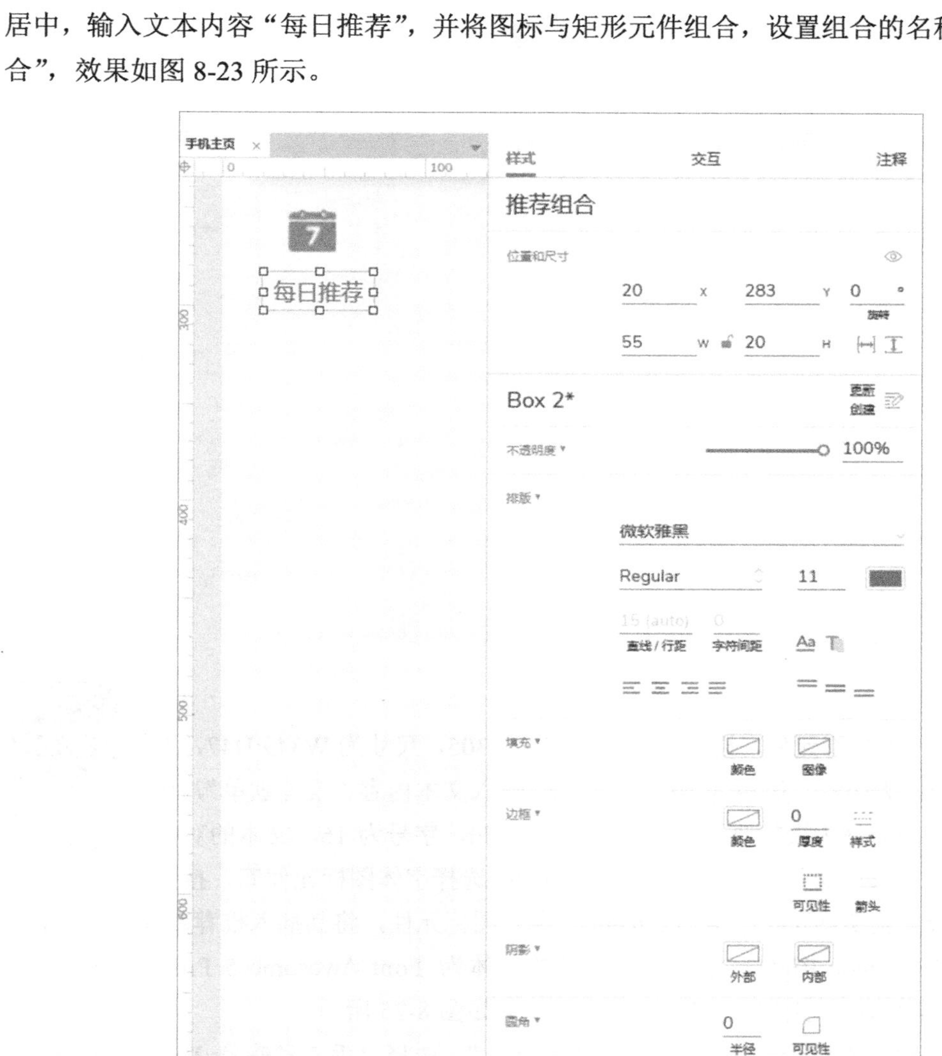

图 8-23　添加“每日推荐”矩形元件并进行设置后的效果

步骤 2：复制“推荐组合”组合，修改图标与文本内容，并将组合移动到合适的位置，效果如图 8-24 所示。

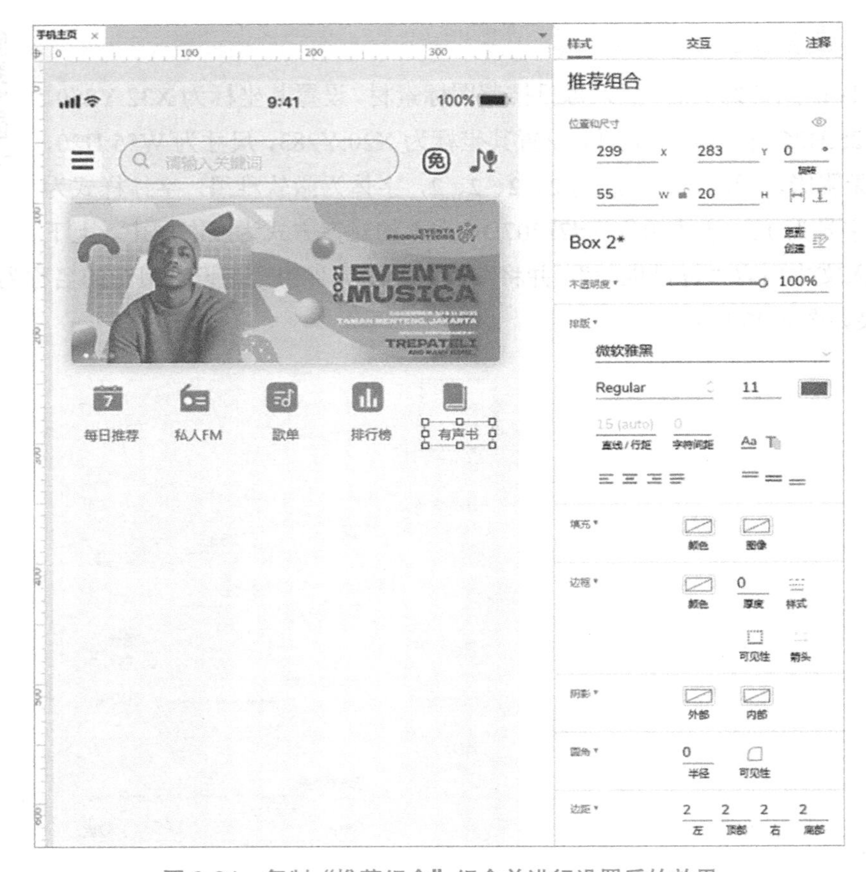

图 8-24　复制“推荐组合”组合并进行设置后的效果

8.4.4　推荐歌单

手机主页 04_推荐歌单

步骤 1：拖入矩形元件，设置其坐标为 X11:Y305，尺寸为 W349:H47，无边框，无填充，无阴影，边距为 10、2、2、2，输入文本内容“推荐歌单”，设置该文本内容的字体为微软雅黑，字体样式为 Bold，字号为 16，文本的对齐方式为左对齐、上下居中，字体颜色为#495057；选择字体图标元件库，搜索“箭头”，选择“箭头-单线-右 Angle Right”字体图标元件，将其插入推荐歌单后面，设置“箭头-单线-右 Angle Right”字体图标元件的字体为 Font Awesome 5 Pro，字体样式为 Regular，字号为 16，字体颜色为#495057，效果如图 8-25 所示。

步骤 2：选择字体图标元件库，搜索“省略号”，选择“垂直省略号 Vertical Ellipsis”字体图标元件，并将其拖入页面，设置“垂直省略号 Vertical Ellipsis”字体图标元件的字体为 Font Awesome 5 Pro，字体样式为 Light，字号为 20，字体颜色为#71707D，无填充，坐标为 X333:Y314，尺寸为 W30:H30，效果如图 8-26 所示。

步骤 3：拖入动态面板元件，将该元件命名为“推荐歌单滑动面板”，设置其坐标为 X0:Y352，尺寸为 W375:H160，效果如图 8-27 所示。

图 8-25　添加“推荐歌单”矩形元件并进行设置后的效果

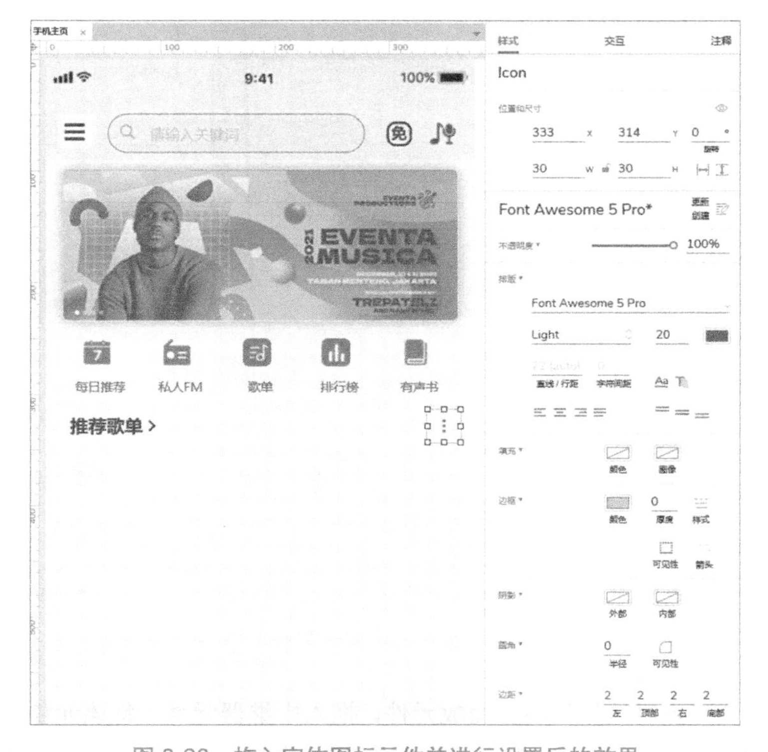

图 8-26　拖入字体图标元件并进行设置后的效果

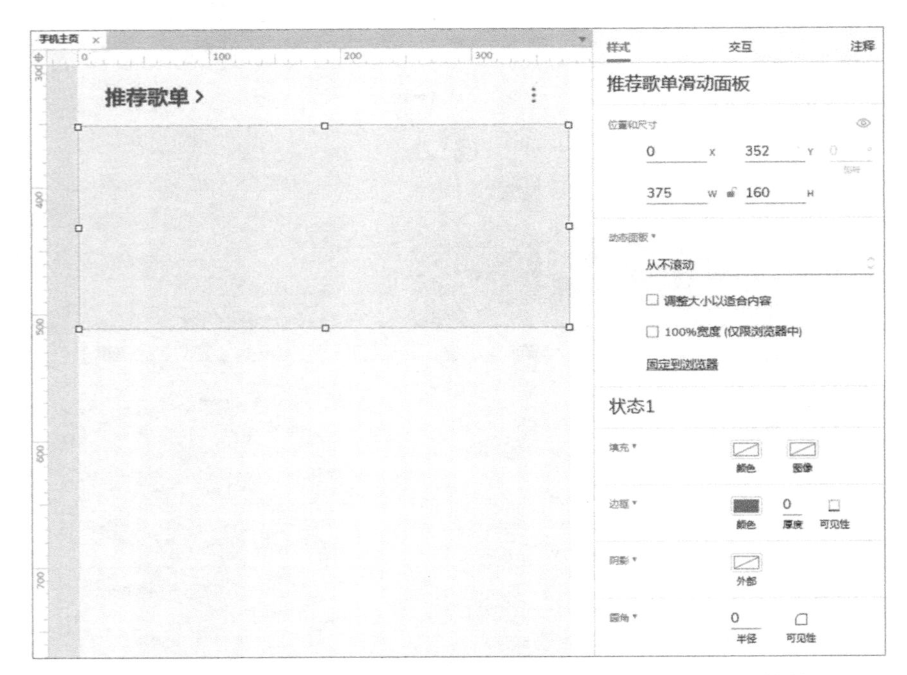

图 8-27　添加“推荐歌单滑动面板”动态面板元件并进行设置后的效果

步骤 4：双击“推荐歌单滑动面板”动态面板元件，拖入动态面板元件，将该元件命名为“内容区域”，设置其坐标为 X20:Y0，尺寸为 W660:H160，效果如图 8-28 所示。

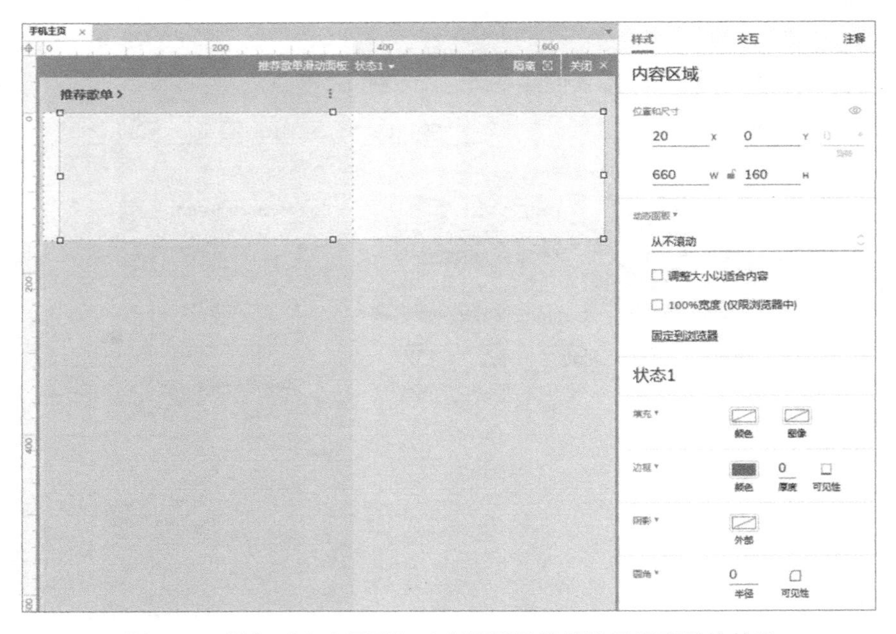

图 8-28　添加“内容区域”动态面板元件并进行设置后的效果

步骤 5：双击“内容区域”动态面板元件，拖入中继器元件，将该元件命名为“列表”，设置其坐标为 X0:Y0，行间距为 20，列间距为 10，布局为横向，效果如图 8-29 所示。

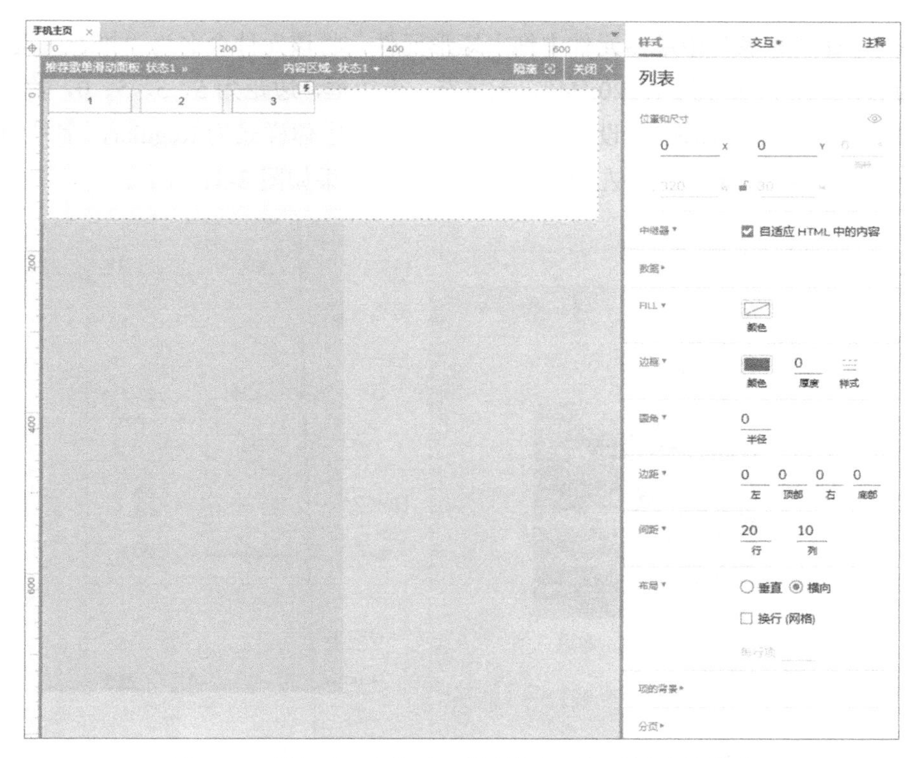

图 8-29　添加“列表”中继器元件并进行设置后的效果

步骤 6：删除“列表”中继器元件中默认的矩形元件，并在“列表”中继器元件中拖入图像元件，将该元件命名为“推荐图像”，设置其坐标为 X0:Y0，尺寸为 W120:H120，圆角半径为 5，插入手机主页素材文件夹中的“01”图片素材，效果如图 8-30 所示。

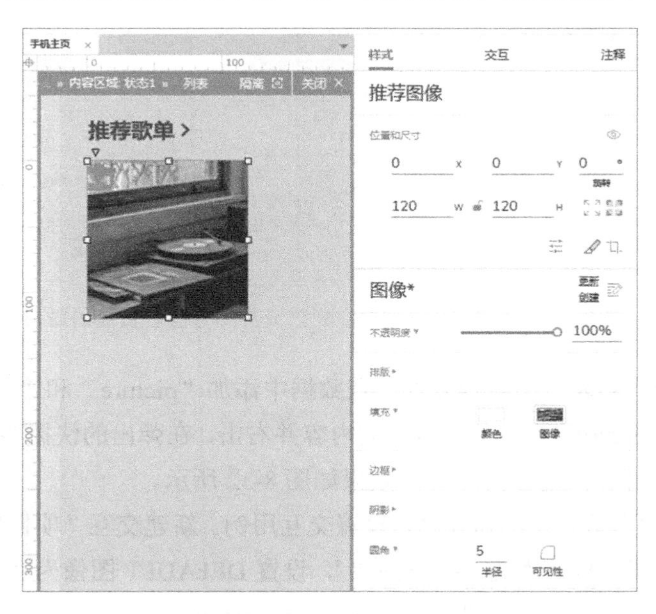

图 8-30　添加“推荐图像”图像元件并进行设置后的效果

步骤 7：在“列表”中继器元件中拖入矩形元件，将该元件命名为“推荐主题”，设置其坐标为 X0:Y120，尺寸为 W120:H40，无填充，无边框，边距为 5、5、5、0，输入文本内容“2023 年度热门推荐歌曲”，设置字体为微软雅黑，字体样式为 Regular，字号为 11，字体颜色为#646D75，对齐方式为左对齐、顶部对齐，效果如图 8-31 所示。

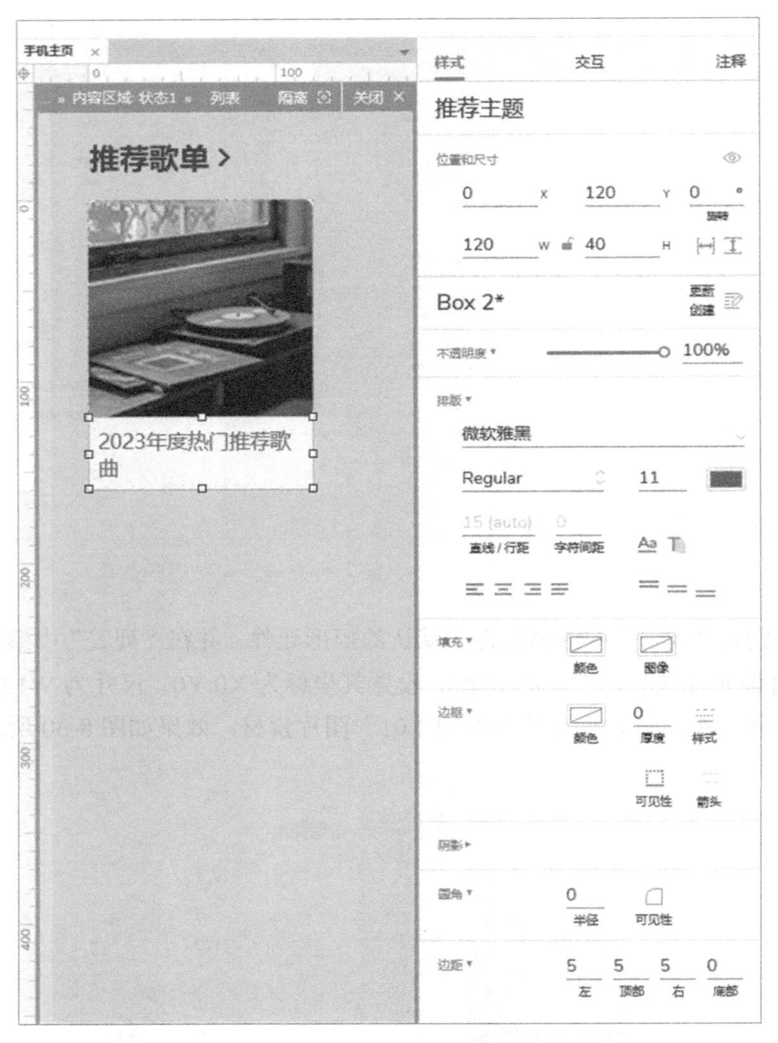

图 8-31　添加“推荐主题”矩形元件并进行设置后的效果

步骤 8：选择“列表”中继器元件，在数据中添加“picture”和“title”列，并输入相应的数据，选中“picture”列中单元格内的内容并右击，在弹出的快捷菜单中选择“导入图像”命令，然后选择导入的图片即可，效果如图 8-32 所示。

步骤 9：选择“列表”中继器元件，设置交互用例。新建交互“项目加载时”，添加“设置图像”动作，设置目标元件为“推荐图像”，设置 DEFAULT 图像为“值”，打开“编辑文字”对话框插入变量，选择中继器数据中的“Item.picture”，单击“确定”按钮；添加“设置文本”动作，设置目标元件为“推荐主题”，打开“编辑文字”对话框插入变量，选择中继器数据中的“Item.title”，单击“确定”按钮，如图 8-33 所示。

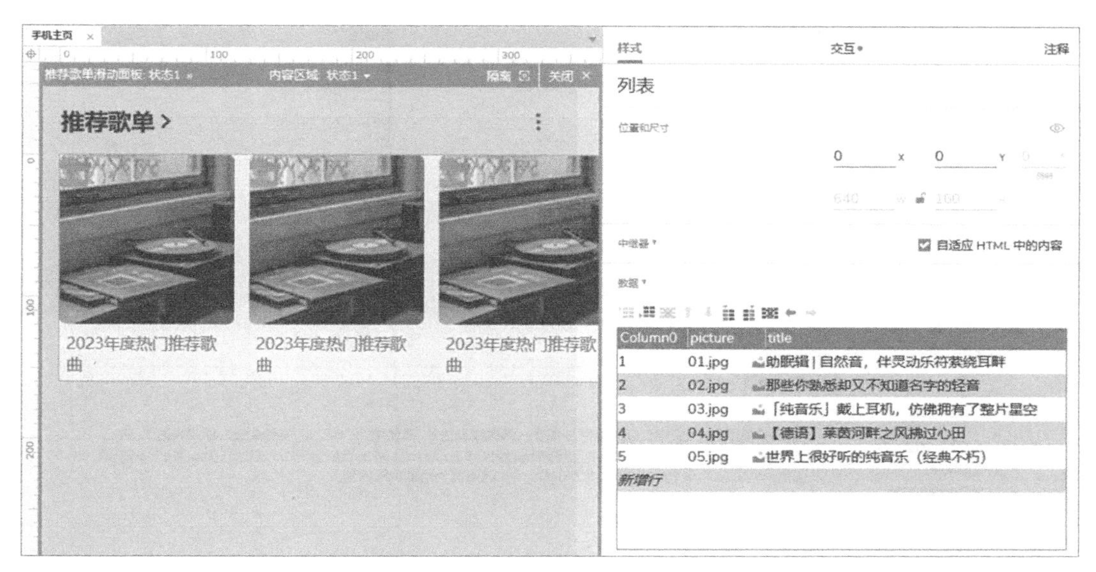

图 8-32　在“列表”中继器元件中添加数据并导入图片后的效果

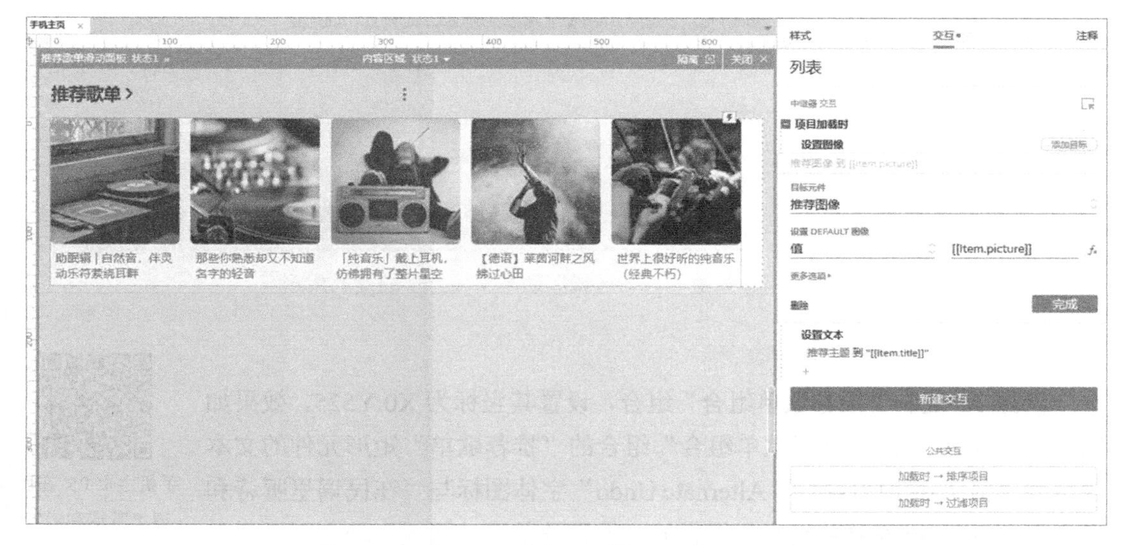

图 8-33　设置“列表”中继器元件的交互用例

步骤 10：选择“内容区域”动态面板元件，设置交互用例。新建交互“拖动时”，添加“移动”动作，设置目标元件为“当前元件”，移动为“沿 X 轴拖动”，轨迹为“直线”，添加边界，左边界大于或等于“-[[This.width-375]]”，并且左边界小于或等于 20，如图 8-34 所示。将“推荐歌单”矩形元件、“垂直省略号 Vertical Ellipsis”字体图标元件和“推荐歌单滑动面板”动态面板元件组合，设置组合的名称为“推荐歌单组合”。

图 8-34 设置“内容区域”动态面板元件的交互用例

8.4.5 在民谣里听诗和远方

手机主页 05_在民谣里听诗和远方

步骤 1：复制“推荐歌单组合”组合，设置其坐标为 X0:Y525，效果如图 8-35 所示。修改“推荐歌单组合”组合的“推荐歌单”矩形元件的文本内容为“箭头-逆时针-撤销 Alternate Undo”字体图标与“在民谣里听诗和远方”，并将“推荐歌单组合”组合的“推荐歌单滑动面板”动态面板元件重命名为“滑动面板”，效果如图 8-36 所示。

步骤 2：从字体图标元件库中拖入“箭头-三角-右 Caret Right”字体图标元件到页面内，设置“箭头-三角-右 Caret Right”字体图标元件的字体为 Font Awesome 5 Pro，字体样式为 Solid，字号为 12，字体颜色为#495057，填充颜色为#EAECF1；在“箭头-三角-右 Caret Right”字体图标元件中输入文本内容“播放”，设置该文本内容的字体样式为 Solid，字号为 10，坐标为 X197:Y540，尺寸为 W50:H20，无边框，无阴影，圆角半径为 10，效果如图 8-37 所示。

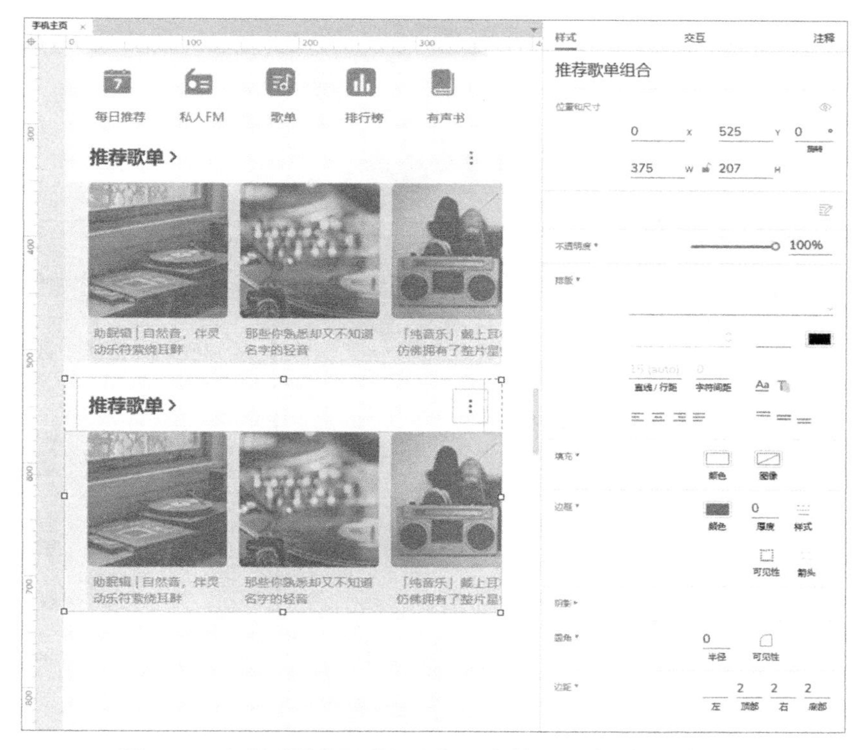

图 8-35　复制“推荐歌单组合”组合并设置其坐标后的效果

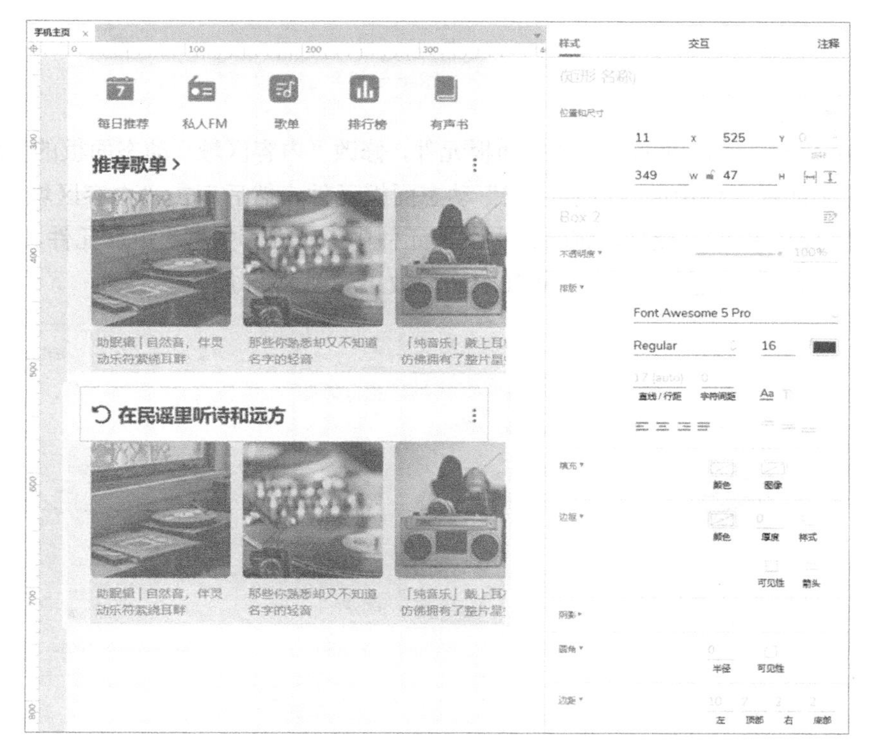

图 8-36　设置“推荐歌单组合”组合的矩形元件和动态面板元件后的效果

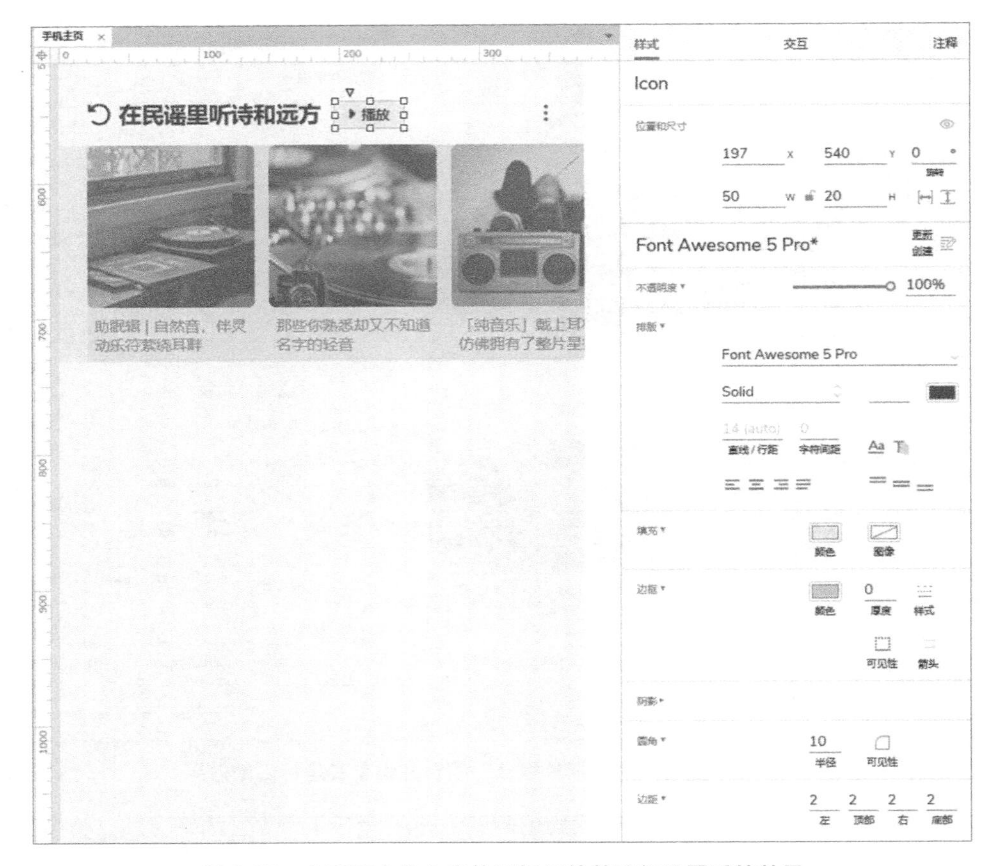

图 8-37　在页面中拖入字体图标元件并进行设置后的效果

步骤 3：先双击“滑动面板”动态面板元件，修改“内容区域”动态面板的宽度为 690，再双击该动态面板元件中的“内容区域”动态面板元件，然后双击“内容区域”动态面板元件中的“列表”中继器元件，删除该中继器元件中的“推荐主题”矩形元件，并选择“推荐图像”图像元件，设置其尺寸为 W50:H50，效果如图 8-38 所示。

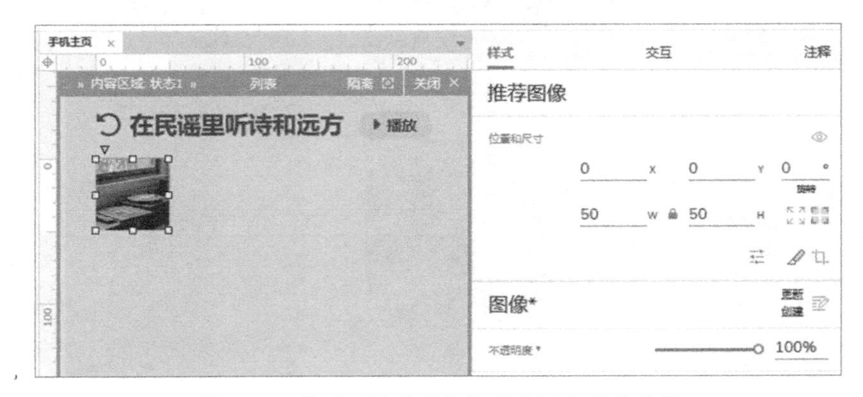

图 8-38　修改“推荐图像”图像元件后的效果

步骤 4：在“列表”中继器元件中，从字体图标元件库中拖入“箭头-圆块-右 Caret Circle

Right”字体图标元件，设置其坐标为 X300:Y3，尺寸为 W40:H43，无边框，无填充，无阴影，字体为 Font Awesome 5 Pro，字体样式为 Light，字号为 20，字体颜色为#7F7F7F，效果如图 8-39 所示。

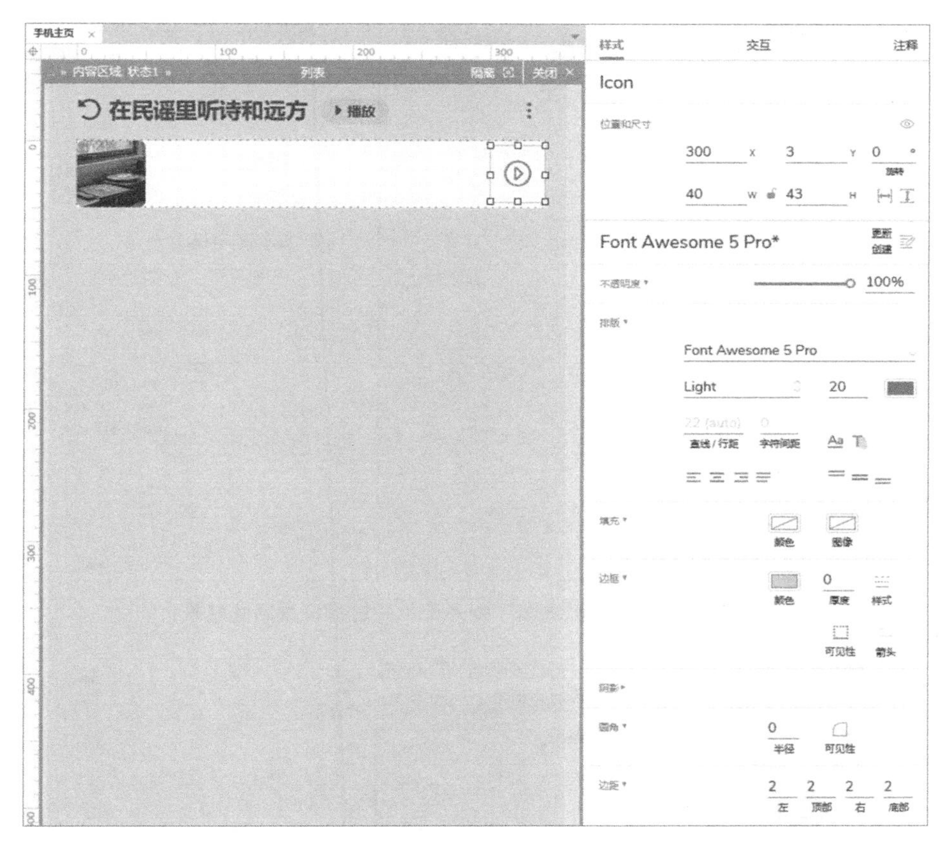

图 8-39　在中继器元件中拖入字体图标元件并进行设置后的效果

步骤 5：在“列表”中继器元件中拖入矩形元件，将该元件命名为“歌曲名”，设置其坐标为 X54:Y4，尺寸为 W275:H21，无边框，无填充，无阴影，字体为微软雅黑，字体样式为 Regular，字号为 13，字体颜色为#535564，文本的对齐方式为左对齐、上下居中，边距为 5、0、10、0，输入文本内容“飘向远方(Live)”，效果如图 8-40 所示。

步骤 6：在“列表”中继器元件中拖入矩形元件，将该元件命名为“作者”，设置其坐标为 X54:Y25，尺寸为 W275:H20，无边框，无填充，无阴影，字体为微软雅黑，字体样式为 Regular，字号为 11，字体颜色为#96969E，文本的对齐方式为左对齐、上下居中，边距为 5、0、10、0，输入文本内容“那吾克热-NW/尤长靖”，效果如图 8-41 所示。

步骤 7：选择“列表”中继器元件，修改数据中的列为“picture”、“song”和“author”，并输入相应的数据，选中“picture”列中单元格内的内容并右击，在弹出的快捷菜单中选择“导入图像”命令，然后选择导入的图片即可；设置行间距和列间距均为 10，布局选中“垂直”单选按钮，勾选“换行(网格)”复选框，设置每列 3 项，效果如图 8-42 所示。

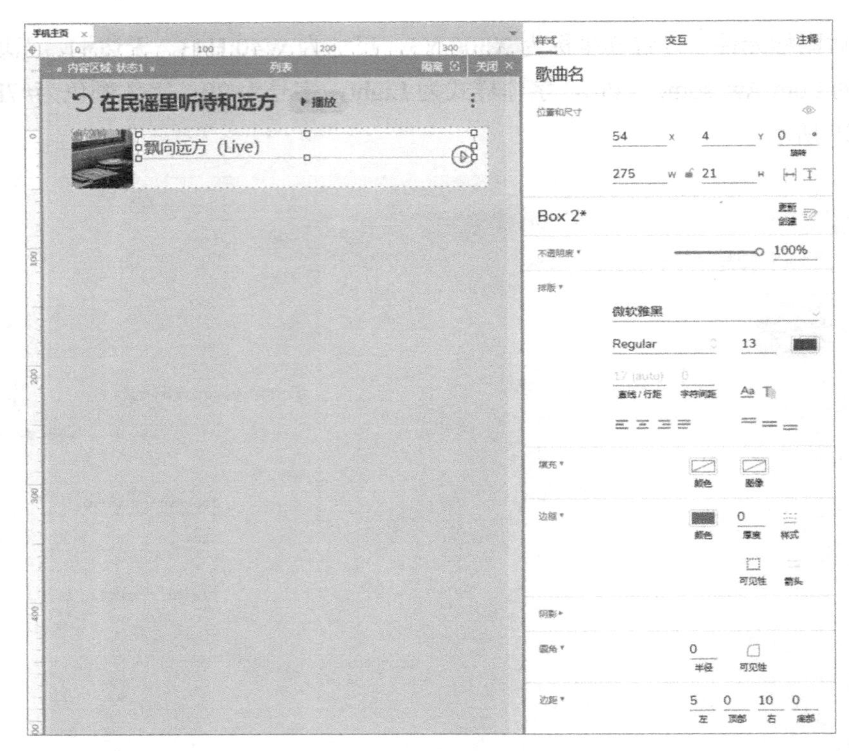

图 8-40　添加“歌曲名”矩形元件并进行设置后的效果

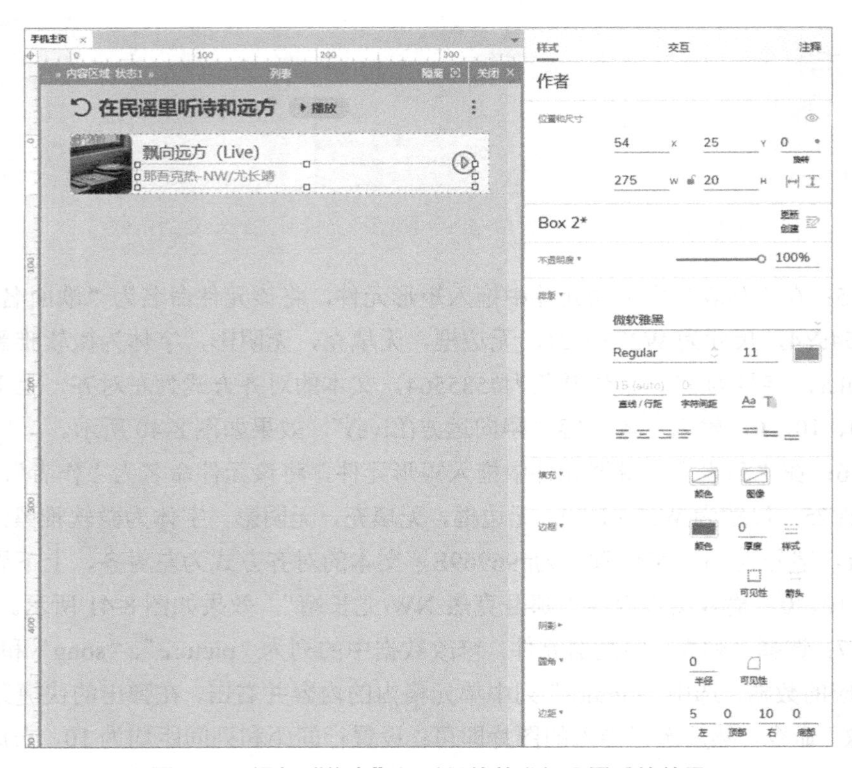

图 8-41　添加“作者”矩形元件并进行设置后的效果

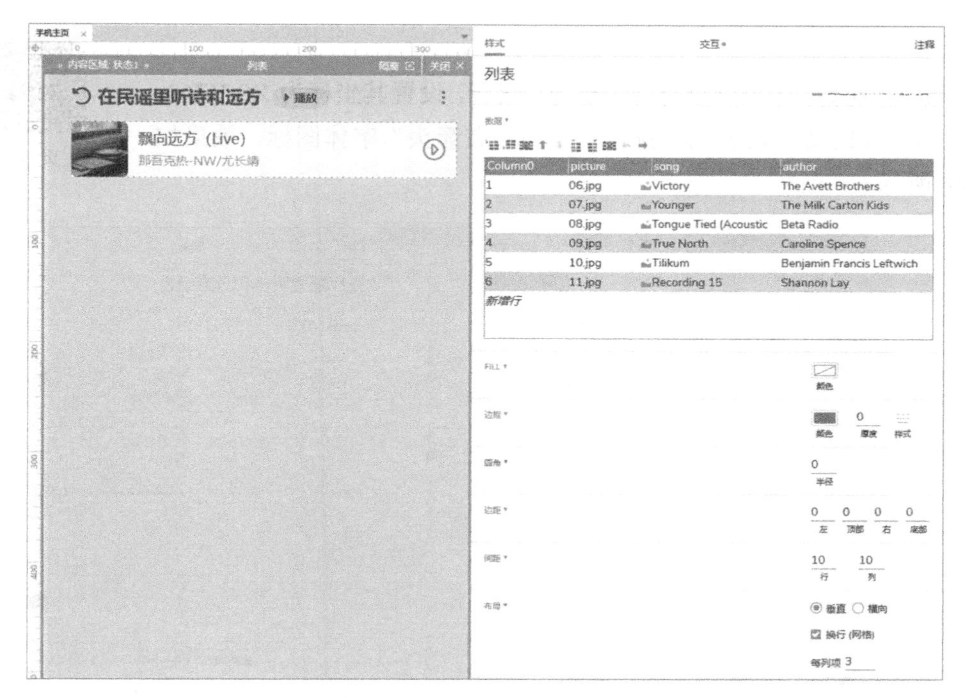

图 8-42　修改“列表”中继器元件中的数据并进行设置后的效果 1

步骤 8：选择“列表”中继器元件，设置交互用例。新建交互“项目加载时”，添加“设置文本”动作，设置目标元件为“歌曲名”，打开“编辑文字”对话框插入变量，选择中继器数据中的“Item.song”；添加“设置文本”动作，设置目标元件为“作者”，打开“编辑文字”对话框插入变量，选择中继器数据中的“Item.author”；添加“设置图像”动作，设置目标元件为“推荐图像”，打开“编辑文字”对话框插入变量，选择中继器数据中的“Item.picture”，如图 8-43 所示。

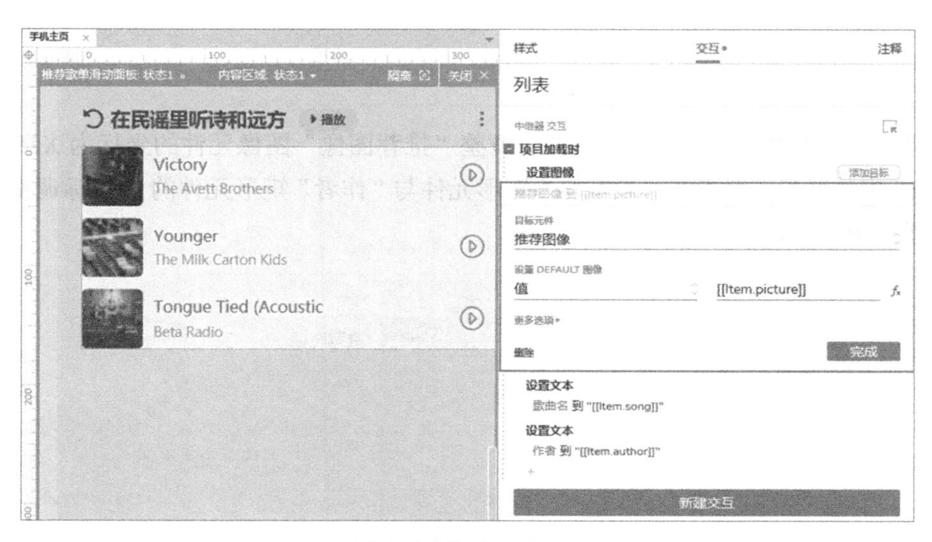

图 8-43　设置“列表”中继器元件的交互用例

8.4.6 排行榜

手机主页 06_排行榜

步骤 1：复制“在民谣里听诗和远方”组合，设置其坐标为 X0:Y768，修改矩形元件的文本内容为“排行榜”与“右箭头”字体图标，效果如图 8-44 所示。

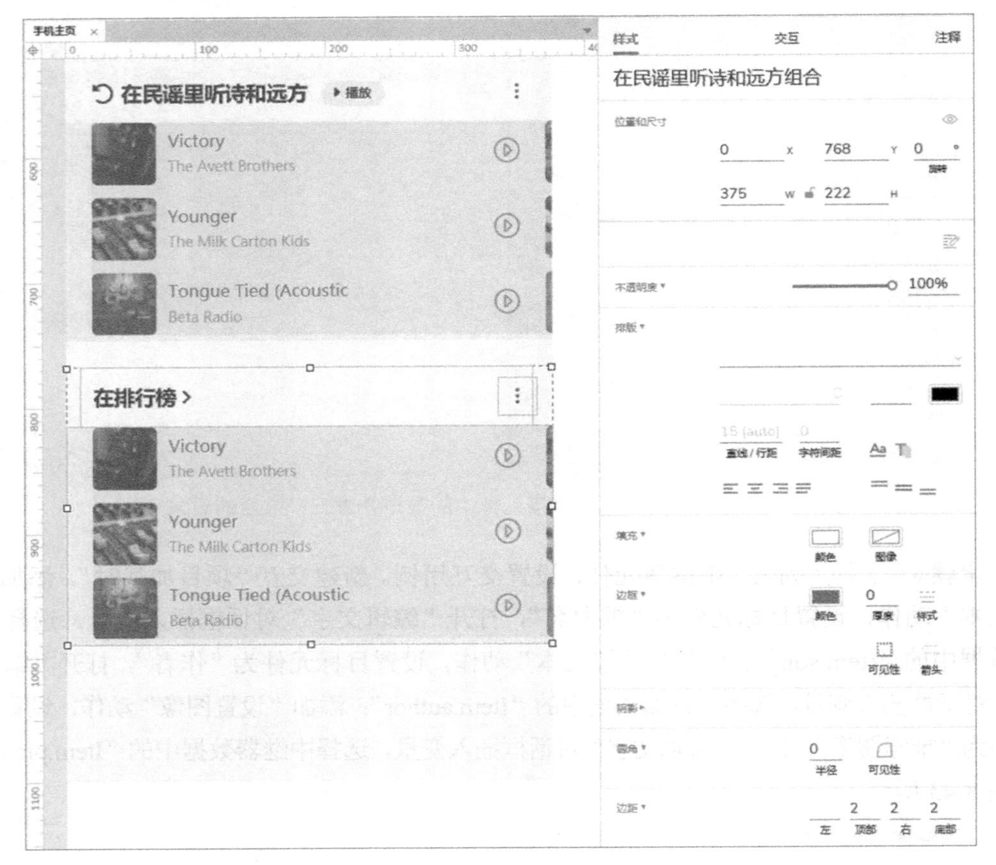

图 8-44 复制“在民谣里听诗和远方”组合并进行设置后的效果

步骤 2：双击“列表”中继器元件，调整“推荐图像”图像元件的坐标为 X15:Y0，删除“Icon”字体图标元件并将“歌曲名”矩形元件与“作者”矩形元件的 *X* 坐标调整为 100，效果如图 8-45 所示。

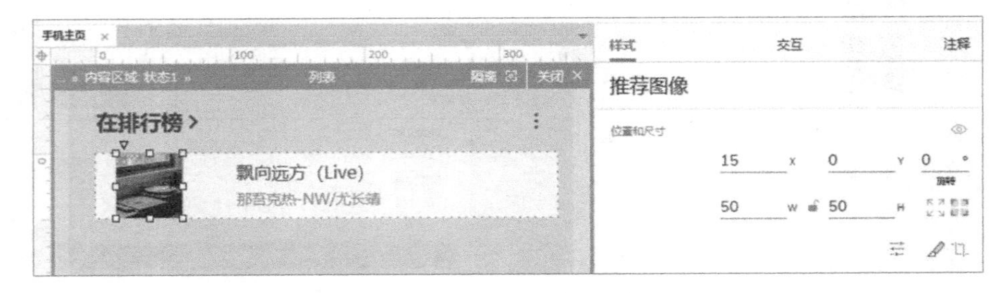

图 8-45 调整元件的坐标后的效果

步骤 3：将矩形元件拖入“列表”中继器元件中，并将其命名为“排行”，设置其坐标为 X65:Y14，尺寸为 W40:H20，无边框，无阴影，无填充，字体为微软雅黑，字体样式为 Bold，字号为 16，字体颜色为#B19B46，输入文本内容“1”，设置边距为 5、0、10、0，效果如图 8-46 所示。

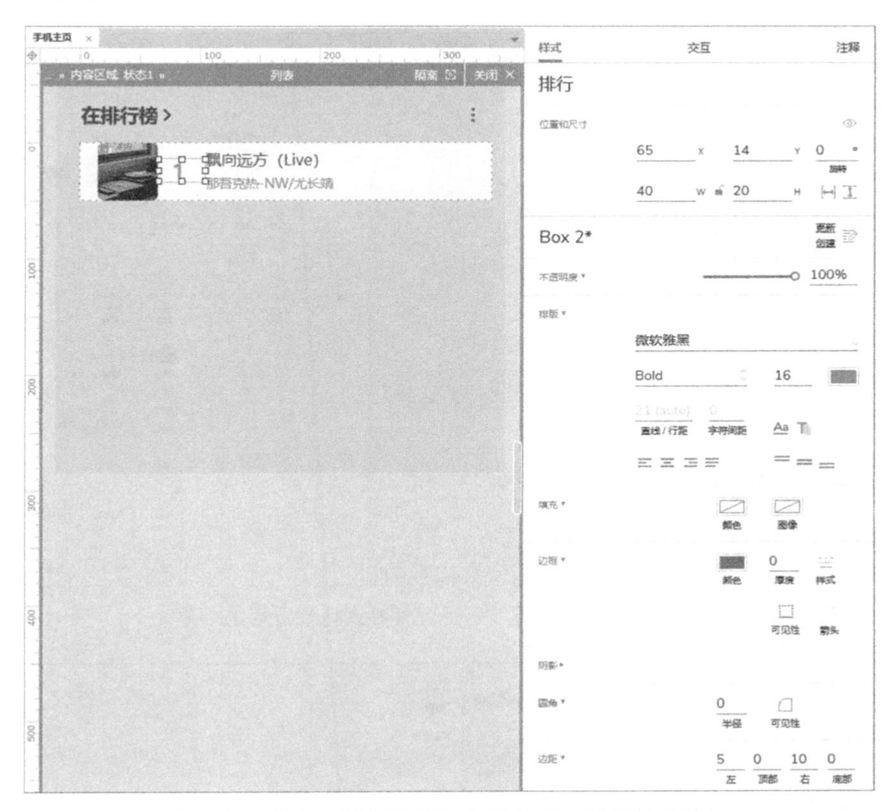

图 8-46　添加“排行”矩形元件并进行设置后的效果

步骤 4：将矩形元件拖入“列表”中继器元件，并将其命名为“标签”，设置其坐标为 X294:Y12，尺寸为 W50:H24，无边框，无阴影，无填充，字体为微软雅黑，字体样式为 Regular，字号为 10，字体颜色为#D9001B，文本的对齐方式为左对齐、上下居中，输入文本内容“热门”，设置边距为 5、0、10、0，效果如图 8-47 所示。

步骤 5：修改“列表”中继器元件中的数据，添加“ranking”和“label”列，并输入相应的数据，选中“picture”列中单元格内的内容并右击，在弹出的快捷菜单中选择“导入图像”命令，然后选择导入的图片即可；设置行间距为 10，列间距为 25，效果如图 8-48 所示。

步骤 6：选择“列表”中继器元件，设置交互用例。在“项目加载时”交互中，添加“设置文本”动作，设置目标元件为“标签”，打开“编辑文字”对话框插入变量，选择中继器数据中的“Item.label”；添加“设置文本”动作，设置目标元件为“排行”，打开“编辑文字”对话框插入变量，选择中继器数据中的“Item.ranking”，如图 8-49 所示。

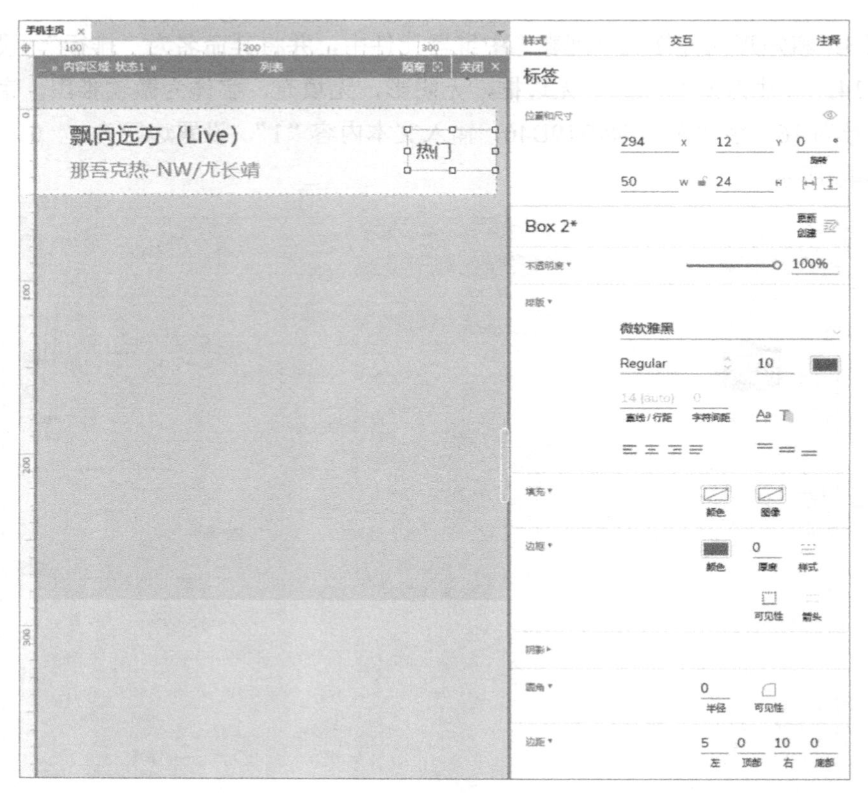

图 8-47　添加“标签”矩形元件并进行设置后的效果 1

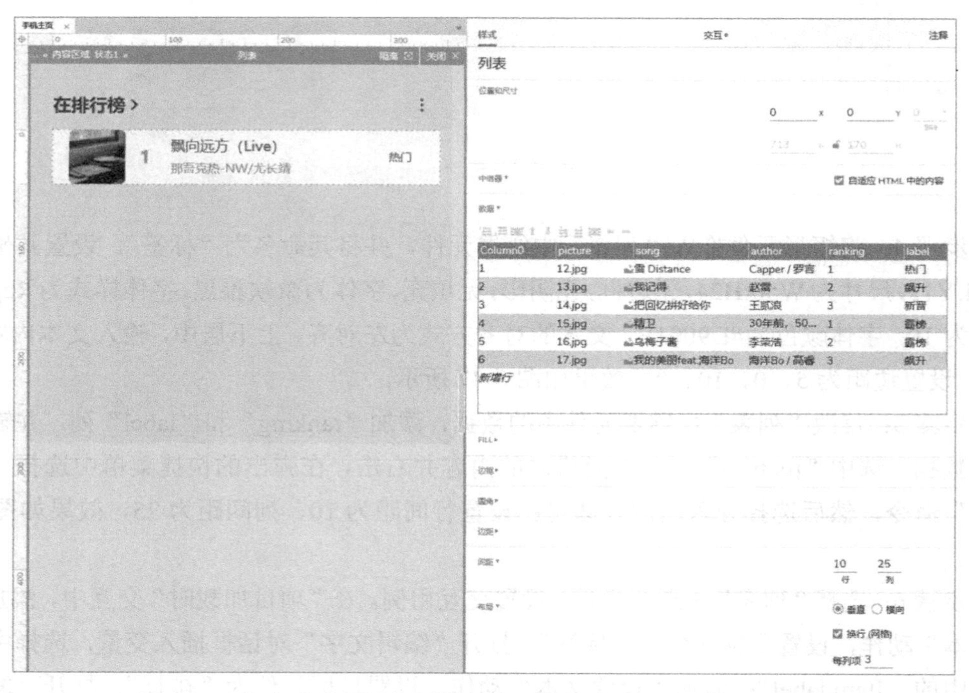

图 8-48　修改“列表”中继器元件中的数据并进行设置后的效果 2

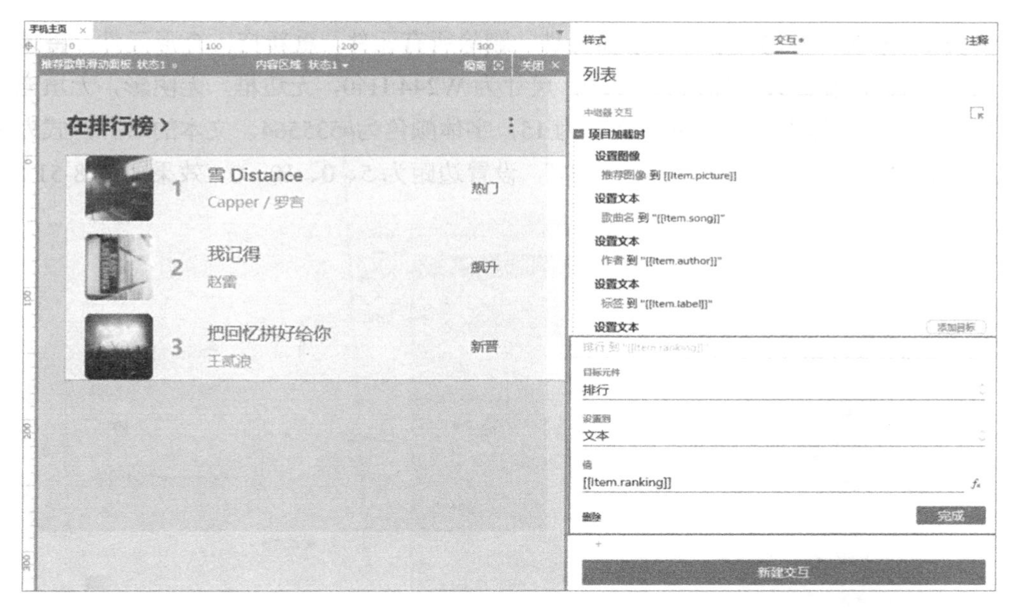

图 8-49　设置“列表”中继器元件的交互用例

步骤 7：选择“列表”中继器元件，设置其坐标为 X0:Y40，复制“列表”中继器元件，并将其命名为“标题列表”，设置其坐标为 X0:Y0，修改布局为“横向”，并保留两行数据，删除其余数据，效果如图 8-50 所示。

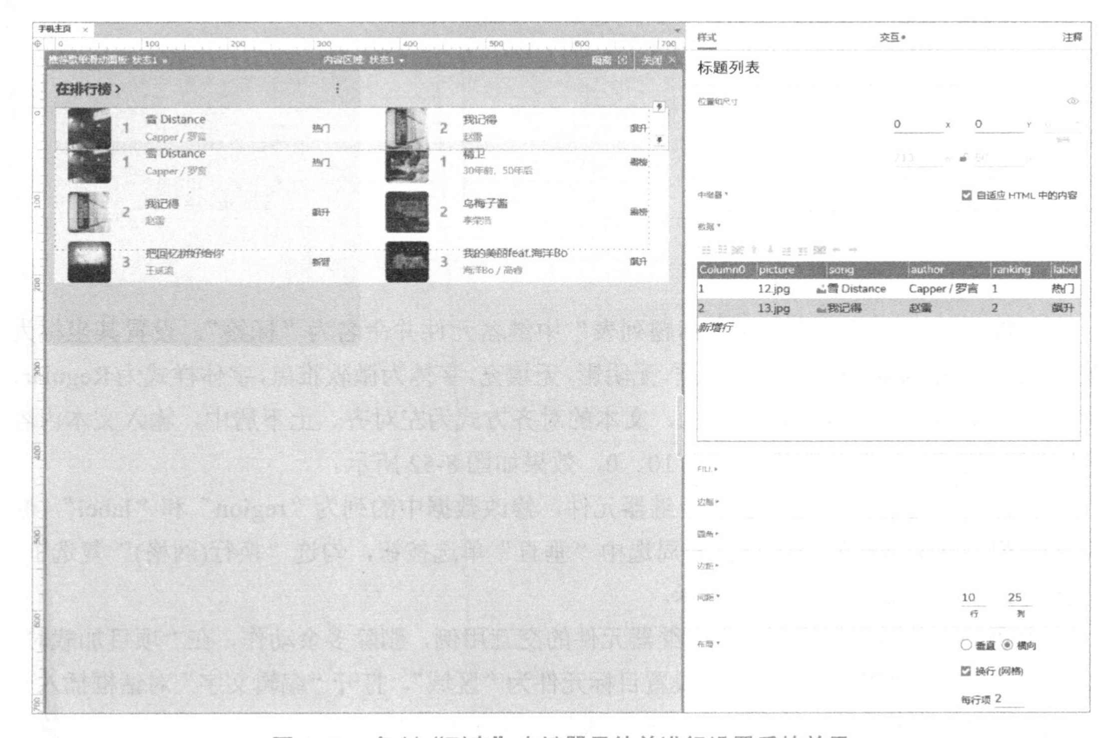

图 8-50　复制“列表”中继器元件并进行设置后的效果

步骤 8：双击“标题列表”中继器元件，删除所有元件，重新拖入矩形元件，将该元件命名为“区域”，设置其坐标为 X15:Y0，尺寸为 W244:H40，无边框，无阴影，无填充，字体为微软雅黑，字体样式为 Bold，字号为 15，字体颜色为#535564，文本的对齐方式为左对齐、上下居中，输入文本内容“热歌榜单”，设置边距为 5、0、10、0，效果如图 8-51 所示。

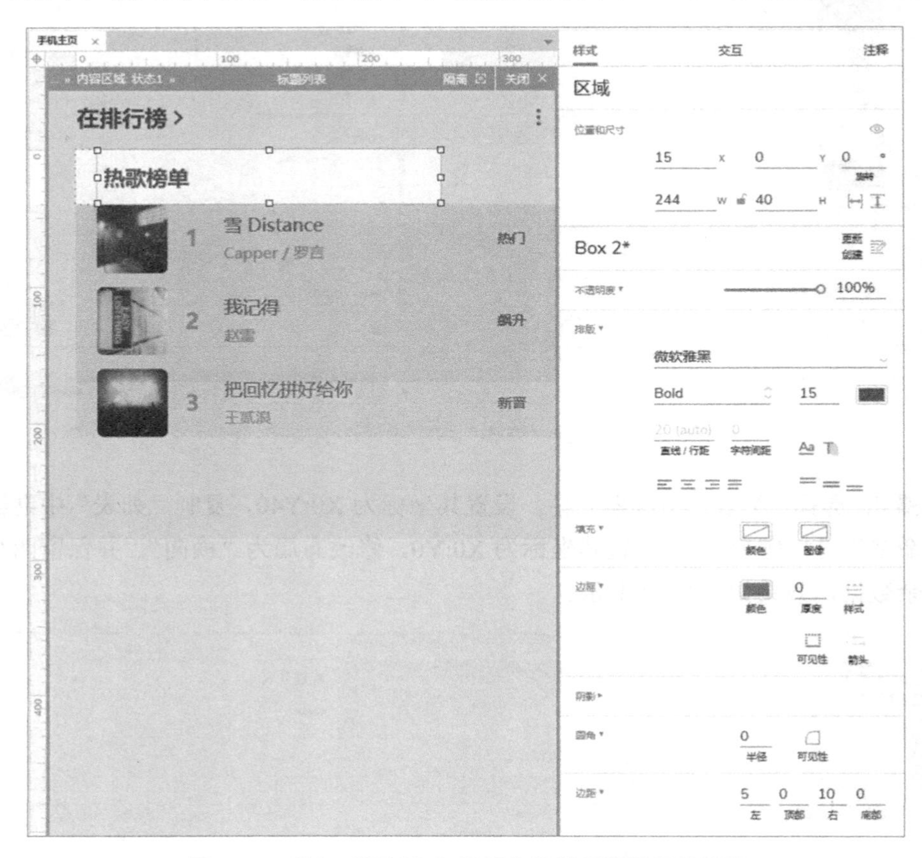

图 8-51 添加“区域”矩形元件并进行设置后的效果

步骤 9：将矩形元件拖入“标题列表”中继器元件并命名为“标签”，设置其坐标为 X237:Y0，尺寸为 W108:H40，无边框，无阴影，无填充，字体为微软雅黑，字体样式为 Regular，字号为 10，字体颜色为#AAAAAA，文本的对齐方式为左对齐、上下居中，输入文本内容“大家都在听”，设置边距为 5、0、10、0，效果如图 8-52 所示。

步骤 10：选择“标题列表”中继器元件，修改数据中的列为“region”和“label”，删除多余列，并输入相应的数据；布局选中“垂直”单选按钮，勾选“换行(网格)”复选框，设置每列 1 项，效果如图 8-53 所示。

步骤 11：修改“标题列表”中继器元件的交互用例，删除多余动作，在“项目加载时”交互中，添加“设置文本”动作，设置目标元件为“区域”，打开“编辑文字”对话框插入变量，选择中继器数据中的“Item.region”；添加“设置文本”动作，设置目标元件为“标签”，打开“编辑文字”对话框插入变量，选择中继器数据中的“Item.label”，效果如图 8-54 所示。

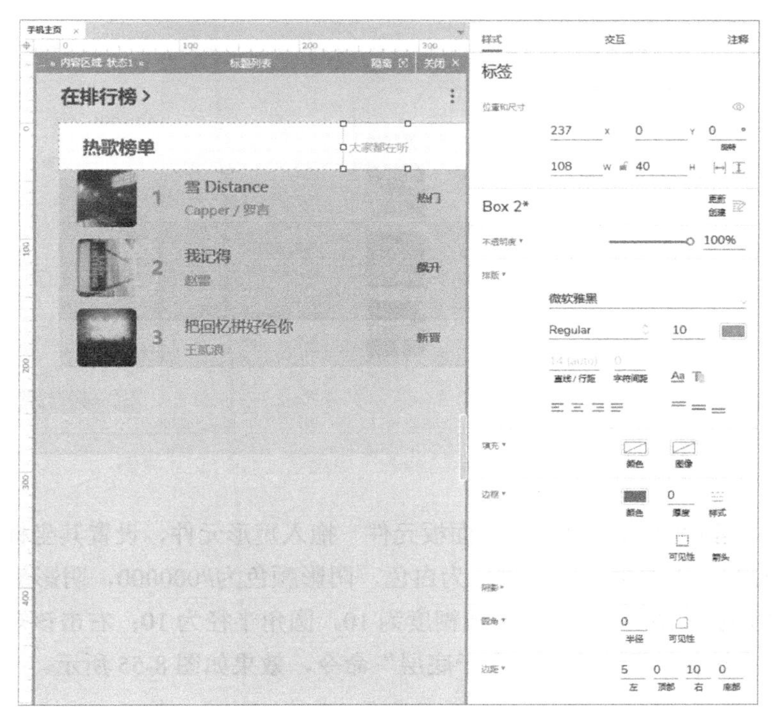

图 8-52　添加“标签”矩形元件并进行设置后的效果 2

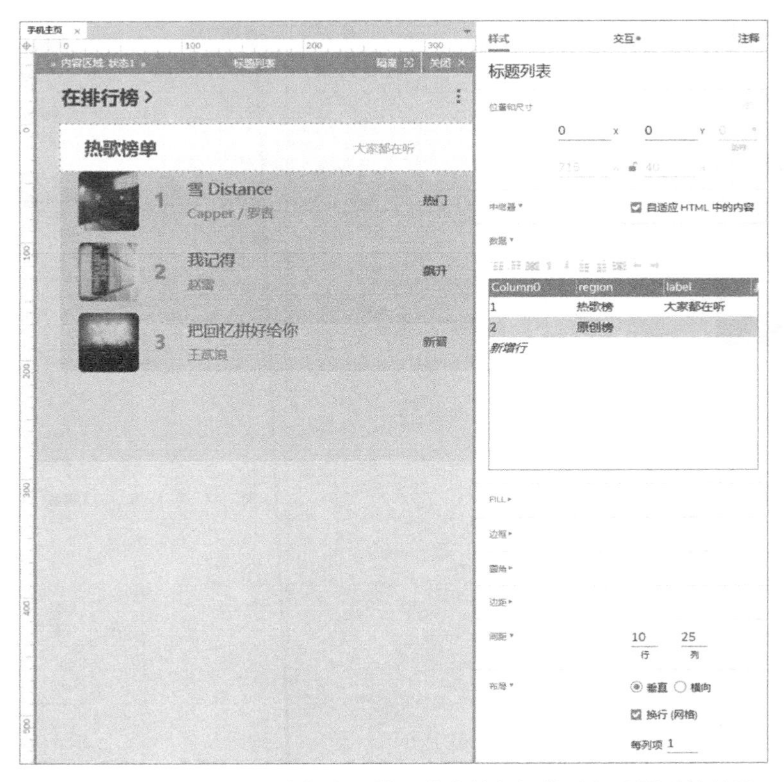

图 8-53　修改“标题列表”中继器元件中的数据并进行设置后的效果

图 8-54　修改“标题列表”中继器元件的交互用例

步骤 12：回到“内容区域”动态面板元件，拖入矩形元件，设置其坐标为 X0:Y0，尺寸为 W342:H220，无边框，填充颜色为白色，阴影颜色为#000000，阴影颜色的透明度为35%，阴影的坐标为 X0:Y0，阴影的模糊度为 10，圆角半径为 10；右击该矩形元件，在弹出的快捷菜单中选择“顺序”→“置于底层”命令，效果如图 8-55 所示。

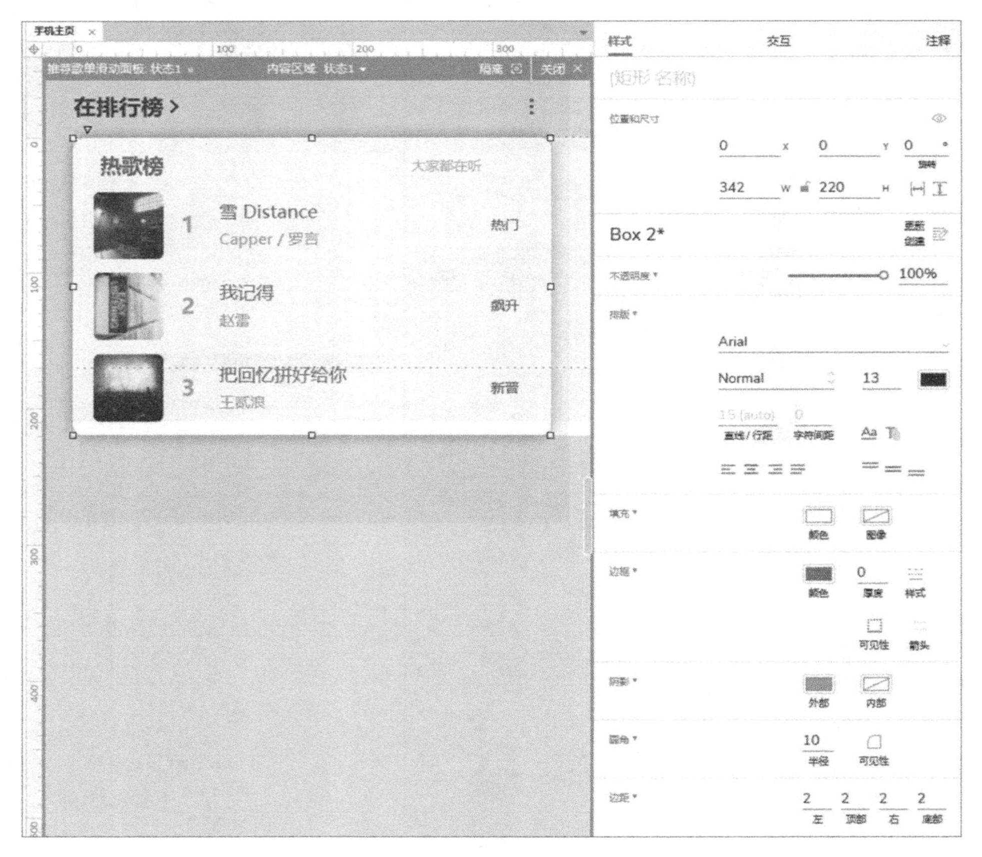

图 8-55　拖入矩形元件并进行设置后的效果 2

步骤 13：复制步骤 12 中的矩形元件，设置其坐标为 X368:Y0；右击该矩形元件，在弹出的快捷菜单中选择“顺序”→“置于底层”命令，效果如图 8-56 所示。

图 8-56　复制矩形元件并进行设置后的效果

步骤 14：回到初始页面，选择排行榜中的“滑动面板”动态面板元件，修改其尺寸为 W375:H233，修改“内容区域”动态面板元件的尺寸为 W715:H220，效果如图 8-57 所示。

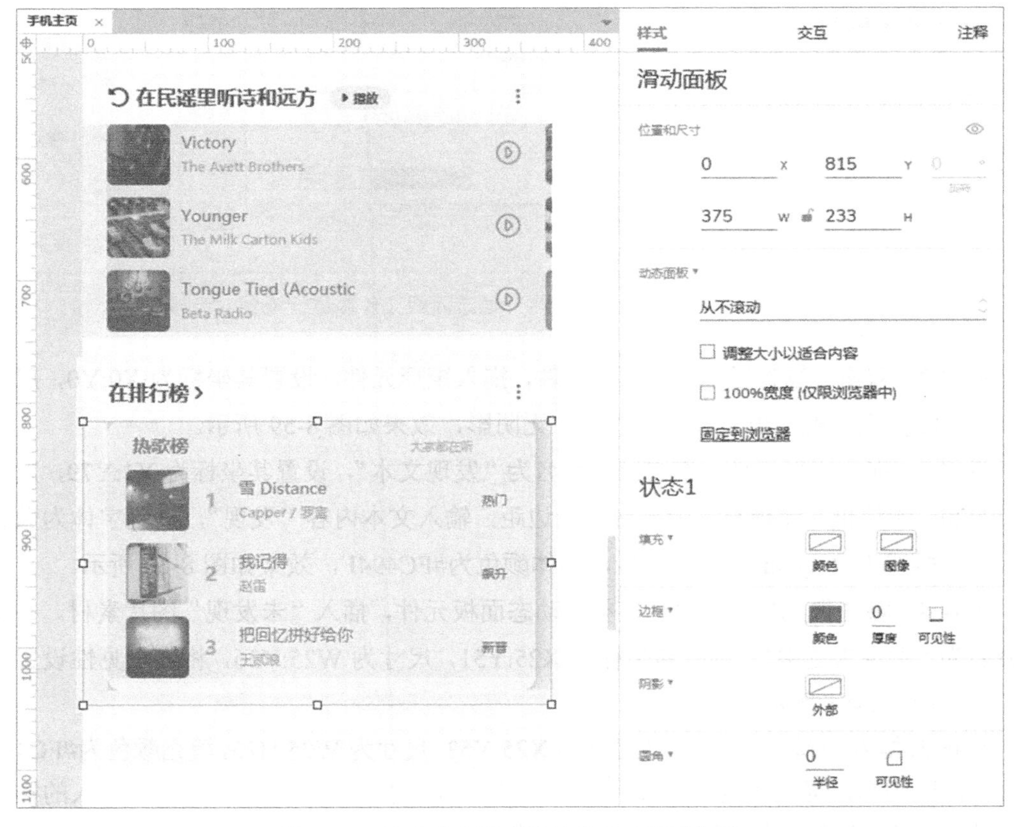

图 8-57　修改动态面板元件的尺寸后的效果

8.4.7 底部标签栏

手机主页 07-底部导航

步骤 1：回到初始页面，拖入动态面板元件，将该元件命名为“标签栏”，设置其坐标为 X0:Y666，尺寸为 W375:H102；单击“固定到浏览器”文字链接，在弹出的“固定到浏览器”对话框中设置横向固定为居中、垂直固定为底部，如图 8-58 所示；设置无填充，无边框，阴影颜色为#D7D7D7，阴影颜色的透明度为 35%，阴影的坐标为 X0:Y−5，阴影的模糊度为 10。

图 8-58　添加“标签栏”动态面板元件并进行设置

步骤 2：双击“标签栏”动态面板元件，拖入矩形元件，设置其坐标为 X0:Y0，尺寸为 W375:H105，无边框，填充颜色为白色，无阴影，效果如图 8-59 所示。

步骤 3：拖入矩形元件，将该元件命名为“发现文本”，设置其坐标为 X1:Y79，尺寸为 W75:H20，无边框，无填充，无阴影，无边距，输入文本内容“发现”，设置字体为微软雅黑，字体样式为 Regular，字号为 11，字体颜色为#FC494F，效果如图 8-60 所示。

步骤 4：将图像元件拖入“标签栏”动态面板元件，插入“未发现”图片素材，并将其重命名为“发现未选中”，设置其坐标为 X25:Y51，尺寸为 W25:H26，将其可见性设置为隐藏，效果如图 8-61 所示。

步骤 5：拖入椭圆元件，设置其坐标为 X25:Y53，尺寸为 W25:H25，填充颜色为#FC494F，无边框，无阴影，插入“发现”图片素材，设置其尺寸为 W17:H16，将上面拖入的椭圆元件移动至“发现”图片素材的正中心，并将当前元件组合，设置组合的名称为“发现选中”，效果如图 8-62 所示。

图 8-59　拖入矩形元件并进行设置后的效果 3

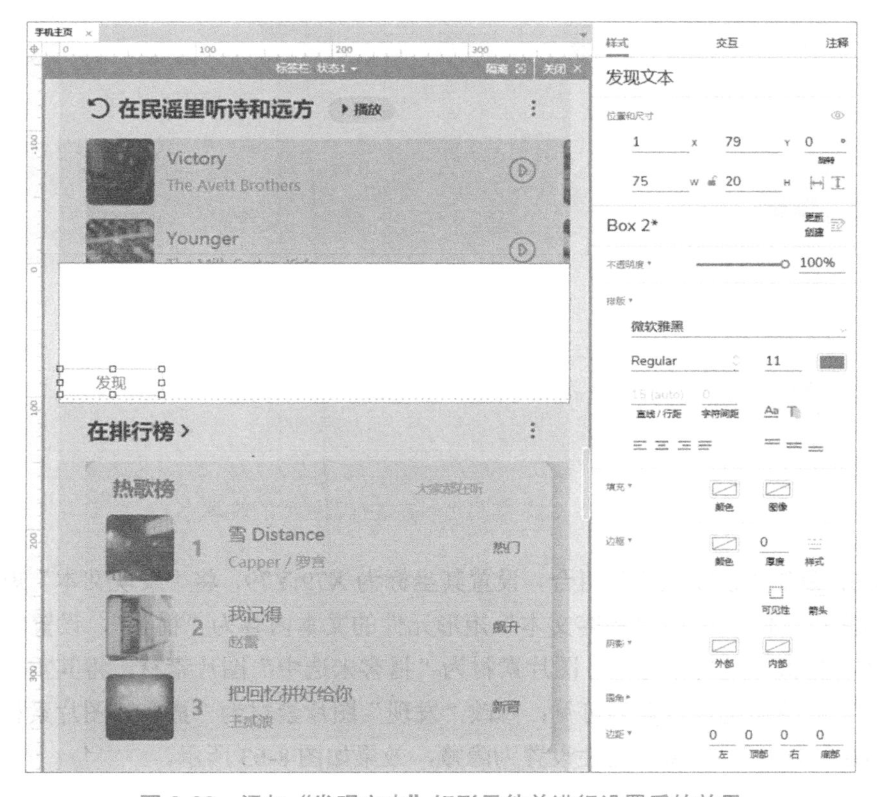

图 8-60　添加“发现文本”矩形元件并进行设置后的效果

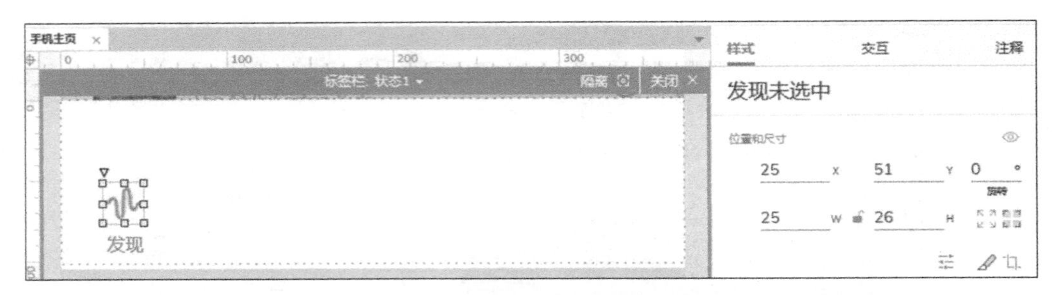

图 8-61　拖入图像元件并进行设置后的效果

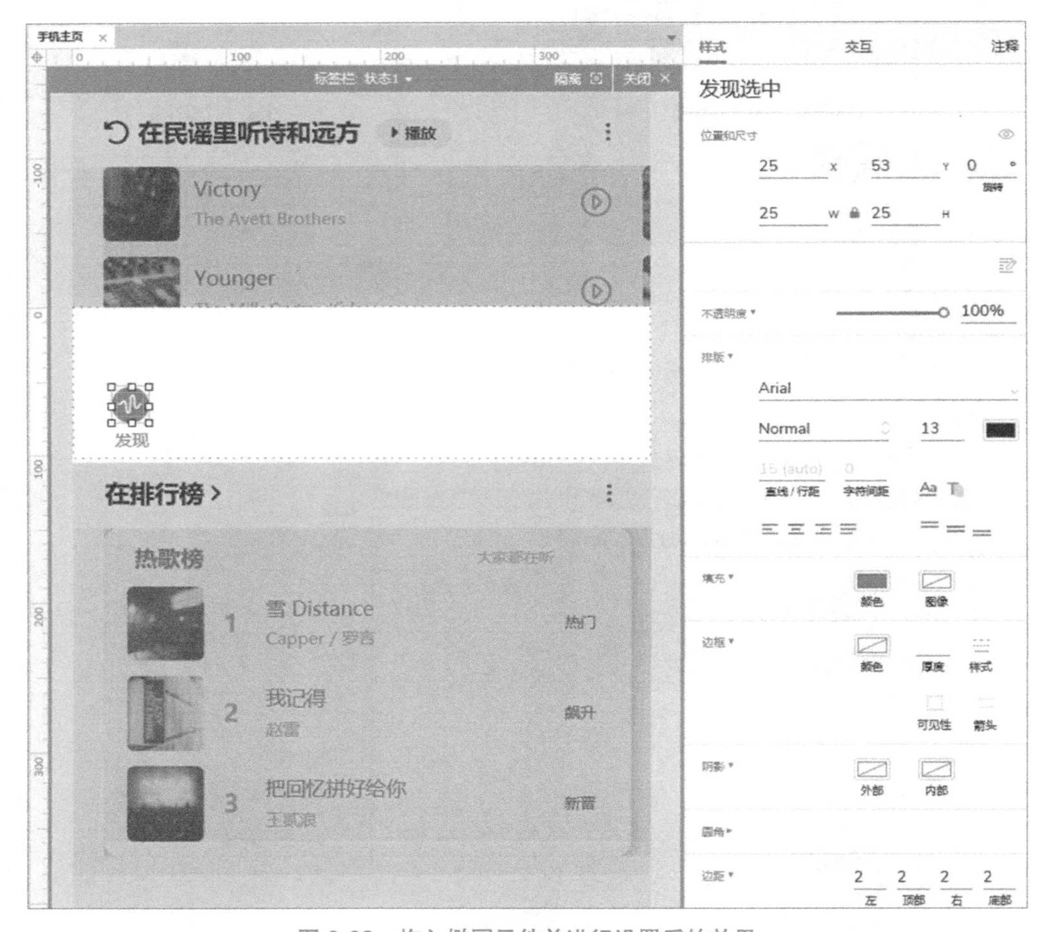

图 8-62　拖入椭圆元件并进行设置后的效果

步骤 6：复制“发现选中”组合，设置其坐标为 X79:Y79，将“发现文本”矩形元件重命名为“播客文本”，修改“播客文本”矩形元件的文本内容为“播客”，设置字体颜色为#CCCCCC；修改“发现未选中”图片素材为“播客未选中”图片素材，将其重命名为“播客未选中”，并将可见性设置为可见；修改“发现”图片素材为“播客”图片素材，将其重命名为“播客选中”，并将可见性设置为隐藏，效果如图 8-63 所示。

图 8-63　复制“发现选中”组合并进行设置后的效果

步骤 7：复制“播客文本”组合，设置其坐标为 X157:Y79，将“播客文本”矩形元件重命名为“我的文本”，修改“我的文本”矩形元件的文本内容为“我的”，修改“播客未选中”图片素材为“我的未选中”图片素材，修改“播客”图片素材为“我的”图片素材，效果如图 8-64 所示。使用同样的方法，设置“关注文本”组合与“社区文本”组合，并依次修改名称、文本内容与图片素材，效果如图 8-65 所示。

步骤 8：拖入热点元件，将该元件命名为“发现热点”，设置其坐标为 X4:Y46，尺寸为 W75:H54，并设置交互用例。新建交互“鼠标单击时”，添加“设置文本”动作，设置目标元件为“发现文本”，设置富文本的字体颜色为#FC494F；添加“显示/隐藏”动作，显示“发现选中”置于顶层；添加“显示/隐藏”动作，隐藏“发现未选中”，如图 8-66 所示。

至此，底部导航效果已经完成，如果需要跳转到其他页面，则可以自行添加相应的页面和热点元件，可参考步骤 8 修改富文本内容。

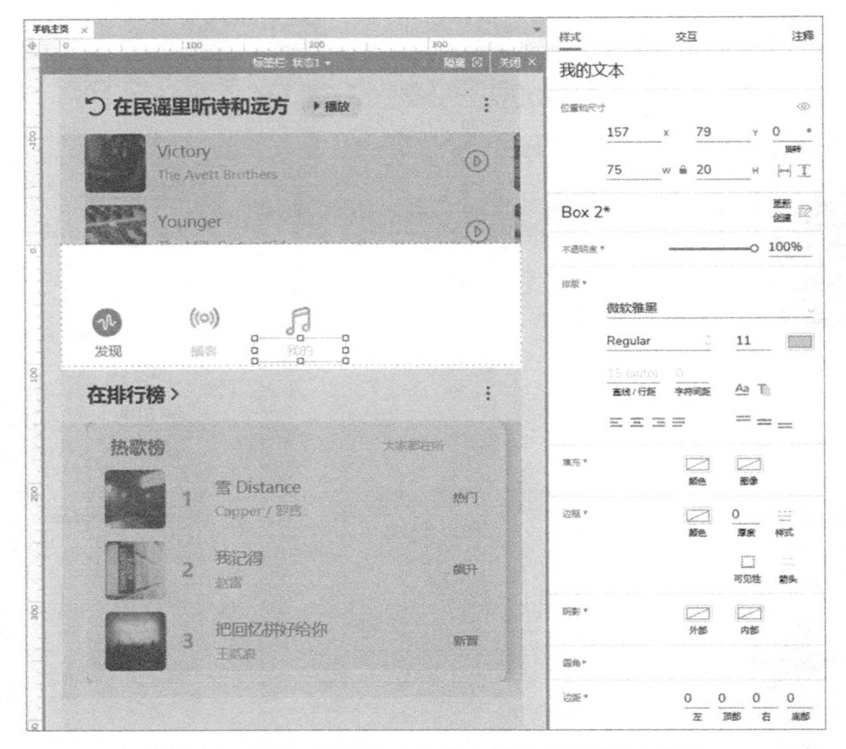

图 8-64　复制“播客文本”组合并进行设置后的效果

图 8-65　设置“社区文本”组合后的效果

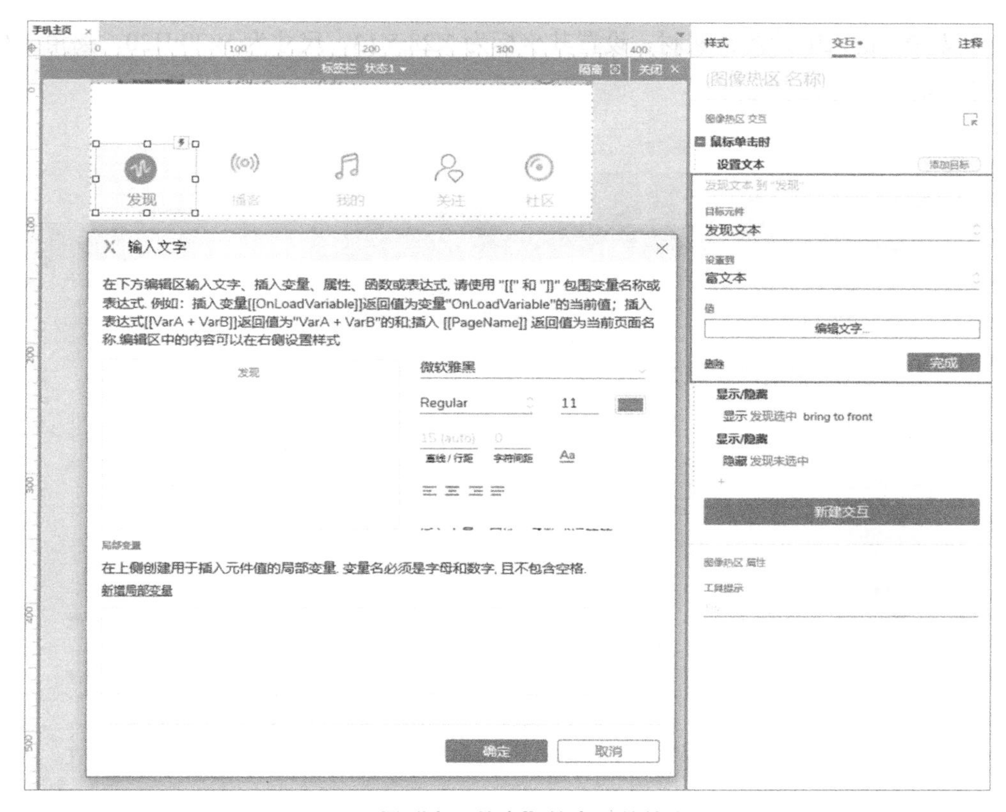

图 8-66　设置“发现热点”热点元件的交互用例

步骤 9：拖入唱片背景图片素材，设置其坐标为 X20:Y5，尺寸为 W35:H35，效果如图 8-67 所示。

图 8-67　拖入唱片背景图片素材并进行设置后的效果

步骤 10：拖入唱片图片素材，设置其坐标为 X28:Y13，尺寸为 W20:H20，圆角半径为 15，效果如图 8-68 所示。

图 8-68 拖入唱片图片素材并进行设置后的效果

步骤 11：拖入歌单列表图片素材，设置其坐标为 X340:Y15，尺寸为 W20:H17，效果如图 8-69 所示。

图 8-69 拖入歌单列表图片素材并进行设置后的效果

步骤 12：从字体图标元件库中拖入“箭头-三角-右 Caret Right”字体图标元件，设置其坐标为 X310:Y14，尺寸为 W18:H18，无填充，无阴影，边框颜色为#D7D7D7，边框厚度为 1，圆角半径为 15，字体为 Font Awesome 5 Pro，字体样式为 Solid，字号为 11，字体颜色为#495057，效果如图 8-70 所示。

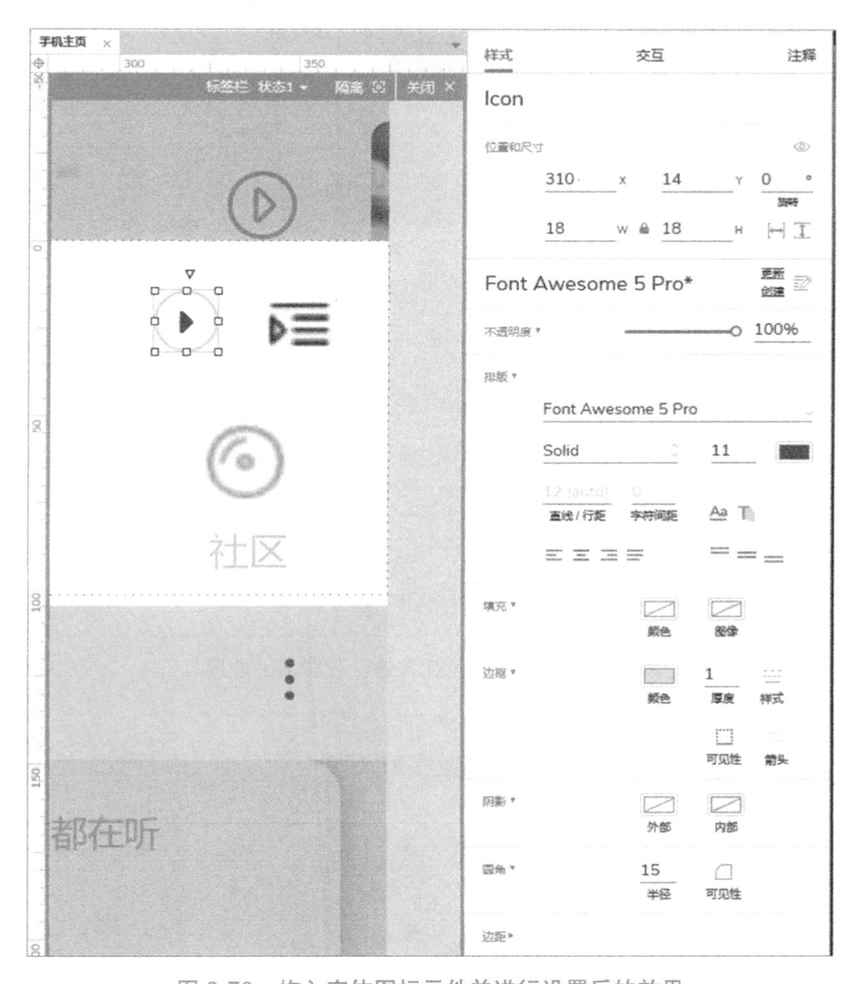

图 8-70　拖入字体图标元件并进行设置后的效果

步骤 13：拖入矩形元件，设置其坐标为 X61:Y0，尺寸为 W170:H46，无填充，无阴影，无边框，设置字体为微软雅黑，字体样式为 Regular，字号为 13，文本的对齐方式为左对齐、上下居中，边距为 10、2、2、2，输入文本内容“暖暖”，设置字体颜色为#333333，输入文本内容“- 梁静茹”，设置字体颜色为#000000，字体颜色的透明度为 35%，效果如图 8-71 所示。

步骤 14：拖入横线元件，设置其坐标为 X1:Y46，尺寸为 W375:H1，边框颜色为#D7D7D7，边框颜色的透明度为 45%，边框厚度为 1，效果如图 8-72 所示。

图 8-71　拖入矩形元件并进行设置后的效果 4

图 8-72　拖入横线元件并进行设置后的效果

8.5　小结

手机主页效果预览

本章介绍了手机主页界面的制作方法。通过对本章内容的学习，读者能够了解移动端界面的设计规范，能够熟练应用动态面板元件、中继器元件、第三方元件库等。

手机主页练习题效果预览

8.6　加深练习

手机主页界面练习题的效果图如图 8-73 所示。

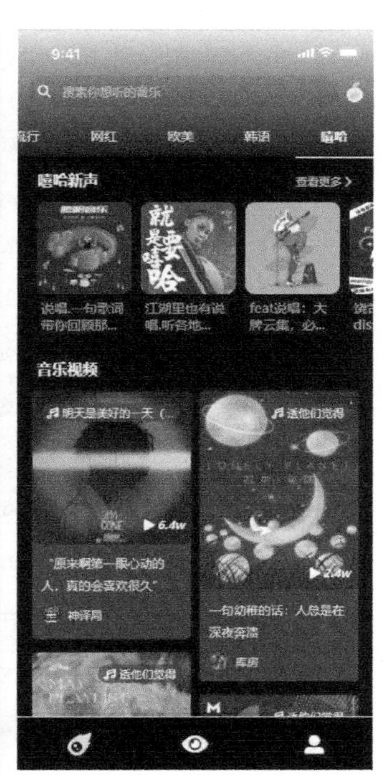

图 8-73　手机主页界面练习题的效果图

要求如下：

利用 Axure RP 9 制作手机主页界面的高保真原型，主要包括以下几个方面。

（1）手机主页界面的第一部分包括状态栏、搜索框，以及可左右滑动选择的快捷导航栏，该部分内容固定在页面顶部。

（2）点击导航栏可以切换至对应的内容。

（3）音乐视频的内容采用组合卡片式布局。

（4）嘻哈新声的内容可以左右滑动。

（5）底部导航需要固定在底部，并且页面可以上下滚动。

第 9 章　手机设置页界面

9.1　界面效果图

手机设置页界面效果图如图 9-1 所示。

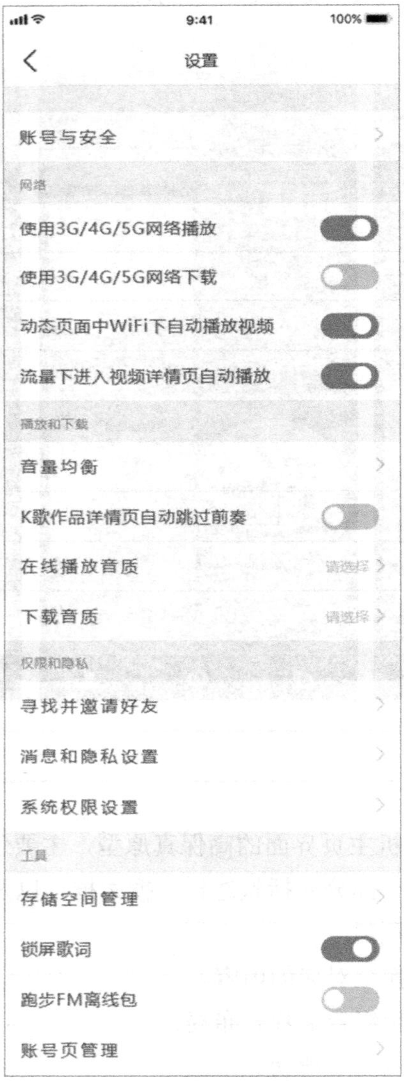

图 9-1　手机设置页界面效果图

9.2 界面分析

手机设置页界面主要展示可设置信息，用户可以选择音质情况、打开或关闭网络等。

9.3 使用工具分析

使用矩形、文本框等元件完成手机设置页界面的制作。借助系统自带元件库完成开关按钮的效果，使用动态面板元件制作音质选择弹窗。通过添加事件和动作来实现选择音质效果。

9.4 实施步骤

手机设置页

步骤 1：新建页面，将其命名为“设置页面”，将页面尺寸设置成设备类型为 iPhone 11 Pro；拖入矩形元件，设置其坐标为 X0:Y0，尺寸为 W375:H1047，无边框，颜色填充为#F2F2F2，效果如图 9-2 所示。

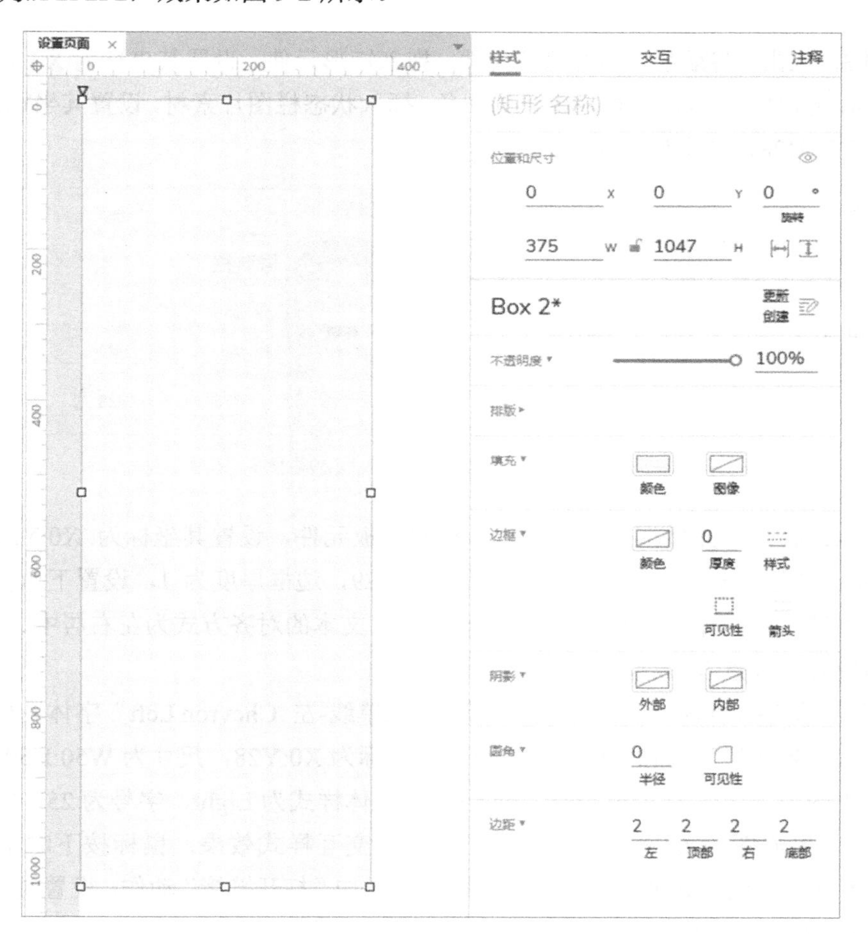

图 9-2 拖入矩形元件并进行设置后的效果 1

步骤 2：将动态面板元件拖入页面，并将其命名为“导航栏”，设置其坐标为 X0:Y0，尺寸为 W375:H78，效果如图 9-3 所示。

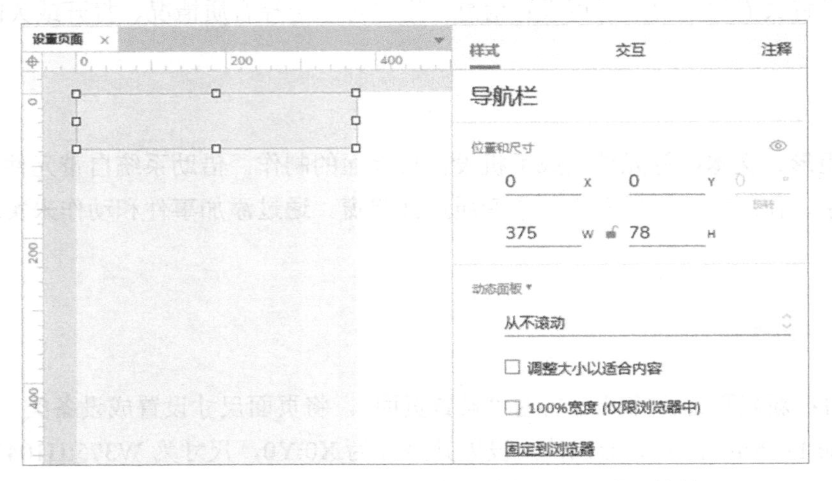

图 9-3　添加“导航栏”动态面板元件并进行设置后的效果

步骤 3：双击“导航栏”动态面板元件，拖入矩形元件，设置其坐标为 X0:Y0，尺寸为 W375:H28，无边框，无阴影，填充颜色为白色；插入状态栏图片素材，设置其坐标为 X0:Y0，尺寸为 W375:H28，效果如图 9-4 所示。

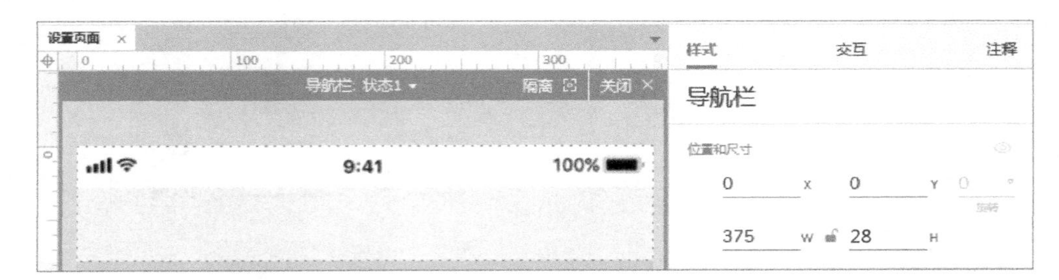

图 9-4　拖入矩形元件和插入状态栏图片素材

步骤 4：将矩形元件拖入“导航栏”动态面板元件，设置其坐标为 X0:Y28，尺寸为 W375:H50，颜色填充为白色，边框颜色为#E9E9E9，边框厚度为 1，设置下边框可见，字体为微软雅黑，字体样式为 Regular，字号为 16，文本的对齐方式为左右居中、上下居中，输入文本内容“设置”，效果如图 9-5 所示。

步骤 5：从字体图标元件库中找到“箭头-长单线-左 Chevron Left”字体图标元件，将该元件拖入“导航栏”动态面板元件，设置其坐标为 X0:Y28，尺寸为 W50:H50，无边框，无颜色，无阴影，字体为 Font Awesome 5 Pro，字体样式为 Light，字号为 25，字体颜色为#333333，效果如图 9-6 所示。为当前元件设置交互样式效果：鼠标按下时不透明度为 80%；设置交互用例：新建交互“鼠标单击时”，添加“打开链接”动作，设置链接到为“链接外部网址 #”，如图 9-7 所示。

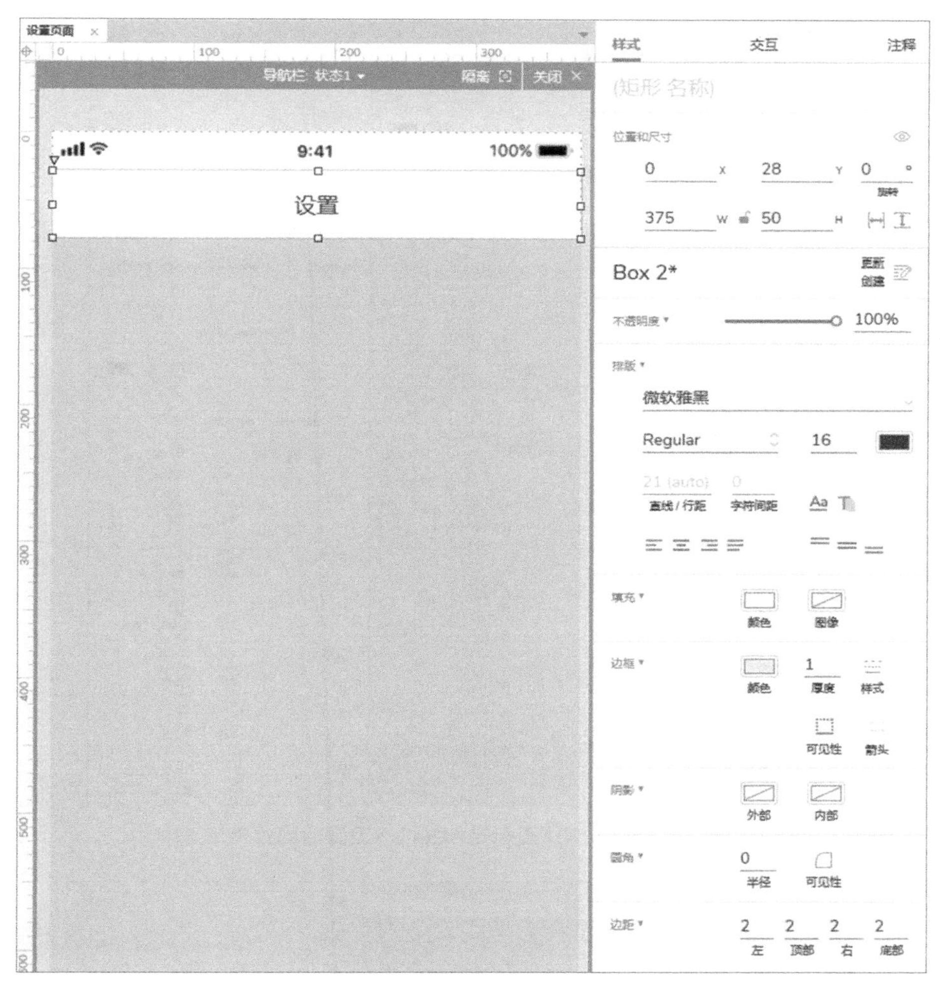

图 9-5　添加“设置”矩形元件并进行设置后的效果

步骤 6：回到初始页面，拖入矩形元件，设置其坐标为 X0:Y103，尺寸为 W375:H50，填充颜色为白色，边框颜色为# F2F2F2，边框厚度为 1，设置上下边框可见，字体为微软雅黑，字体样式为 Regular，字号为 16，字符间距为 3，字体颜色为#484A57，文本的对齐方式为左对齐，输入文本内容“账号与安全”，设置边距为 15、0、0、0，效果如图 9-8 所示。

步骤 7：从字体图标元件库中拖入“箭头-长单线-右 Chevron Right”字体图标元件，设置其坐标为 X130:Y103，尺寸为 W245:H50，无填充，无边框，无阴影，字体为 Font Awesome 5 Pro，字体样式为 Light，字号为 16，字体颜色为#CCCCCC，文本的对齐方式为右对齐，边距为 0、0、15、0，效果如图 9-9 所示。为当前元件设置交互用例：新建交互“鼠标单击时”，添加“打开链接”动作，设置链接到为“链接外部网址 #”，效果如图 9-10 所示。将“账户与安全”矩形元件与当前字体图标元件组合，设置该组合的名称为“组合 1”。

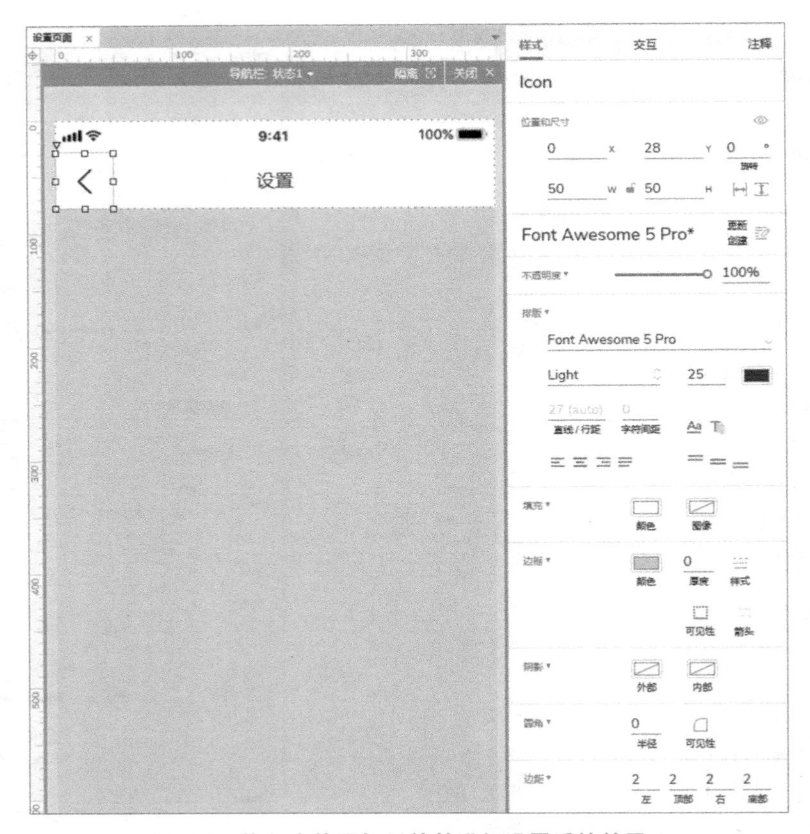

图 9-6 拖入字体图标元件并进行设置后的效果 1

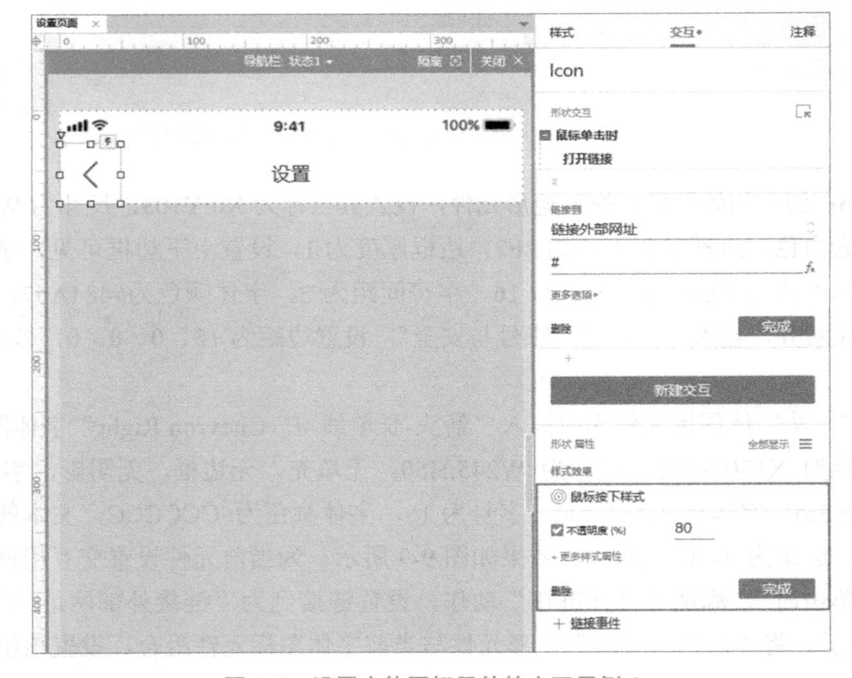

图 9-7 设置字体图标元件的交互用例 1

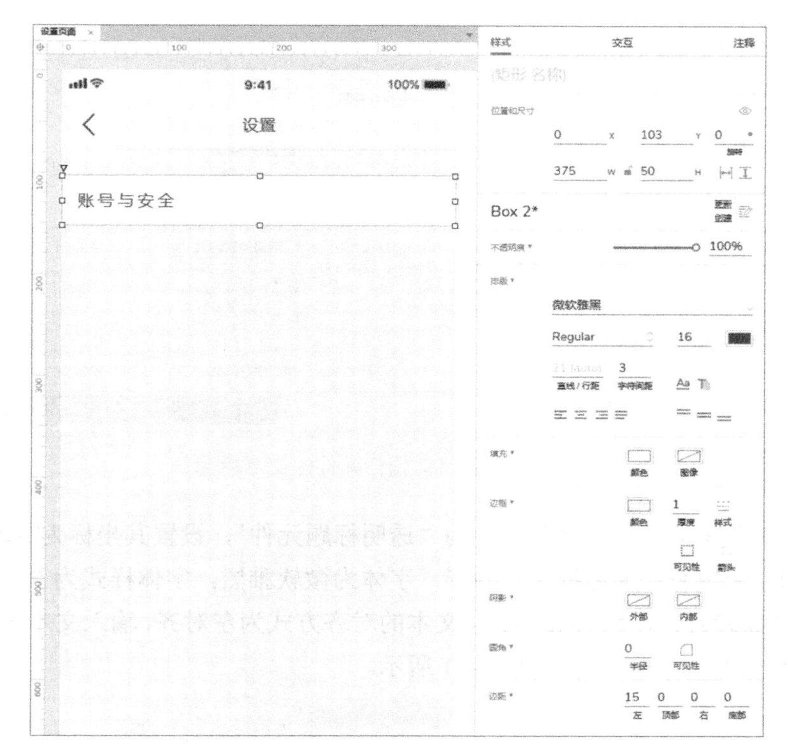

图 9-8　添加“账号与安全”矩形元件并进行设置后的效果

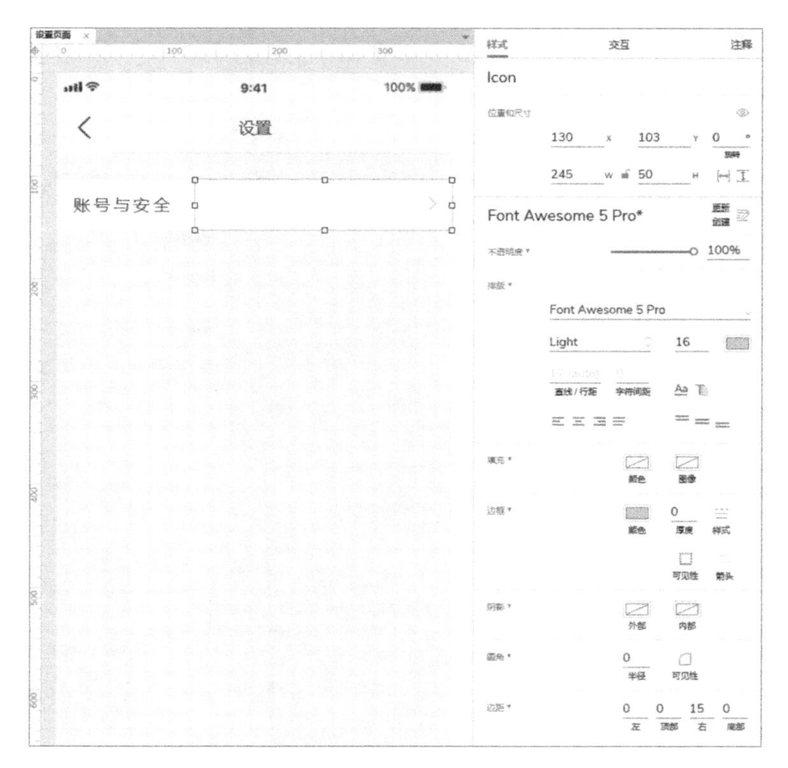

图 9-9　拖入字体图标元件并进行设置后的效果 2

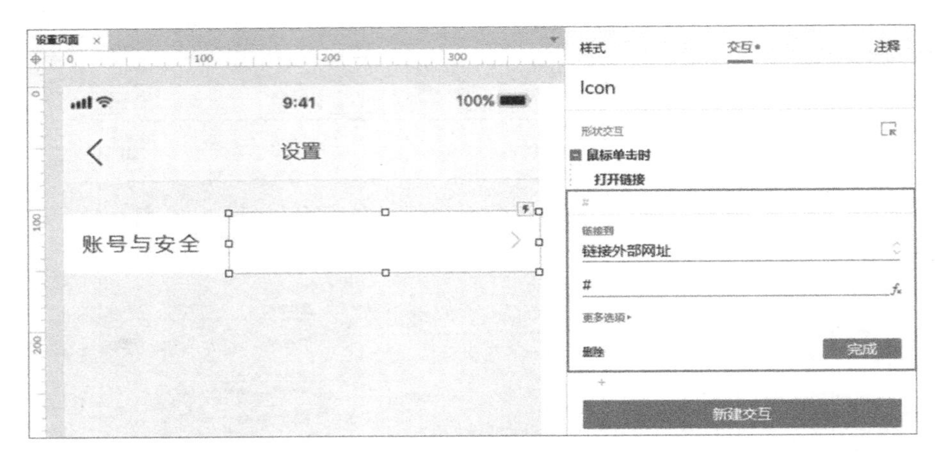

图 9-10　设置字体图标元件的交互用例 2

步骤 8：拖入矩形元件，将其命名为“透明标题元件”，设置其坐标为 X0:Y153，尺寸为 W375:H40，无填充，无边框，无阴影，字体为微软雅黑，字体样式为 Regular，字号为 12，字体颜色为#979797，字符间距为 1，文本的对齐方式为左对齐，输入文本内容“网络”，设置边距为 15、3、0、0，效果如图 9-11 所示。

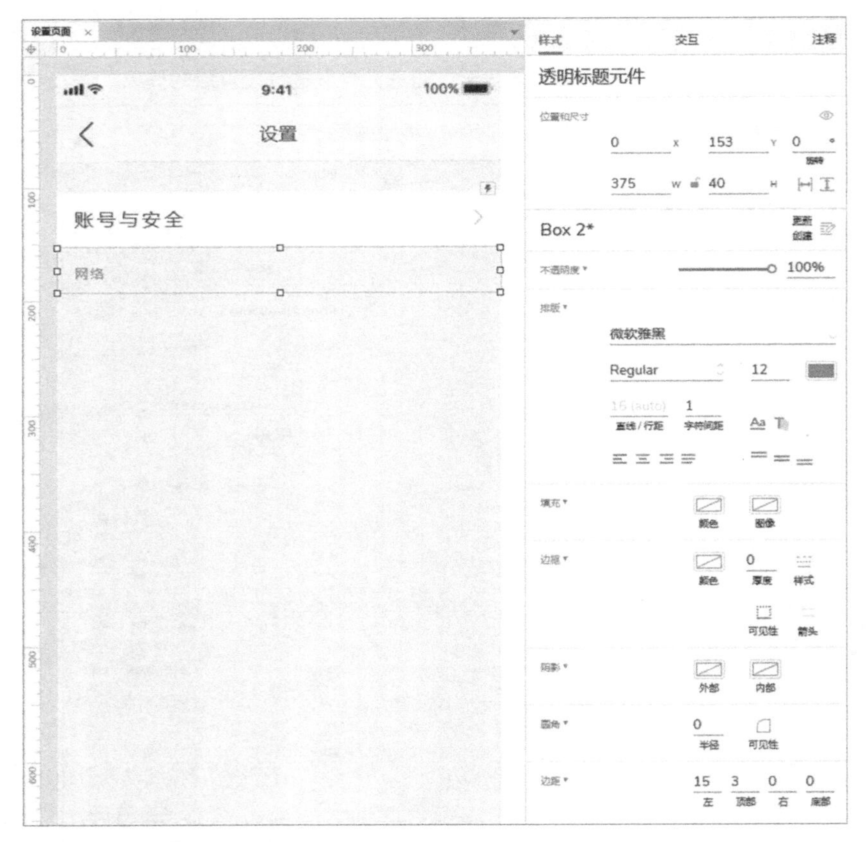

图 9-11　添加“透明标题元件”矩形元件并进行设置后的效果

步骤 9：将矩形元件拖入页面，设置其坐标为 X0:Y193，尺寸为 W375:H50，填充颜色为白色，边框颜色为#F2F2F2，边框厚度为 1，设置上下边框可见，字体为微软雅黑，字体样式为 Regular，字号为 16，字符间距为 1，字体颜色为#484A57，文本的对齐方式为左对齐，输入文本内容“使用 3G/4G/5G 网络播放”，设置边距为 15、0、0、0，效果如图 9-12 所示。

图 9-12　添加“使用 3G/4G/5G 网络播放”矩形元件并进行设置后的效果

步骤 10：从“Sample UI Patterns”元件库中拖入开关元件，设置其坐标为 X300:Y206。双击“Switch”动态面板元件，修改“Off”状态中“Track”元件的尺寸为 W55:H25，设置填充颜色为#CCCCCC，边框颜色为#CCCCCC；修改“Off”状态中“Thumb”元件的尺寸为 W18:H18，设置其坐标为 X3:Y3，填充颜色为#FFFFFF，边框颜色为#FFFFFF，效果如图 9-13 所示。

步骤 11：选择“Switch”动态面板元件的“On”状态，修改“On”状态中“Track”元件的尺寸为 W55:H25，设置填充颜色为#FE3B3C，边框颜色为#FE3B3C；修改“On”状态中“Thumb”元件的尺寸为 W18:H18，设置其坐标为 X30:Y3，填充颜色为#FFFFFF，边框颜色为#FFFFFF，效果如图 9-14 所示。

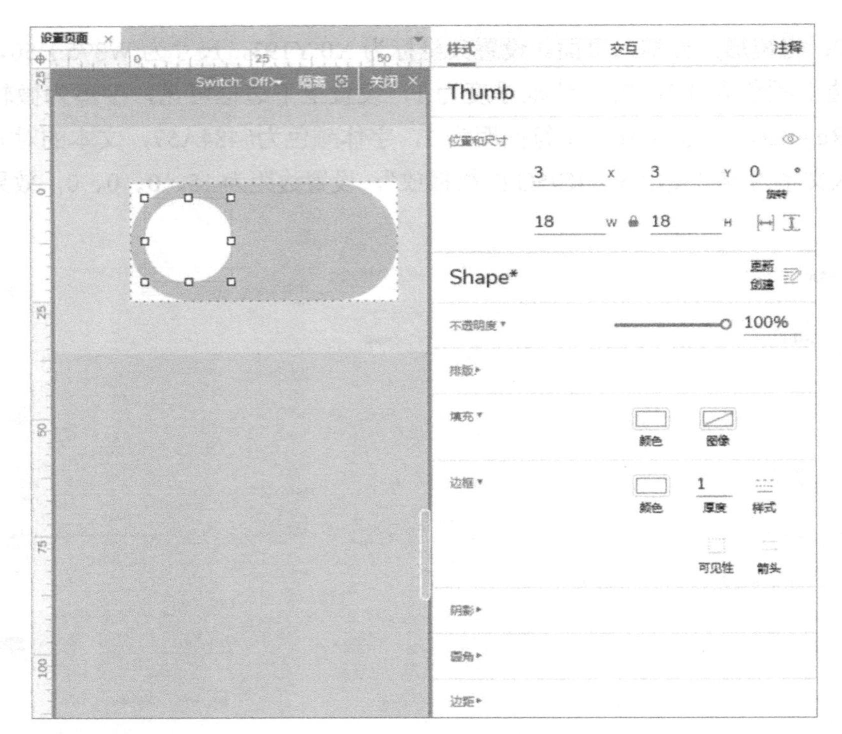

图 9-13　设置“Off”状态中“Thumb”元件的属性后的效果

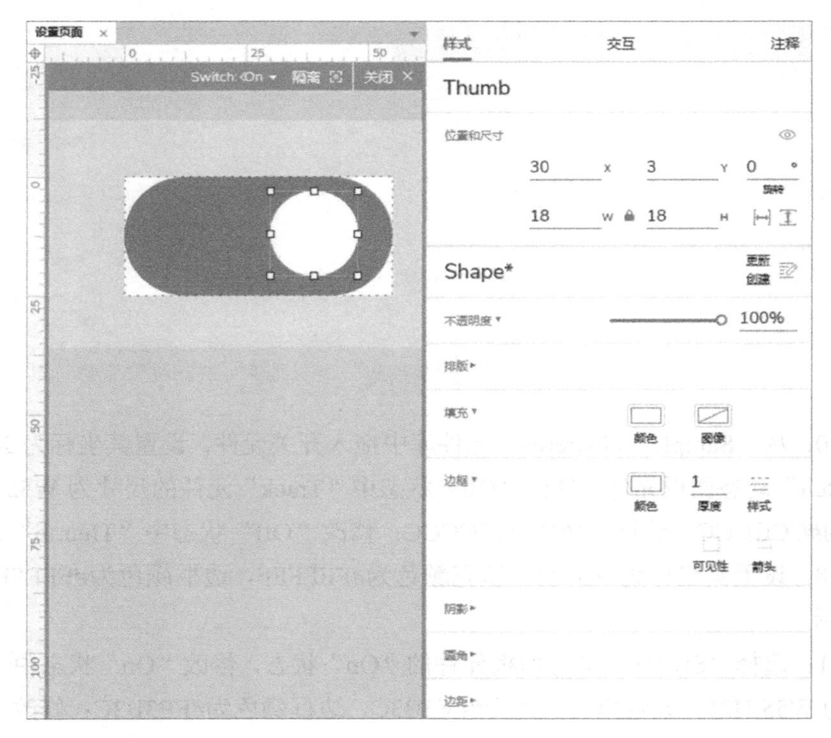

图 9-14　设置“On”状态中“Thumb”元件的属性后的效果

步骤 12：把“Switch”动态面板元件中的“On”状态上移至“Off”状态前，将“使用 3G/4G/5G 网络播放”矩形元件与“Switch”动态面板元件组合，设置该组合的名称为“组合 2”，如图 9-15 所示。

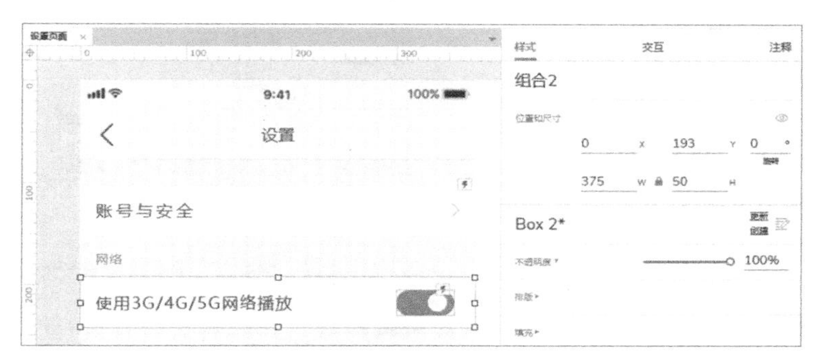

图 9-15　组合元件

步骤 13：复制“组合 2”组合，将其命名为“组合 3”，设置“组合 3”组合的坐标为 X0:Y241，修改矩形元件的文本内容为“使用 3G/4G/5G 网络下载”，效果如图 9-16 所示。

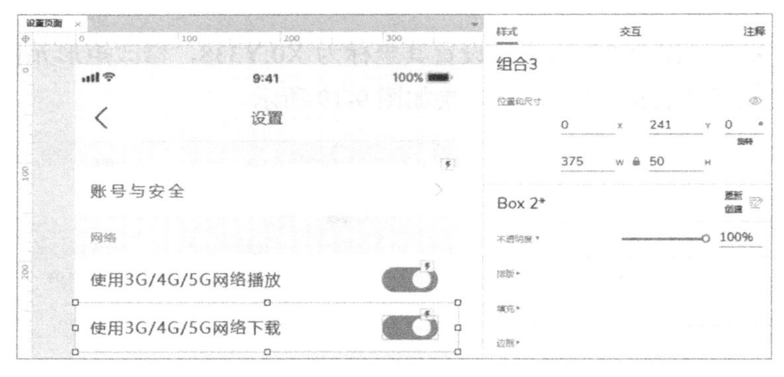

图 9-16　复制“组合 2”组合并进行设置后的效果 1

步骤 14：双击“组合 3”组合的“Switch”动态面板元件，把“Switch”动态面板元件中的“Off”状态上移至“On”状态前，效果如图 9-17 所示。

图 9-17　调整“Switch”动态面板元件的状态顺序

步骤 15：复制“组合 2”组合，设置其坐标为 X0:Y289，修改矩形元件的文本内容为“动态页面中 WiFi 下自动播放视频”，效果如图 9-18 所示。

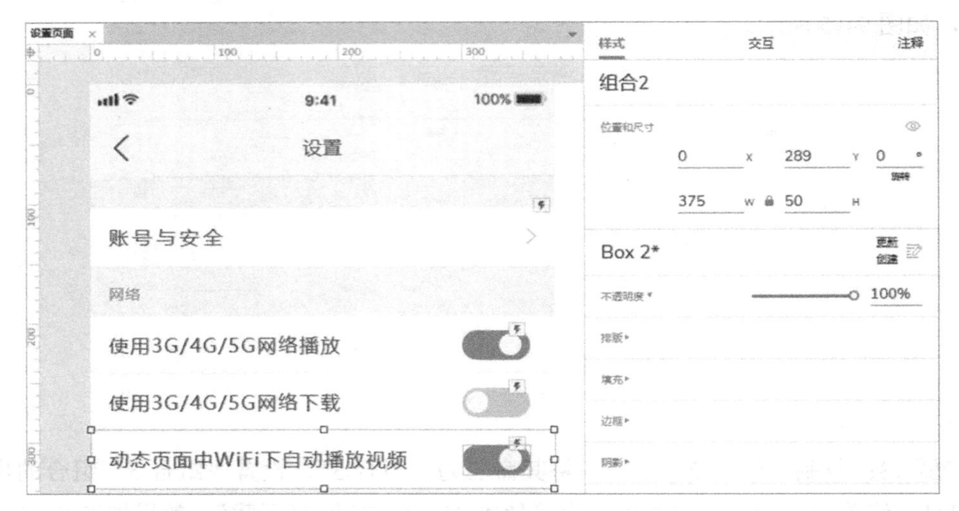

图 9-18　复制“组合 2”组合并进行设置后的效果 2

步骤 16：复制“组合 2”组合，设置其坐标为 X0:Y338，修改矩形元件的文本内容为“流量下进入视频详情页自动播放”，效果如图 9-19 所示。

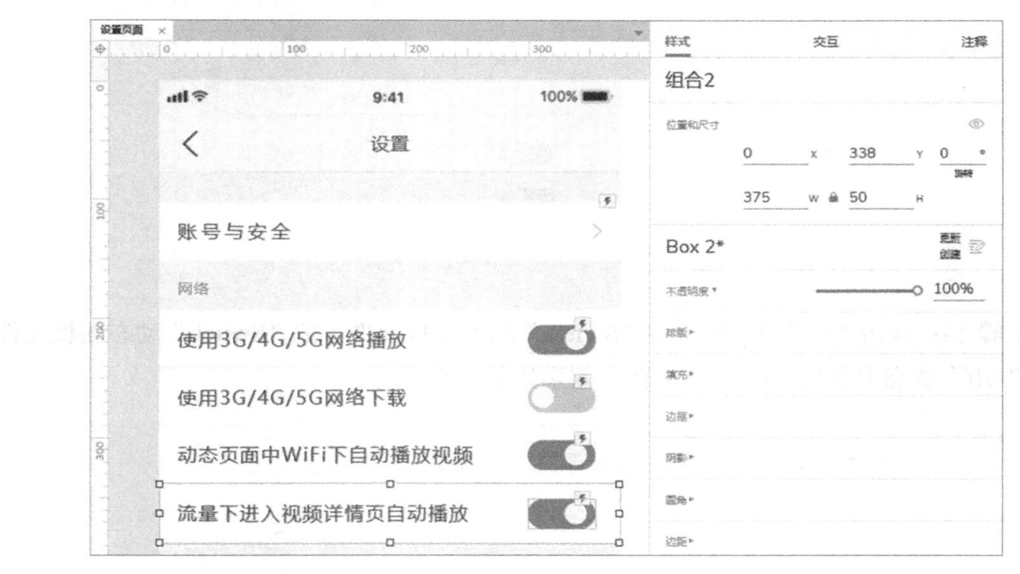

图 9-19　复制“组合 2”组合并进行设置后的效果 3

步骤 17：复制“透明标题元件”矩形元件，设置其坐标为 X0:Y388，修改该矩形元件的文本内容为“播放和下载”，效果如图 9-20 所示。

步骤 18：复制“组合 1”组合，设置其坐标为 X0:Y428，修改矩形元件的文本内容为“音量均衡”，效果如图 9-21 所示。

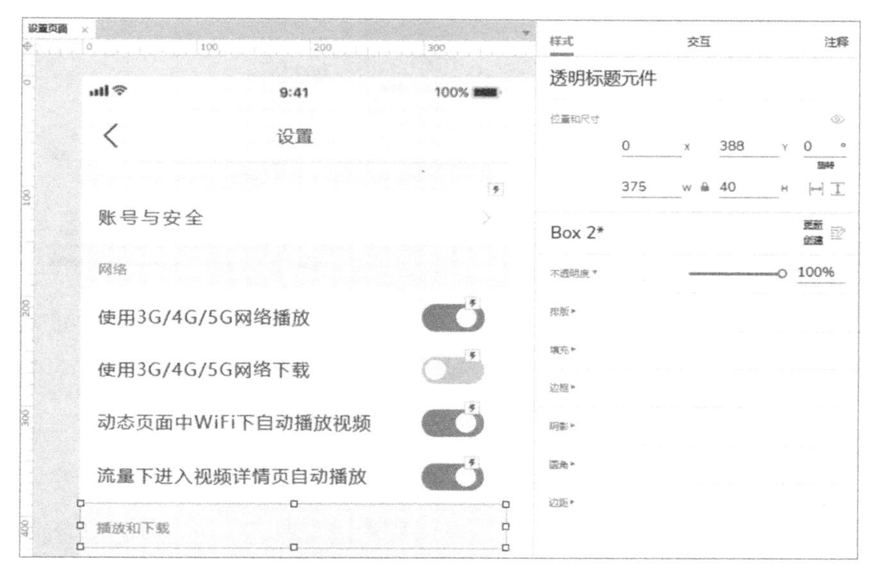

图 9-20 复制“透明标题元件”矩形元件并进行设置后的效果 1

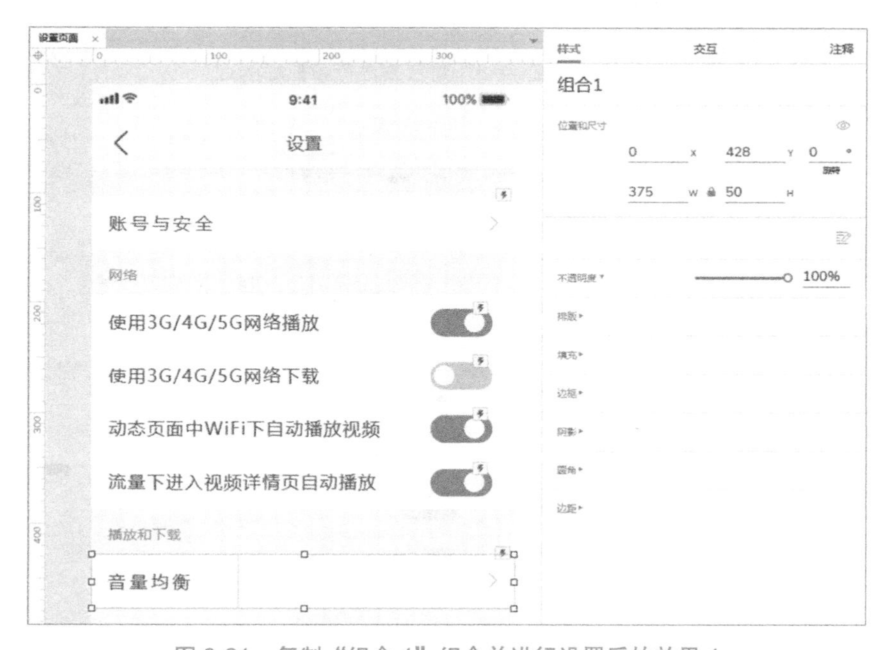

图 9-21 复制“组合 1”组合并进行设置后的效果 1

步骤 19：复制“组合 3”组合，设置其坐标为 X0:Y477，修改矩形元件的文本内容为“K 歌作品详情页自动跳过前奏”，效果如图 9-22 所示。

步骤 20：复制“组合 1”组合，将其命名为“组合 4”，设置其坐标为 X0:Y526，修改“账户与安全”矩形元件的文本内容为“在线播放音质”，选择“组合 4”中的“Icon”矩形元件，输入文本内容“请选择”，并设置文本内容“请选择”的字体为微软雅黑，字号为 14，效果如图 9-23 所示。将“Icon”矩形元件重命名为“选择在线音质”，如图 9-24 所示。

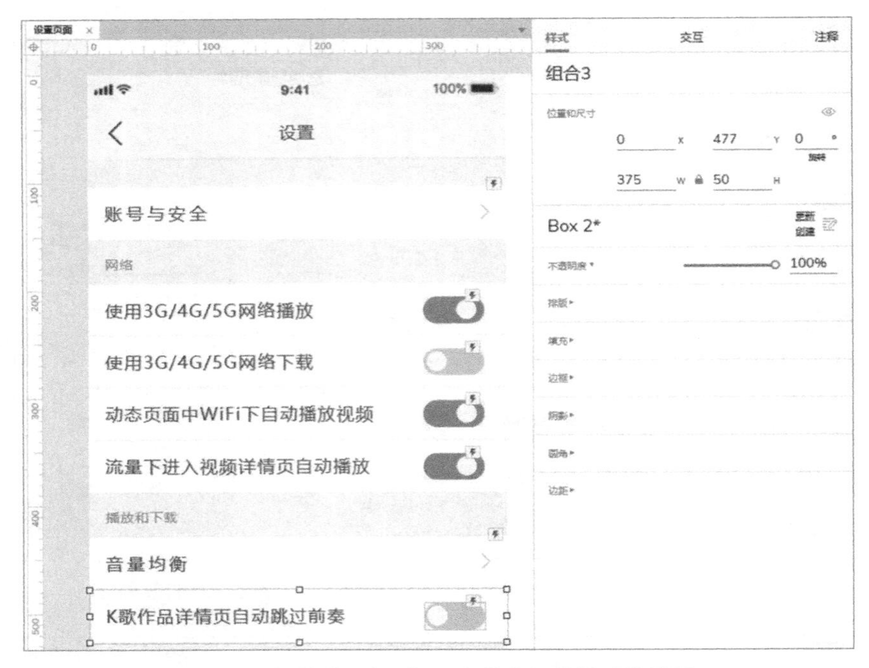

图 9-22 复制“组合 3”组合并进行设置后的效果 1

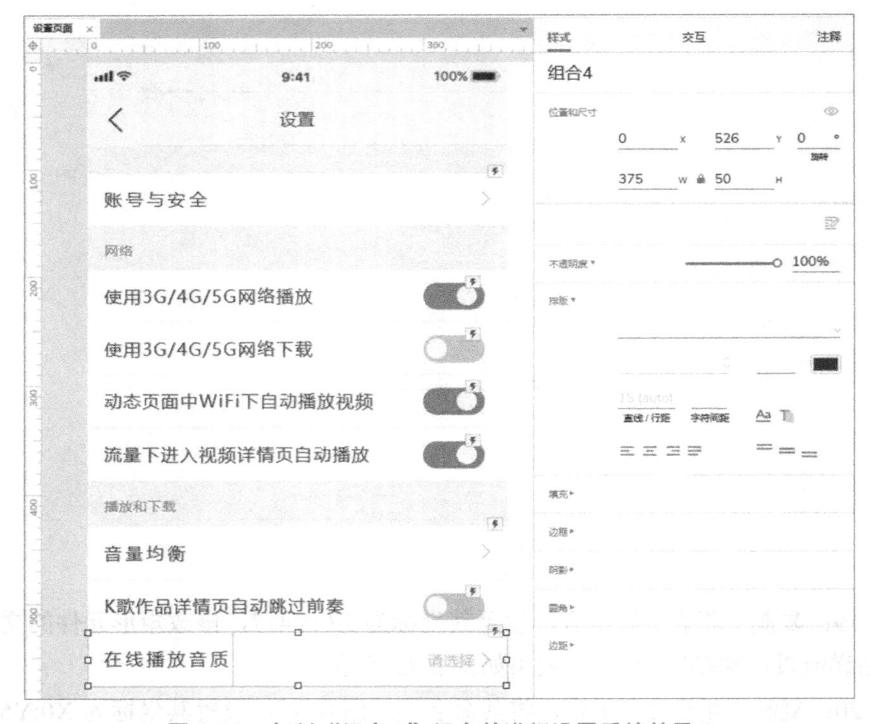

图 9-23 复制“组合 1”组合并进行设置后的效果 2

步骤 21：将动态面板元件拖入页面并将其命名为“选择面板”，设置其坐标为 X375:Y0，尺寸为 W375:H200；单击“固定到浏览器”文字链接，在弹出的“固定到浏览器”对话框中设置横向固定为居中、垂直固定为底部；新增两个状态，并分别命名为“选择在线音质”和“选择下载音质”，效果如图 9-25 所示。

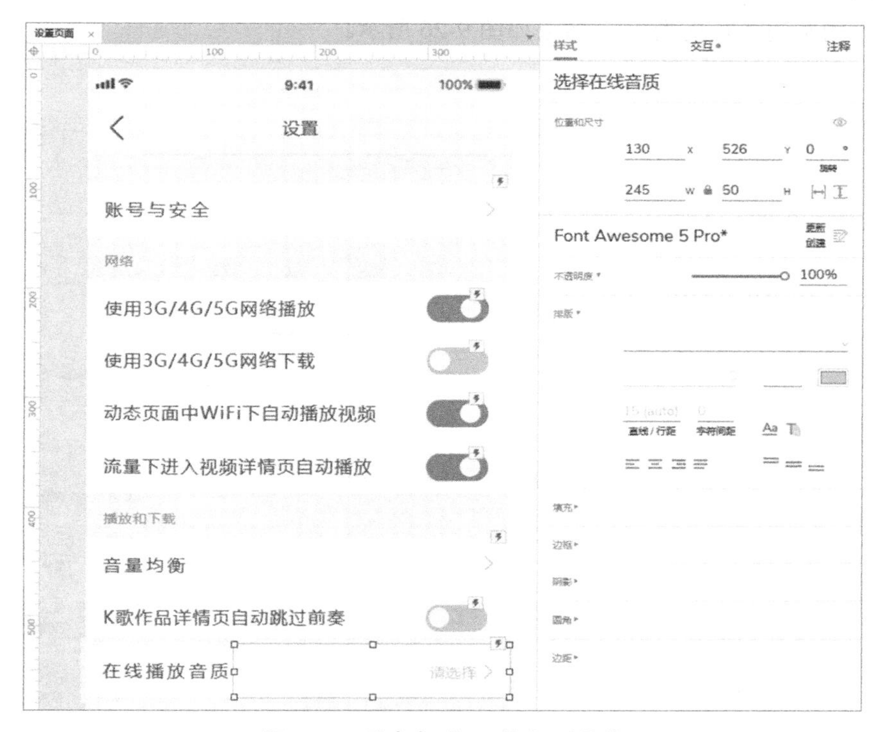

图 9-24　重命名“Icon”矩形元件

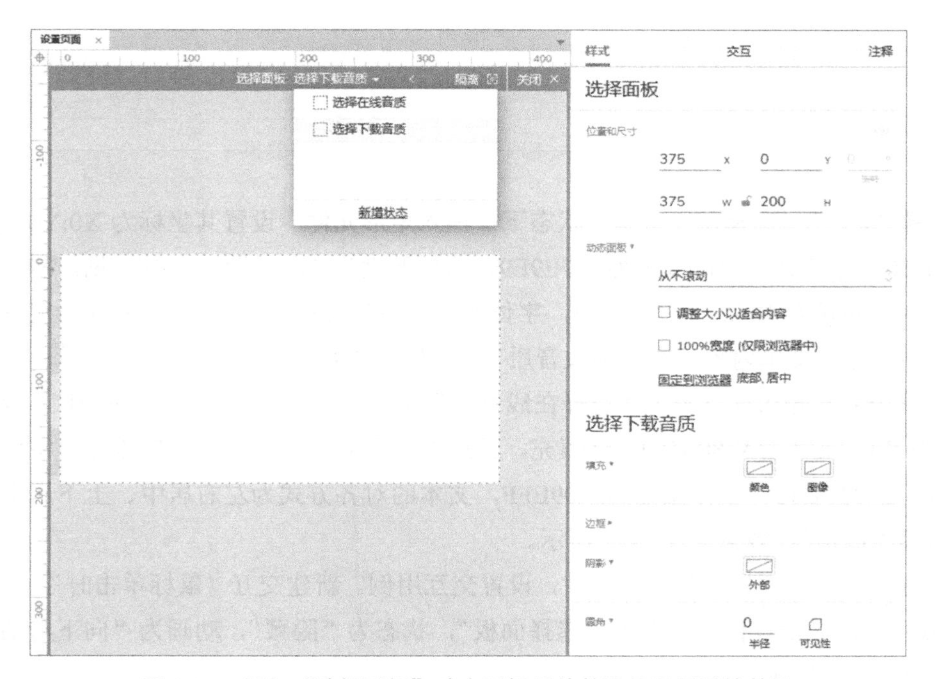

图 9-25　添加“选择面板”动态面板元件并进行设置后的效果

步骤 22：双击“选择面板”动态面板元件，在“选择在线音质”状态下，拖入矩形元件，设置其坐标为 X0:Y0，尺寸为 W375:H200，填充颜色为白色，无边框，无阴影，左上角和右上角的圆角半径均为 10，效果如图 9-26 所示。

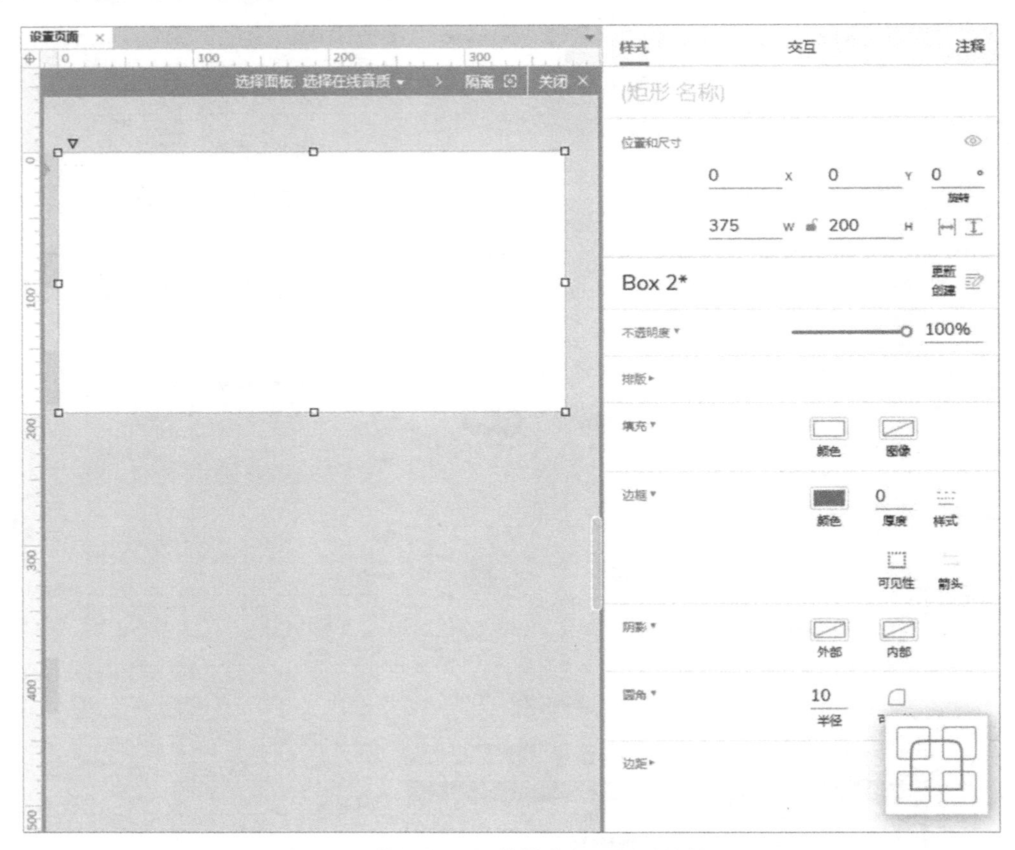

图 9-26　拖入矩形元件并进行设置后的效果 2

步骤 23：在“选择在线音质”状态下，拖入矩形元件，设置其坐标为 X0:Y0，尺寸为 W375:H50，无填充，边框颜色为#E9E9E9，边框厚度为 1，设置下边框可见，字体为微软雅黑，字体样式为 Bold，字号为 13，字体颜色为#333333，文本的对齐方式为左右居中、上下居中，输入文本内容“在线播放音质”，效果如图 9-27 所示。

步骤 24：将矩形元件拖入“选择在线音质”状态下，并将其命名为“取消”，设置其坐标为 X0:Y0，尺寸为 W80:H50，无填充，无边框，无阴影，字体为微软雅黑，字体样式为 Regular，字号为 13，字体颜色为#409EFF，文本的对齐方式为左右居中、上下居中，输入文本内容“取消”，效果如图 9-28 所示。

步骤 25：选择“取消”矩形元件，设置交互用例。新建交互“鼠标单击时”，添加“显示/隐藏”动作，设置目标元件为“选择面板”，状态为“隐藏”，动画为“向下滑动 300 毫秒”，如图 9-29 所示。

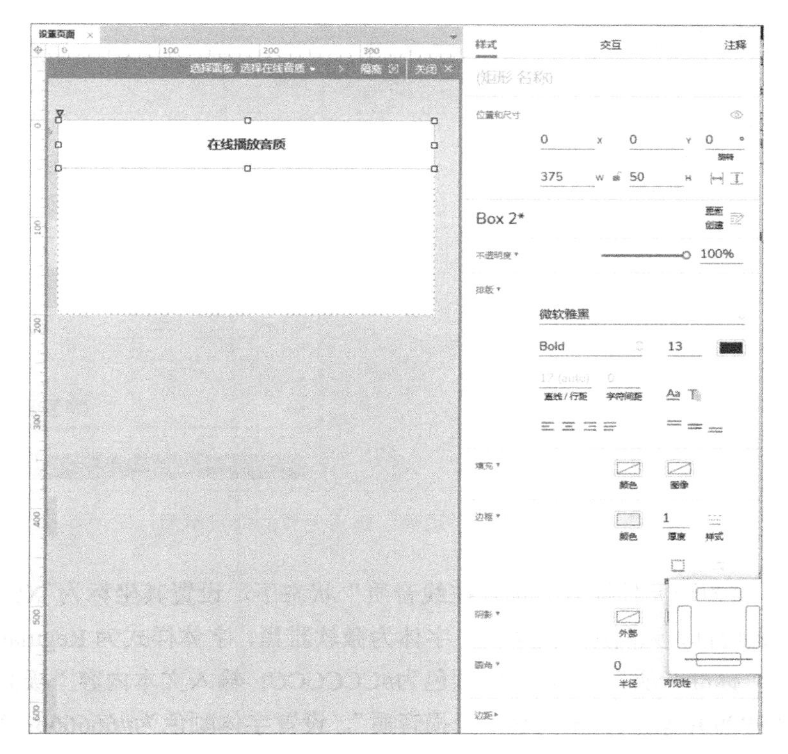

图 9-27　添加“在线播放音质”矩形元件并进行设置后的效果

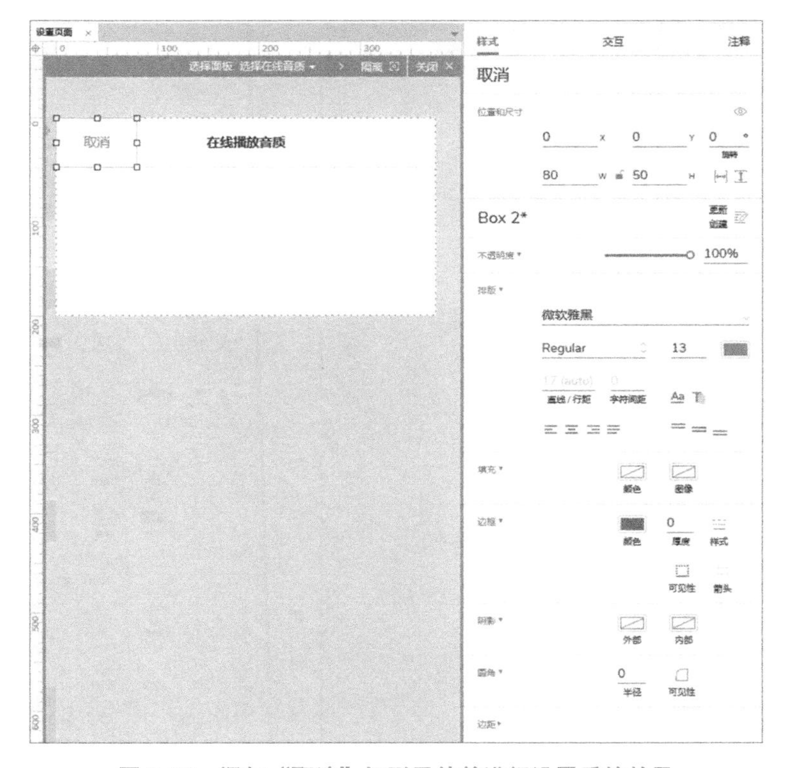

图 9-28　添加“取消”矩形元件并进行设置后的效果

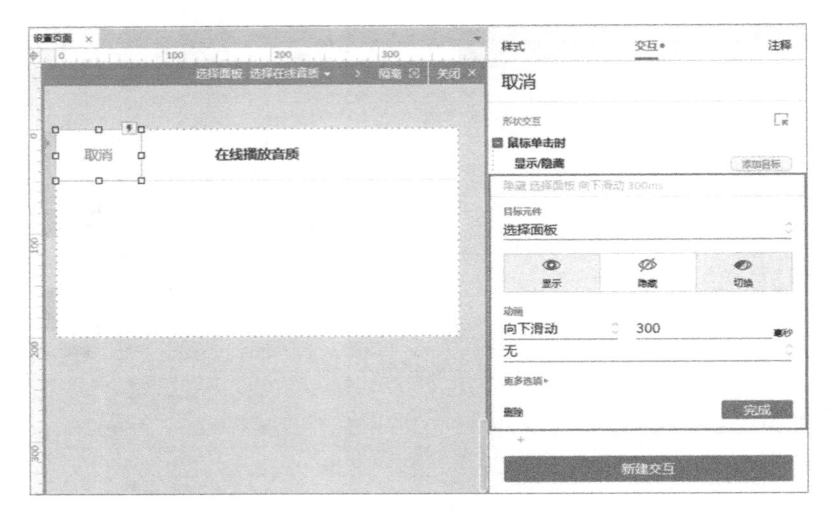
图 9-29　设置“取消”矩形元件的交互用例

步骤 26：将矩形元件拖入“选择在线音质”状态下，设置其坐标为 X0:Y50，尺寸为 W375:H150，无边框，无阴影，无填充，字体为微软雅黑，字体样式为 Regular，字号为 13；输入文本内容“标准音质”，设置字体颜色为#CCCCCC；输入文本内容“极高音质”，设置字体颜色为#999999；输入文本内容“无损音质”，设置字体颜色为#666666；输入文本内容“Hi-Res 音质”，设置字体颜色为#999999，效果如图 9-30 所示。

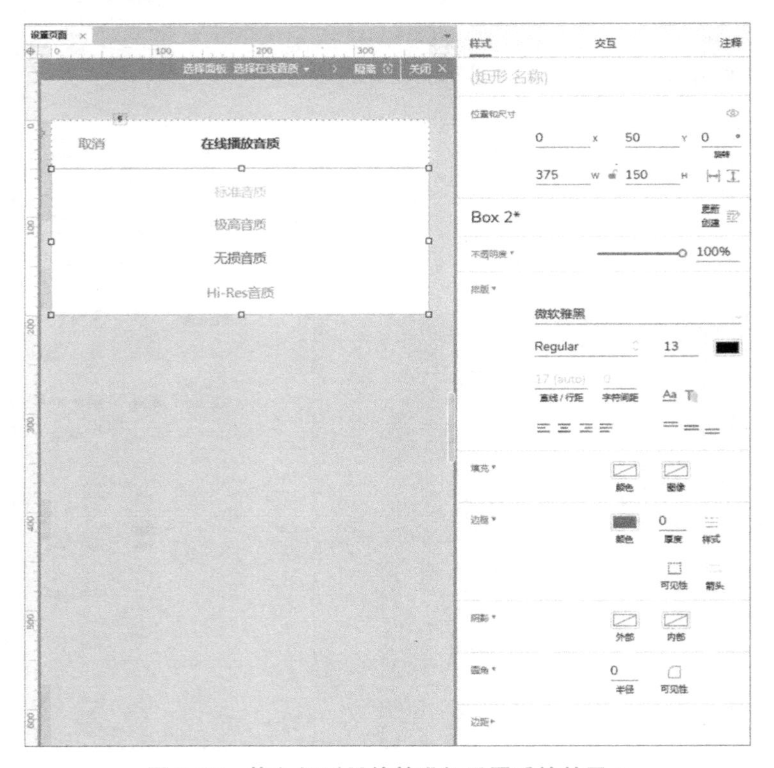
图 9-30　拖入矩形元件并进行设置后的效果 3

步骤 27：将矩形元件拖入“选择在线音质”状态下，设置其坐标为 X0:Y126，尺寸为 W375:H35，无阴影，无填充，边框颜色为#797979，边框厚度为 1，“上下边框可见”，效果如图 9-31 所示。

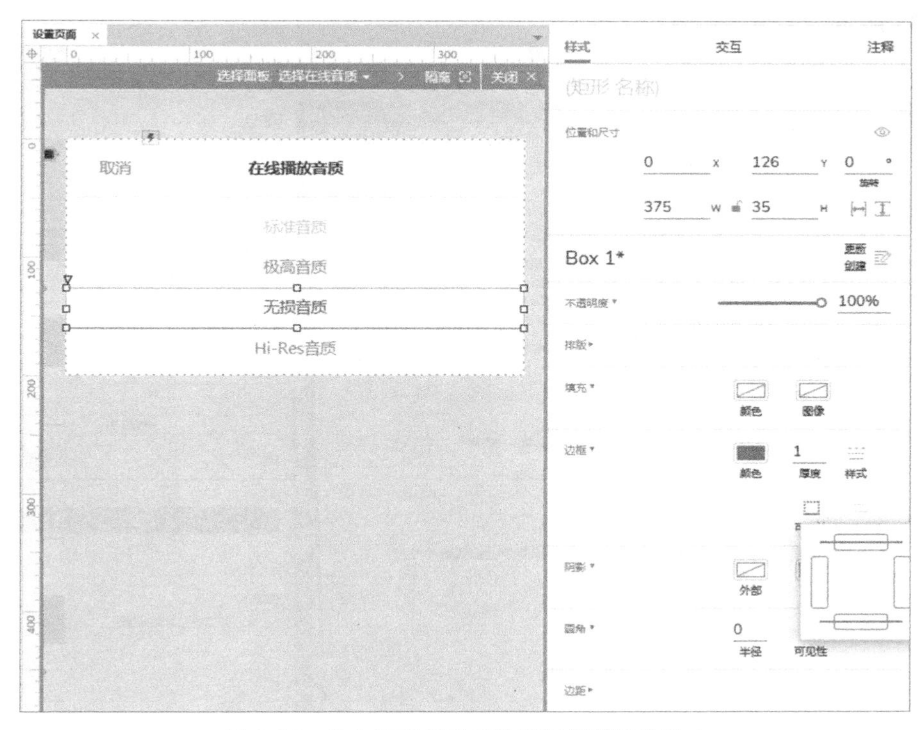

图 9-31　拖入矩形元件并进行设置后的效果 4

步骤 28：复制“取消”矩形元件，并将其命名为“确定”，设置其坐标为 X295:Y0，修改文本内容为“确定”，效果如图 9-32 所示。

图 9-32　复制“取消”矩形元件并进行设置后的效果

步骤 29：为“确定”矩形元件设置交互用例。新建交互“鼠标单击时”，添加“设置文本”动作，设置目标元件为“选择在线音质”，设置到为“富文本”，富文本的内容为“无

损音质 >”，其中设置文本内容“无损音质”的字体为微软雅黑，字体样式为Regular，字号为14，字体颜色为#CCCCCC；“>”是“箭头-长单线-右 Chevron Right”字体图标元件，设置其字体为Font Awesome 5 Pro，字体样式为Light，字号为16，字体颜色为#CCCCCC，如图9-33所示。

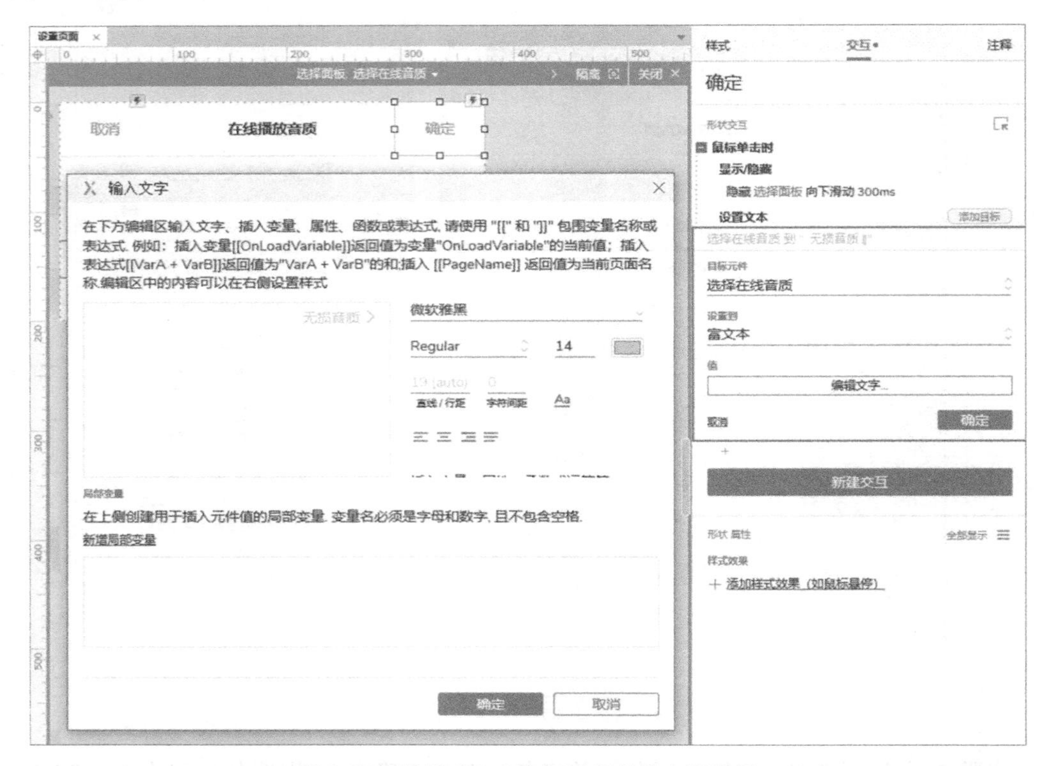

图9-33 设置“确定”矩形元件的交互用例

步骤30：回到初始页面，选择“组合4”组合中的“选择在线音质”矩形元件，设置交互用例。新建交互“鼠标单击时”，添加“设置面板状态”动作，设置目标元件为“选择面板”，状态为“选择在线音质”；添加“显示/隐藏”动作，设置目标元件为“选择面板”，状态为“显示”，动画为“向上滑动300毫秒”，并勾选“置于顶层”复选框，设置“遮罩效果”，如图9-34所示。

步骤31：复制“组合4”组合到页面中，设置其坐标为X0:Y575，修改矩形元件的文本内容为“下载音质”，将“选择在线音质”矩形元件重命名为“选择下载音质”；修改“选择下载音质”矩形元件的交互用例，在“鼠标单击时”交互中，修改“设置面板状态”动作，设置目标元件为“选择面板”，状态为“选择下载音质”，效果如图9-35所示。

步骤32：双击“选择面板”动态面板元件，复制“选择在线音质”状态里的所有内容到“选择下载音质”状态中，并修改文本内容“在线播放音质”为“下载音质”，如图9-36所示。选择“确定”矩形元件，修改交互用例中“设置文本”动作的目标元件为“选择下载音质”，效果如图9-37所示。将“选择面板”动态面板元件的可见性设置为隐藏。

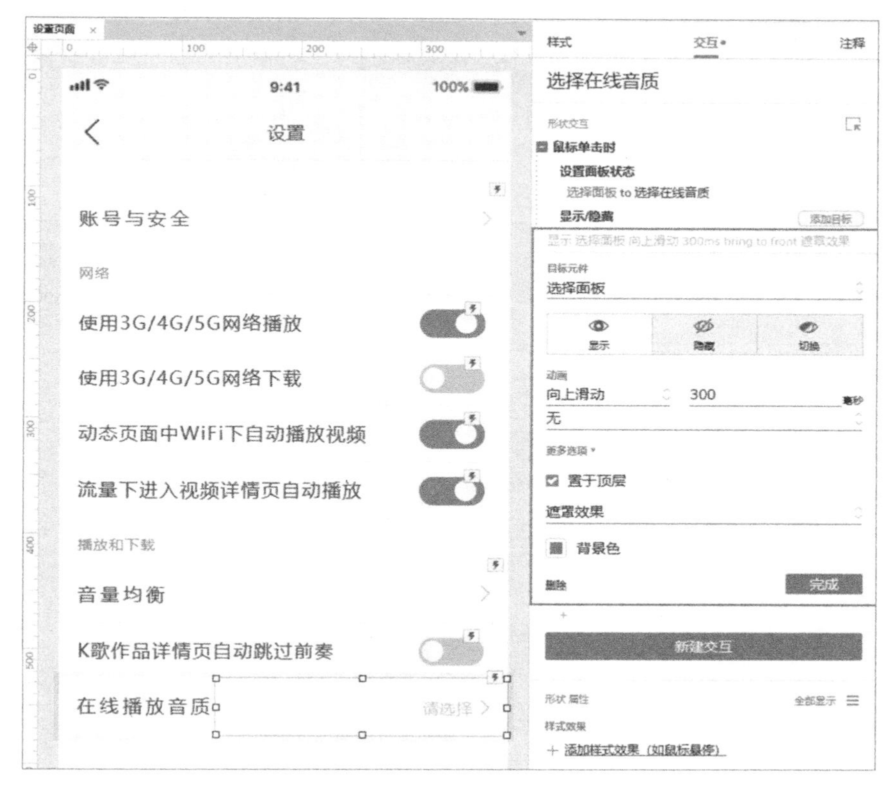

图 9-34　设置“选择在线音质”矩形元件的交互用例

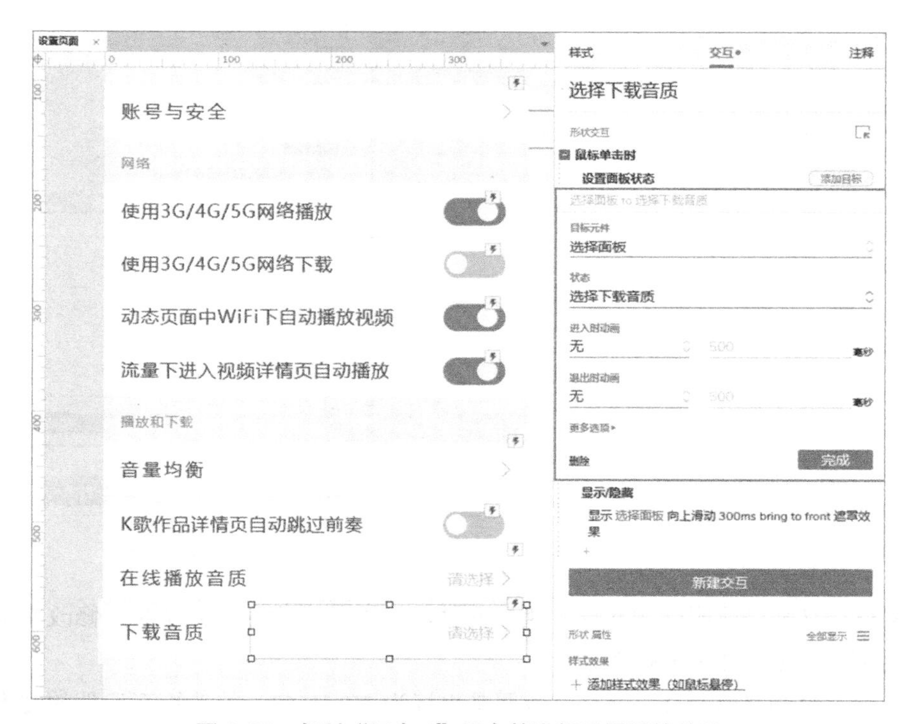

图 9-35　复制“组合 4”组合并进行设置后的效果

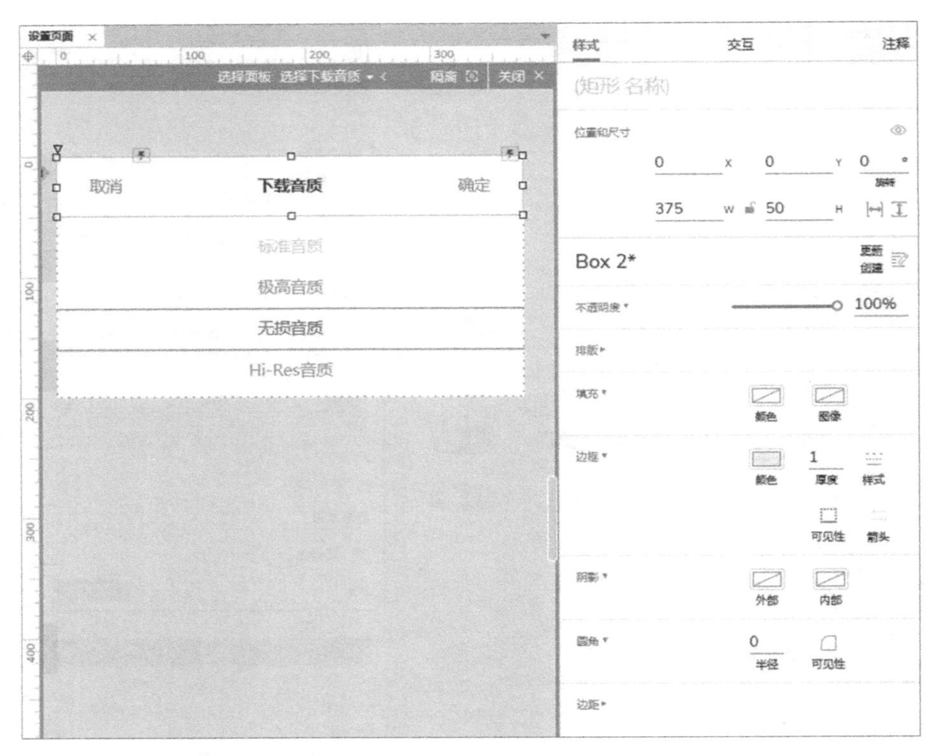

图 9-36　复制状态中的内容并修改文本内容

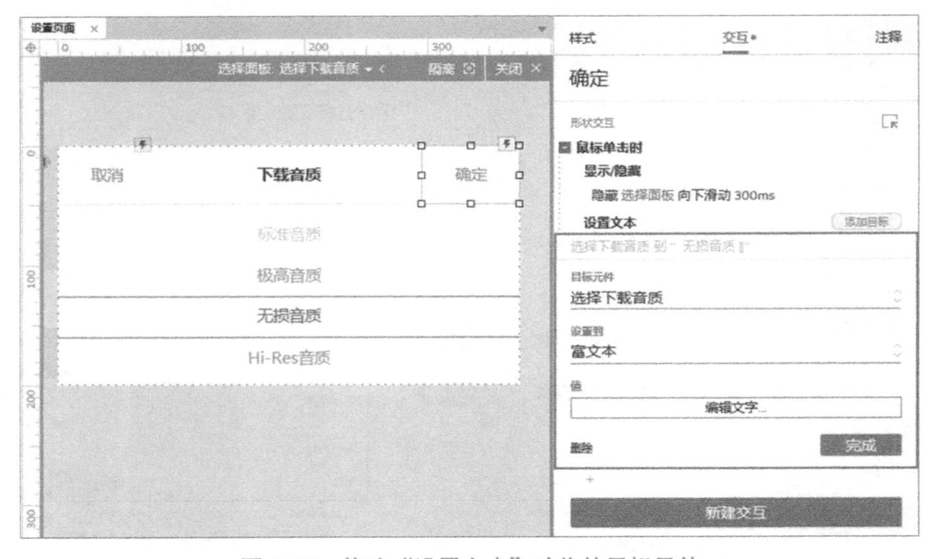

图 9-37　修改“设置文本”动作的目标元件

步骤 33：复制“透明标题元件”矩形元件，设置其坐标为 X0:Y624，修改文本内容为“权限和隐私”，效果如图 9-38 所示。

步骤 34：复制“组合 1”组合，设置其坐标为 X0:Y663，修改矩形元件的文本内容为“寻找并邀请好友”，效果如图 9-39 所示。

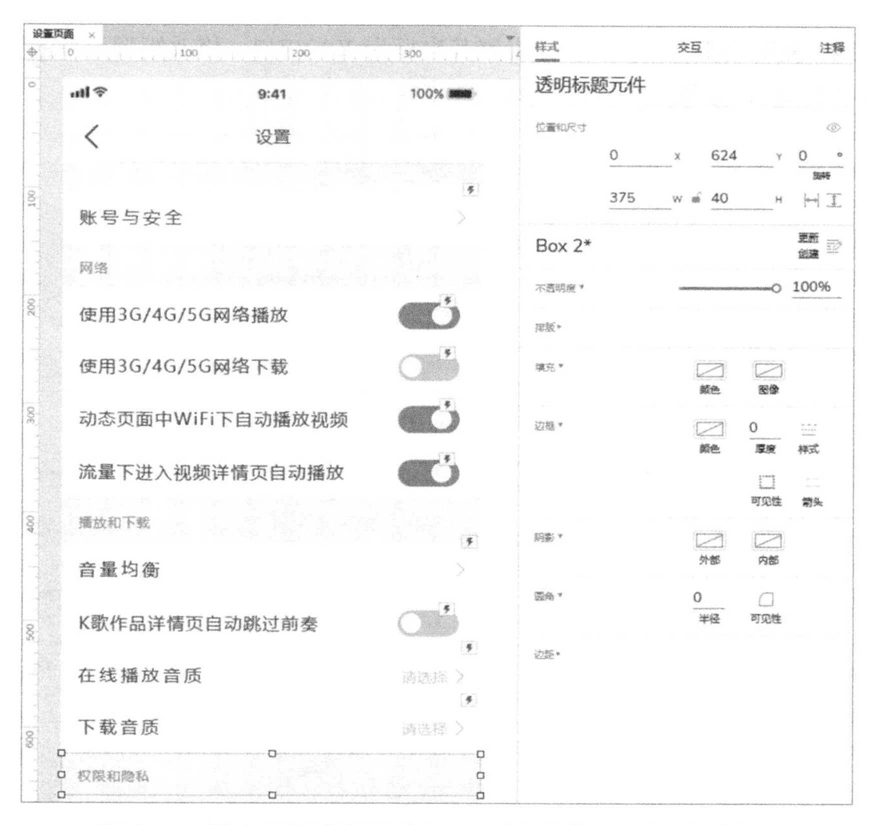

图 9-38　复制“透明标题元件”矩形元件并进行设置后的效果 2

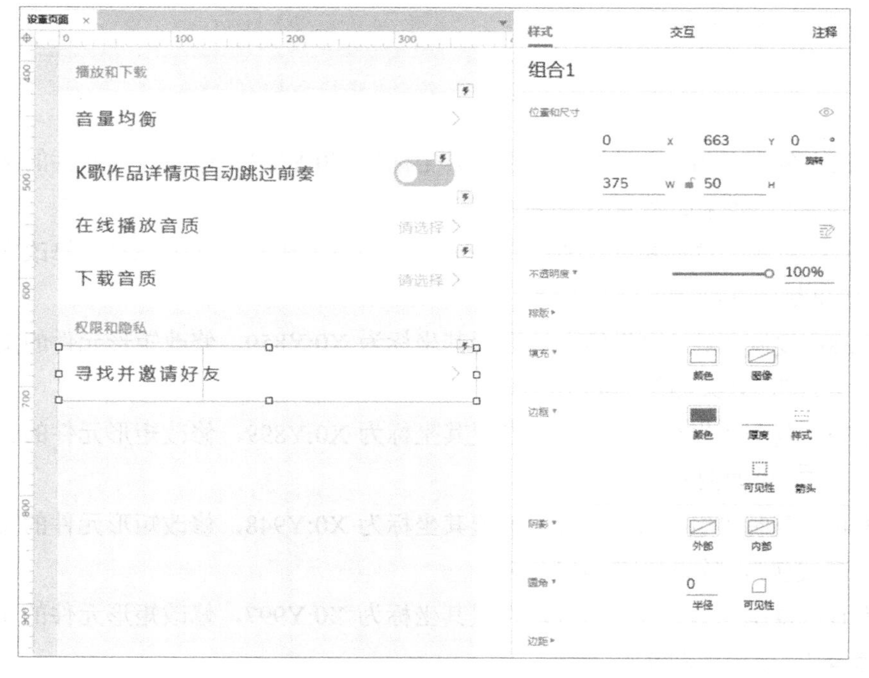

图 9-39　复制“组合 1”组合并进行设置后的效果 3

步骤 35：复制“组合 1”组合，设置其坐标为 X0:Y712，修改矩形元件的文本内容为“消息和隐私设置”，效果如图 9-40 所示。

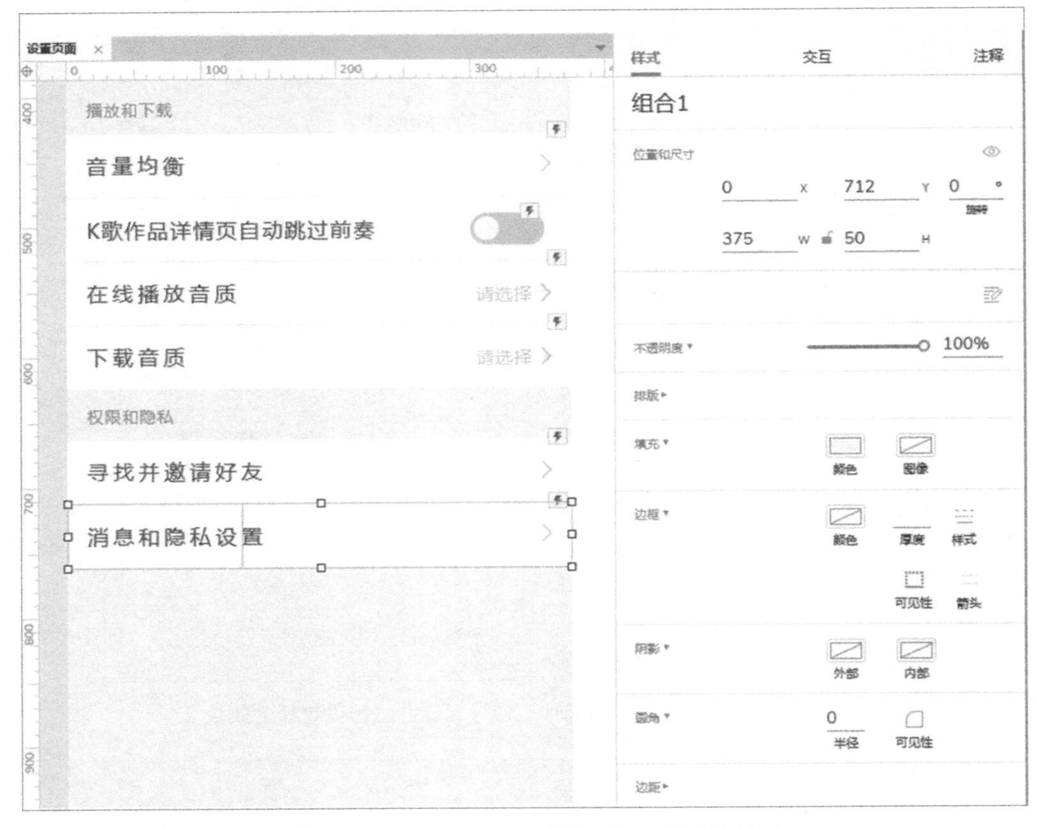

图 9-40　复制“组合 1”组合并进行设置后的效果 4

步骤 36：复制“组合 1”组合，设置其坐标为 X0:Y761，修改矩形元件的文本内容为“系统权限设置”，效果如图 9-41 所示。

步骤 37：复制“透明标题元件”矩形元件，设置其坐标为 X0:Y811，修改文本内容为“工具”，效果如图 9-42 所示。

步骤 38：复制“组合 1”组合，设置其坐标为 X0:Y850，修改矩形元件的文本内容为“存储空间管理”，效果如图 9-43 所示。

步骤 39：复制“组合 2”组合，设置其坐标为 X0:Y899，修改矩形元件的文本内容为“锁屏歌词”，效果如图 9-44 所示。

步骤 40：复制“组合 3”组合，设置其坐标为 X0:Y948，修改矩形元件的文本内容为“跑步 FM 离线包”，效果如图 9-45 所示。

步骤 41：复制“组合 1”组合，设置其坐标为 X0:Y997，修改矩形元件的文本内容为“账号与管理”，效果如图 9-46 所示。

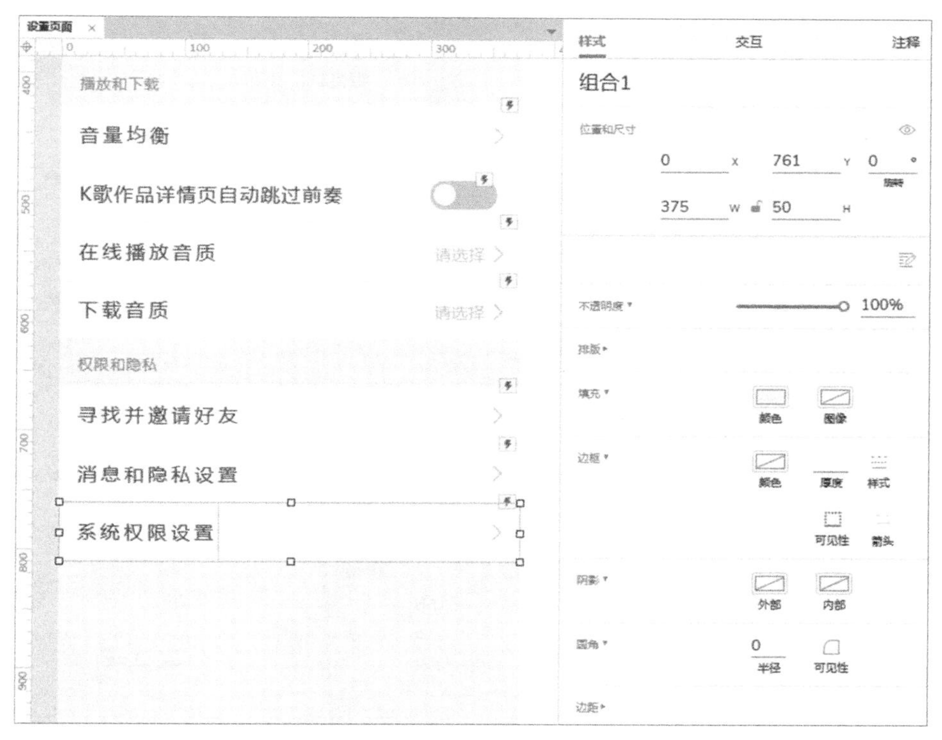

图 9-41　复制“组合 1”组合并进行设置后的效果 5

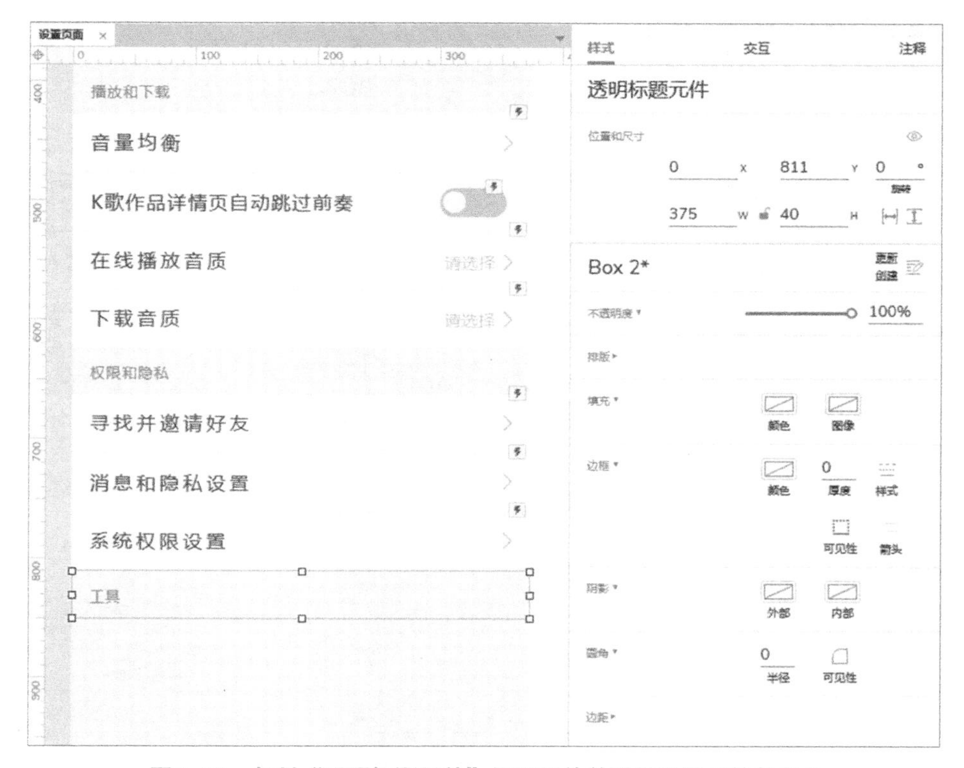

图 9-42　复制“透明标题元件”矩形元件并进行设置后的效果 3

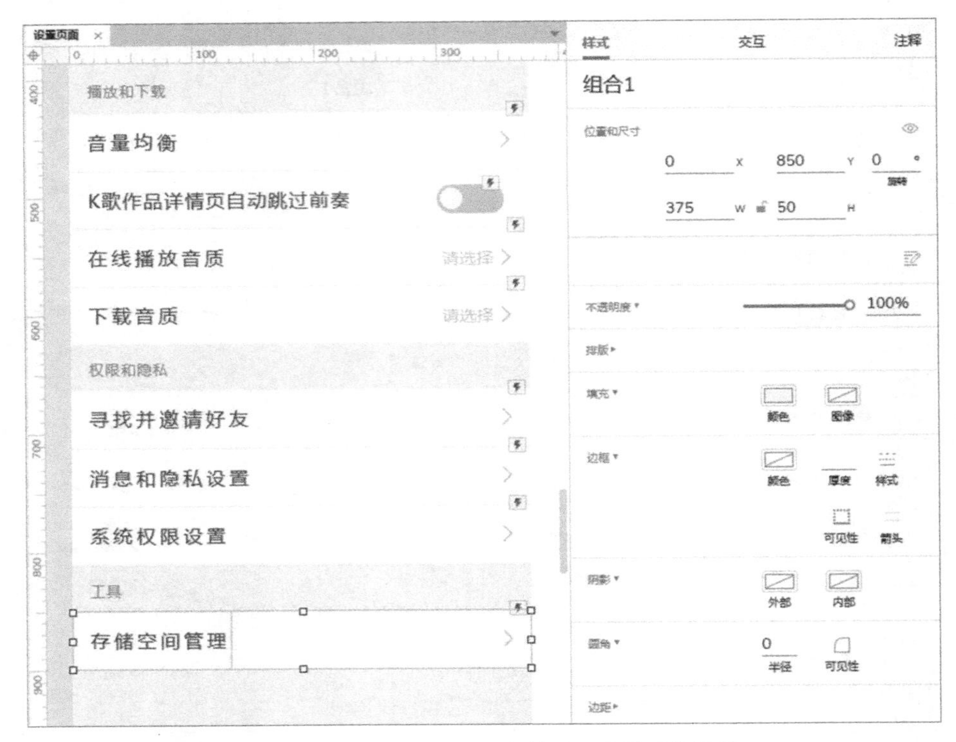

图 9-43　复制“组合 1”组合并进行设置后的效果 6

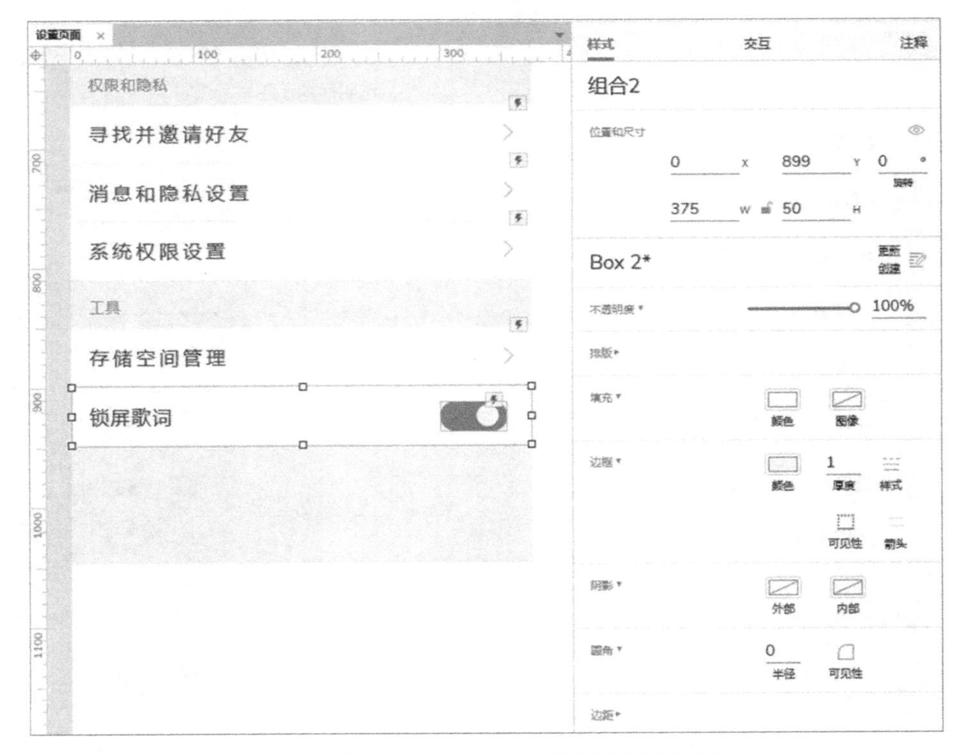

图 9-44　复制“组合 2”组合并进行设置后的效果 4

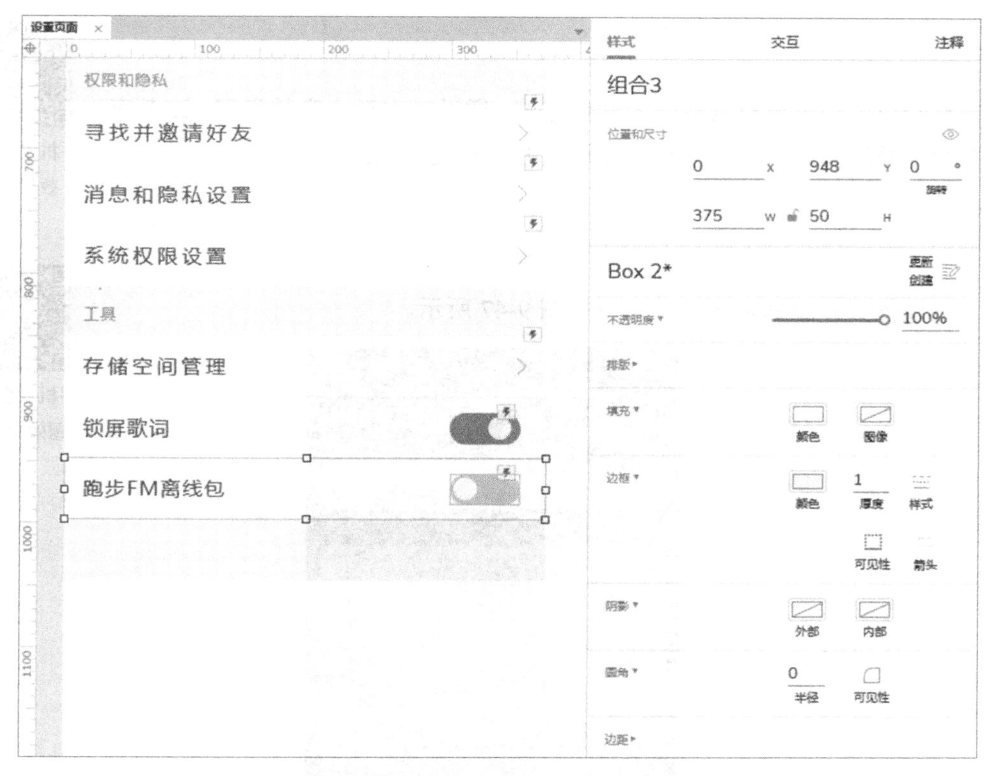

图 9-45　复制“组合 3”组合并进行设置后的效果 2

图 9-46　复制“组合 1”组合并进行设置后的效果 7

9.5 小结

手机设置页面效果预览

本章介绍了手机设置页界面的制作方法。通过对本章内容的学习，读者应该能够利用基础元件快速完成页面布局，并了解遮罩的意义。

9.6 加深练习

手机设置练习题效果预览

手机设置页界面练习题的效果图如图 9-47 所示。

图 9-47　手机设置页界面练习题的效果图

要求如下：

利用 Axure RP 9 制作手机设置页界面的高保真原型，主要包括以下几个方面。

（1）手机设置页界面含有状态栏、标题、可设置内容、按钮等内容，可以使用矩形、开关和字体图标等元件完成布局设计。

（2）开关可以自由切换。